马铃薯种薯繁育技术

主 编 刘玲玲
副主编 郑 明 刘凤霞

武汉大学出版社

马铃薯科学与技术丛书
总主编：杨 声
副总主编：韩黎明 刘大江

编委会：
主 任：杨 声
副主任：韩黎明 刘大江 屠伯荣
委 员（排名不分先后）：

王 英	车树理	安志刚	刘大江	刘凤霞	刘玲玲
刘淑梅	李润红	杨 声	杨文玺	陈亚兰	陈 鑫
张尚智	贺莉萍	胡朝阳	禹娟红	郑 明	武 睿
赵 明	赵 芳	党雄英	原霁虹	高 娜	屠伯荣
童 丹	韩黎明				

图书在版编目(CIP)数据

马铃薯种薯繁育技术/刘玲玲主编. —武汉：武汉大学出版社,2015.10
马铃薯科学与技术丛书
ISBN 978-7-307-16948-7

Ⅰ.马… Ⅱ.刘… Ⅲ.马铃薯—种薯—良种繁育 Ⅳ.S532.03

中国版本图书馆 CIP 数据核字(2015)第 238208 号

封面图片为上海富昱特授权使用(ⓒ IMAGEMORE Co., Ltd.)

责任编辑：黄汉平　　　责任校对：汪欣怡　　　版式设计：马　佳

出版发行：**武汉大学出版社**　　(430072　武昌　珞珈山)
　　　　　(电子邮件：cbs22@ whu. edu. cn　网址：www. wdp. com. cn)
印刷：湖北省荆州市今印印务有限公司
开本：787×1092　1/16　　印张：15.75　　字数：376 千字　　插页：1
版次：2015 年 10 月第 1 版　　　2015 年 10 月第 1 次印刷
ISBN 978-7-307-16948-7　　　定价：32.00 元

总　序

马铃薯是全球仅次于小麦、水稻和玉米的第四大主要粮食作物。它的人工栽培历史最早可追溯到公元前 8 世纪到 5 世纪的南美地区。大约在 17 世纪中期引入我国，到 19 世纪已在我国很多地方落地生根，目前全国种植面积约 500 万公顷，总产量 9000 万吨，中国已成为世界上最大的马铃薯生产国之一。中国人民对马铃薯具有深厚的感情，在漫长的传统农耕时代，马铃薯作为赖以果腹的主要粮食作物，使无数中国人受益。而今，马铃薯又以其丰富的营养价值，成为中国饮食烹饪文化不可或缺的部分。马铃薯产业已是当今世界最具发展前景的朝阳产业之一。

在中国，一个以"苦瘠甲于天下"的地方与马铃薯结下了无法割舍的机缘，它就是地处黄土高原腹地的甘肃定西。定西市是中国农学会命名的"中国马铃薯之乡"，得天独厚地理环境和自然条件使其成为中国乃至世界马铃薯最佳适种区，马铃薯产量和质量在全国均处于一流水平。20 世纪 90 年代，当地政府调整农业产业结构，大力实施"洋芋工程"，扩大马铃薯种植面积，不仅解决了群众温饱，而且增加了农民收入。进入 21 世纪以来，实施打造"中国薯都"战略，加快产业升级，马铃薯产业成为带动经济增长、推动富民强市、影响辐射全国、迈向世界的新兴产业。马铃薯是定西市享誉全国的一张亮丽名片。目前，定西市是全国马铃薯三大主产区之一，建成了全国最大的脱毒种薯繁育基地、全国重要的商品薯生产基地和薯制品加工基地。自 1996 年以来，定西市马铃薯产业已经跨越了自给自足，走过了规模扩张和产业培育两大阶段，目前正在加速向"中国薯都"新阶段迈进。近 20 年来，定西马铃薯种植面积由 100 万亩发展到 300 多万亩，总产量由不足 100 万吨提高到 500 万吨以上；发展过程由"洋芋工程"提升为"产业开发"；地域品牌由"中国马铃薯之乡"正向"中国薯都"嬗变；功能效用由解决农民基本温饱跃升为繁荣城乡经济的特色支柱产业。

2011 年，我受组织委派，有幸来到定西师范高等专科学校任职。定西师范高等专科学校作为一所师范类专科院校，适逢国家提出师范教育由二级（专科、本科）向一级（本科）过渡，这种专科层次的师范学校必将退出历史舞台，学校面临调整转型、谋求生存的巨大挑战。我们在谋划学校未来发展蓝图和方略时清醒地认识到，作为一所地方高校，必须以瞄准当地支柱产业为切入点，从服务区域经济发展的高度科学定位自身的办学方向，为地方社会经济发展积极培养合格人才，主动为地方经济建设服务。学校通过认真研究论证，认为马铃薯作为定西市第一大支柱产业，在产量和数量方面已经奠定了在全国范围内的"薯都"地位，但是科技含量的不足与精深加工的落后必然影响到产业链的升级。而实现马铃薯产业从规模扩张向质量效益提升的转变，从初级加工向精深加工、循环利用转变，必须依赖于科技和人才的支持。基于学校现有的教学资源、师资力量、实验设施和管理水平等优势，不仅在打造"中国薯都"上应该有所作为，而且一定会大有作为。

因此提出了在我校创办"马铃薯生产加工"专业的设想，并获申办成功，在全国高校尚属首创。我校自2011年申办成功"马铃薯生产加工"专业以来，已经实现了连续3届招生，担任教学任务的教师下田地，进企业，查资料，自编教材、讲义，开展了比较系统的良种繁育、规模化种植、配方施肥、病虫害综合防治、全程机械化作业、精深加工等方面的教学，积累了比较丰富的教学经验，第一届学生已经完成学业走向社会，我校"马铃薯生产加工"专业建设已经趋于完善和成熟。

这套"马铃薯科学与技术丛书"就是我们在开展"马铃薯生产加工"专业建设和教学过程中结出的丰硕成果，它凝聚了老师们四年来的辛勤探索和超群智慧。丛书系统阐述了马铃薯从种植到加工、从产品到产业的基本原理和技术，全面介绍了马铃薯的起源与栽培历史、生物学特性、优良品种和脱毒种薯繁育、栽培育种、病虫害防治、资源化利用、质量检测、仓储运销技术，既有实践经验和实用技术的推广，又有文化传承和理论上的创新。在编写过程中，一是突出实用性，在理论指导的前提下，尽量针对生产需要选择内容，传递信息，讲解方法，突出实用技术的传授；二是突出引导性，尽量选择来自生产第一线的成功经验和鲜活案例，引导读者和学生在阅读、分析的过程中获得启迪与发现；三是突出文化传承，将马铃薯文化资源通过应用技术的嫁接和科学方法的渗透为马铃薯产业创新服务，力图以文化的凝聚力、渗透力和辐射力增强马铃薯产业的人文影响力和核心竞争力，以期实现马铃薯产业发展与马铃薯产业文化的良性互动。

本套丛书在编写过程中得到了甘肃农业大学毕阳教授、甘肃省农科院王一航研究员、甘肃省定西市科技局高占彪研究员、甘肃省定西市农科院杨俊丰研究员等农业专家的指导和帮助，并对最终定稿进行了认真评审论证。定西市安定区马铃薯经销协会、定西农夫薯园马铃薯脱毒快繁有限公司对丛书编写出版给予了大力支持。在丛书付梓出版之际，对他们的鼎力支持和辛勤付出表示衷心感谢。本套丛书的出版，将有助于大专院校、科研单位、生产企业和农业管理部门从事马铃薯研究、生产、开发、推广人员加深对马铃薯科学的认识，提高马铃薯生产加工的技术技能。丛书可作为高职高专院校、中等职业学校相关专业的系列教材，同时也可作为马铃薯生产企业、种植农户、生产职工和农民的培训教材或参考用书。

是为序。

杨声

2015年3月于定西

杨声：

"马铃薯科学与技术丛书"总主编

甘肃中医药大学党委副书记

定西师范高等专科学校党委书记　教授

前　言

马铃薯是世界上仅次于水稻、小麦、玉米的四大主要粮食作物之一，也是我国农业部确定的主要农作物。马铃薯分布广、适应性强、产量高、营养丰富、产业链条长，是一种粮菜饲兼用，且宜作工业原料的经济作物。

近几年来，马铃薯产业在我国发展很快，中国已成为世界上马铃薯生产第一大国。随着全国种植业结构的调整、西部大开发战略的实施，马铃薯成为很多省、自治区的经济作物和优势产业。连续几年，我国农业已进入新的发展时期，为适应新形势下广大农民学科学、学技术、科学种田的迫切需要，推广马铃薯知识，提高农技人员的技术水平和农民朋友的种植能力，我们组织编写了《马铃薯种薯繁育技术》一书，以供农林院校马铃薯专业学生、基层科技人员、干部、农民学习及技术培训参考。

全书分为九章、附录及参考文献共十一个部分。全书由刘玲玲副教授主编，韩黎明教授主审。第1章为概述，介绍了马铃薯种薯生产的发展历史、马铃薯合格种薯产业的发展、我国马铃薯种薯存在的问题和对策及马铃薯种薯繁育企业的工作岗位；第2章介绍了马铃薯优良品种的概念及特点、常见的马铃薯优良品种、优良品种的引种及优良品种的推广等方面的内容；第3章主要介绍马铃薯种薯的混杂、退化及防治方面的技术；第4章介绍马铃薯种薯繁育的组织培养技术；第5章介绍马铃薯种薯繁育的无土栽培技术；第6章介绍马铃薯种薯繁育体系和繁育技术；第7章介绍马铃薯脱毒种薯繁育技术；第8章介绍马铃薯脱毒原种的生产技术；第9章介绍马铃薯脱毒种薯的鉴定、保存与质量控制；最后以附录形式介绍甘肃省马铃薯脱毒种薯质量管理办法、马铃薯种薯茎尖脱毒和组培苗繁育技术规程等。

由于编写人员水平有限，书中难免有一些不足、疏漏和欠妥之处，欢迎广大读者批评指正。

编　者

2015 年 8 月

目　录

第1章 概　　述

马铃薯（*Solanum tuberosum L.*）在我国各地及世界都有栽培，并在各地种植后获得 20 多种别名：或因其源，称荷兰薯、爪哇薯、爱尔兰薯；或缘其形，称为土豆、地豆、土卵、地蛋、山药蛋；或因区别于山芋（甘薯）而命名为番芋、番人芋、羊芋、阳芋、杨芋、洋山芋等；有些地区还称其为黄独或番鬼慈姑。而最为常用的名称为土豆（东北和华北地区）、山药蛋（西北地区）和洋芋（西南和西北地区）。马铃薯是世界上唯一的粮、菜、饲兼用型作物，也是当今世界最有发展前景的粮食作物之一，更是十大热门营养健康食品之一。马铃薯抗旱耐瘠，营养丰富全面，适用性广，用途广泛，产业链条长，栽培方式多样，可以周年生产。马铃薯栽培容易，产量高，全球 150 多个国家有种植，常年种植面积保持在 2000 万 hm²。由于它适应性广、高产稳产、营养成分全和产业链长而受全世界的高度重视，其种薯及各种加工产品已成为全球贸易的重要组成部分，因而其种植面积逐年扩大，经济效益日益增加，现已成为全世界栽培最为普遍的农作物之一，是在世界上仅次于水稻、小麦、玉米的四大作物之一，在欧、美各国人民的日常食品中马铃薯与面包并重。

我国是世界上马铃薯生产第一大国，马铃薯常年种植面积保持在 480 多万 hm² 左右，占全球播种面积的 25%，总产量 7 000 多万 t，约占世界的 20% 和亚洲的 70%。作为一个人口大国，我国耕地减少和人口增加的矛盾不可逆转，如何在现有耕地上生产出更多的粮食已成为国家发展的战略问题。而马铃薯以其稳产、抗逆性强等特点，对粮食安全的贡献将远高于其他粮食作物。与水稻、小麦和玉米三大作物相比，我国马铃薯平均单产水平还较低，马铃薯产业的增产增值空间潜力大。

马铃薯是甘肃省第二大粮食作物，具有相对的优势，在全省粮食生产和农村经济发展中具有举足轻重的地位。在过去农业生产水平不高和屡遭灾荒的情况下，马铃薯作为高产、救灾作物，曾发挥过不可低估的作用。近年来，随着马铃薯加工业的发展，带动了甘肃省马铃薯种植业的快速发展。特别是在甘肃中东部干旱、半干旱和高寒阴湿山区，马铃薯和小麦是最主要的农作物。2008 年甘肃省马铃薯种植面积达到 66.7 万 hm²，产量 1 100 万 t，折合粮食 220 万 t，占全省粮食的 25%，全省农民人均从马铃薯产业中收入 266 元，定西市马铃薯种植面积 23.45 万 hm²，产量 530 万 t，农民人均从马铃薯产业中的纯收入达到 527 元，可以说，马铃薯产业已成为定西市农业经济的"基础产业"。正是由于马铃薯产业的快速发展，使马铃薯良种繁育与推广体系的研究得以重视。

马铃薯在植物分类中为茄科茄属，是一种一年生草本块茎植物。因为生产上用它的块茎（通常称薯块）进行无性繁殖，因此又可视为多年生植物。马铃薯的老家在南美洲的

1

秘鲁和玻利维亚的安第斯山脉。它有着悠久的栽培历史，可以说是原产地一种古老的农作物。据资料介绍，早在新石器时代，在安第斯山山区居住的印第安人，为了生存的需要，在野生植物中寻找可以充饥的东西时，便发现了马铃薯的薯块可以吃，并用木棒、石器掘松土地，栽种马铃薯，获得了下一代马铃薯薯块，这就形成了马铃薯的原始栽培。在古代的印第安人中，马铃薯是生活中的主食，人们的生死存亡与马铃薯收成的丰歉关系密切，所以他们把马铃薯奉为"丰收之神"，经常祭祀祈求。到16世纪中期，哥伦布发现新大陆后，西班牙人和英国人分别把马铃薯带回欧洲种植，并很快得以发展，成为北欧人们的主要食品之一。马铃薯传入我国的时间，据资料介绍是在明朝万历年间（1573—1619）。距今虽然仅有400余年，但由于马铃薯适应性强、喜冷凉的气候条件、抗灾、早熟、高产、易于种植，更重要的是它既能作粮又能作菜，所以在我国分布广泛，东到连云港，西到新疆，南到广州，北到黑龙江，山区、丘陵、平原等地均能种植。马铃薯栽培制度多样，有东北、西北一季作栽培，中原春秋二季作栽培，南方秋冬或冬春二季栽培。栽培方式灵活多样，有露地栽培、地膜覆盖、大小拱棚栽培、温室栽培，可达到周年生产，全年都有鲜薯供应市场。马铃薯在一季作区作为主要粮食作物栽培，在中原二季作区作为蔬菜进行栽培。由于其早熟、高产、植株矮，是与粮棉瓜果菜等作物间作套种较理想、经济价值比较高的作物，因而成了我国人民喜食的农作物。因此，马铃薯在我国虽然是个年轻的农作物，但它发展很快，已经扎根于全国东南西北各地。

 开卷有益

　　农学家告诉我们说，朴实的"土豆"其实原产于南美，印第安人很早就把它作为主食，还给它取名"爸爸"，意为它是日常生活中不可缺少的贴心关怀之一。1536年，西班牙水手把土豆从秘鲁引种到欧洲，1565年传到英国、爱尔兰。后来沙皇彼得大帝游历欧洲，在荷兰鹿特丹看见土豆美丽的花朵，于是用重金买了袋土豆，种在皇家花园里观赏。后来……

　　在卡斯特朗诺所著《格兰那达新王国史》一书中记述：我们看到印第安人种植玉米、豆子和一种奇怪的植物，它开着谈紫色的花，根部结球，含有很多的淀粉，味道很好。这种块茎有很多用途，印第安人把生薯切片敷在断骨上疗伤，擦额头上治疗头疼，外出时随身携带预防风湿病；或者和其他食物一起吃，预防消化不良。印第安人还把马铃薯作为互赠礼品。从这段记述同样可以断定，在西班牙人到达新大陆之前，印第安人在当地栽培马铃薯已有悠久历史。

图 1-1　位于秘鲁海岸拉森蒂尼拉地区的古代遗址，考古学家从这里
发掘出大量的马铃薯化石标本（采用 Ugent & Peterson）

1.1　马铃薯种薯生产的发展历史

所谓种薯生产，就是指在专门的地块，有专门的栽培人员，采用一套不完全等同于大田生产的措施，生产专门作为种用的薯块。

在马铃薯生产过程中，开始人们并没有专门选留种用薯块，也没有专门种薯生产田，只是在收获的薯块中留下一部分作为下一季的种薯。早在 18 世纪中叶，英国发生了严重的马铃薯退化现象，植株叶片严重皱缩和卷曲，这种现象越益严重，产量大幅度降低，引起了广大农民严重不安，担心马铃薯会丧失生产应用价值。接着退化现象在欧洲及其他地区也盛行起来，这种现象促使人们进行一系列研究，最初人们认为这是由于长期无性繁殖引起衰老所致，因此通过有性过程试图解决，有性的后代的确表现健康，这种认识推动了育种工作。然而对退化的原因，这样的认识完全是一种误解。

人们还在对退化原因没有完全认识的时候，有人从实践中发现，从某些"干净"的地块产生的薯块，能长出健康的植株，人们用这些地里收获的马铃薯做种，能防止退化现象的发生，并有利于产量的提高，这种自发地从有些地块调种，可以认为是种薯生产的第一阶段。直到 20 世纪初，1900 年左右，有些国家提出了马铃薯种薯合格化的方案，开始有组织有计划地生产种薯。首先在德国、英国、荷兰，后来在美国、加拿大相继开展，提出了一整套种薯生产的要求和检验种薯的标准和方法。这种法案一经实行，人们立即发现，经过检验合格的种薯，要比原来生产上使用的薯块好得多。现在大多数生产马铃薯的国家都进行了这样的种薯生产。经过几十年的努力，种薯生产已发展成为十分完善的工业体系。

在种薯的来源上，大体经历了这样几个时期，开始人们采用"负选法"生产种薯，用种子工作俗语，也就是拔杂去劣，在大块马铃薯田块中，检查那些不良的单株，然后拔除，将其余部分都留下作下一季用种，也就是说除去少的，留下大部分的，这种方法省工，一次能获得大量种薯，直到现在，我国还在使用，种薯质量能提高一步。后来人们采用"正选法"，用种子工作的俗语就是单株系选，人们在大片马铃薯田块里，检查那些优良单株，然后单独收获，单独繁殖，并继续进一步检查，这种方法大大提高了种薯质量。关于单株系选法，后面还要详细介绍。可以认为目前已进入了第三阶段，即用处理的方法获得种薯，不是单靠选择，这就更进一步提高了种薯质量，茎尖培养是目前生产上最常用的一种方法。

目前种薯已成为国际市场上很重要的贸易商品，荷兰每年有 2.7 亿 kg 种薯运销世界 50 多个国家和地区，还有英国、加拿大、丹麦等国每年也有大量的出口。据统计全世界每年生产 300 亿 kg 马铃薯作为种薯，为马铃薯总产的 10%。有些国家，种薯生产面积超过 10%，例如加拿大、丹麦达到 20% 以上，荷兰为 17%，英国为 15%。

1.2　马铃薯合格种薯产业的发展

1.2.1　国际发达国家马铃薯种薯产业发展现状

马铃薯产业的发展日益受到世界各国的关注，有专家预测，未来 10 年，全球马铃薯产量将以每年 2.02% 的速度递增，预计到 2020 年全球马铃薯生产量将从目前的 3 000 亿 kg 增加到 4 000 亿 kg 以上。在全球性人口增加、粮食危机的大背景下，廉价高产的马铃薯作物因自身优势开始受到重视，加之经济发展等因素将导致马铃薯作为全球第四大粮食作物的重要地位更加凸显，其"秘密宝藏"、"地下宝库"、"未来粮食"等称呼也将得到更多人的认可。

马铃薯在世界范围内得到广泛种植，种植国家达到 150 多个。2005 年，世界马铃薯种植面积为 2 155 万 hm²，产量达到 3 200 亿 kg。而中国是世界上最大的马铃薯生产国，即是马铃薯种植面积和产量最大的国家。2005 年中国马铃薯种植面积为 488.09 万 hm²，总产量为 708.65 亿 kg，单产为 1.452 万 kg/hm²，低于 2003 年世界平均单产 1.599 万 kg/hm²，同年世界马铃薯单产为 1.48 万 kg/hm²，2004 年为 1.7 万 kg/hm²。2010 年，中国马铃薯种植面积与产量分别达到 520.5 万 hm² 和 815.4 亿 kg，单产 1.57 万 kg/hm²，较前几年大幅度增加。可见，中国马铃薯单产水平接近世界水平，但远远低于欧美发达国家平均单产 3.543 万 kg/hm²。在世界马铃薯种植大国中，美国的平均单产为 4.0 万 kg/hm²，荷兰的平均单产为 5.0 万 kg／hm²，部分地区甚至达到 10.0 万 kg/hm²，为全球最高单产。目前，我国马铃薯种植面积、总产量和单产水平总体呈上升趋势。数据比较显示，马铃薯单产比水稻、玉米、小麦、大豆高出 1~3 倍，每亩产值比其他主要农作物高出 1 倍以上。我国马铃薯单产水平低，主要原因是现在种植的马铃薯品种还没有达到高单产水平。因此，如果我国的马铃薯种植都采用脱毒种薯，借鉴发达国家马铃薯种薯产业发展的成功经验，达到发达国家的高产水平，以现有的种植面积至少可以增加上亿吨产量，相当于增加了上亿亩的种植面积，这将对我国的粮食安全提供有力的保障。对加快中国马铃薯产业化进程有重要的现实意义。

国际上许多发达国家的马铃薯生产标准化程度较高，荷兰是最具有代表性的国家。我国虽然有马铃薯的国家标准和行业标准，通过标准的执行也取得了一些成绩，但与荷兰相比还远没有发挥其应有的作用。在激烈的国际竞争中，许多国家的高质量标准成为我国马铃薯对外贸易的高门槛，为了使我国马铃薯生产尽快与国际市场接轨，亟待进一步开展脱毒马铃薯种薯标准化，既要制定与国际标准同步的马铃薯相关标准，又要严格规范标准的贯彻执行。

1. 荷兰马铃薯种薯业的发展

1) 基本情况

荷兰马铃薯平均单产居世界最高，为 5 万 kg/hm²。马铃薯品质的好坏和产量的高低关键在于种薯。因此，马铃薯种薯繁育在马铃薯产业链中占有重要地位。荷兰是马铃薯的生产和贸易大国，该国出口的马铃薯比其进口的马铃薯价格高，其真正的原因在于荷兰生产和出口的马铃薯以种薯为主，进口的马铃薯则以商品薯（原料薯）为主。所以，该国非常重视种薯的生产，种薯单产达到（3.0~3.5）万 kg/hm²，而商品薯单产高达（6~6.5）万 kg/hm²。作为世界上最大的马铃薯种薯生产及出口大国，荷兰马铃薯生产面积 16 万hm²的 37.5%用来种植种薯，所种植种薯的 75%用于出口。优良的品种是种薯生产的基础，为此荷兰把新品种的选育放在种薯生产的首位。荷兰现有已登记的品种 250 多个，其中有 160 多个被列入品种目录。生产上主要应用的品种有 Bentje、Dcsirce、Spunta 等 10 多个。新品种主要由农业大学科研所和公司采用杂交育种与单株系统选择的方法选育而来。每年根据优质、高产和抗病虫等育种目标，针对市场需要，从杂交后代中选择 150 多万单株，在不同的生态条件下进行鉴定，经过 10~12 年的不断选择，最终可选育出 5 个左右的适用于加工、食用等新品种，供生产上利用，品种经登记后，育种者享有对该品种的专利权。

荷兰发达的马铃薯产业不仅得益于本国适宜的气候条件和几乎完美的土壤条件，还与有高水平的马铃薯专家和完善的马铃薯种薯检测、认证体系密切相关。

在荷兰的马铃薯生产中，质量检测得到高度重视，承担种薯检测和认证工作的是由荷兰农业部指定的"荷兰农业种子和马铃薯种薯检测服务公司"（NAK）。NAR 建立于 1932年，荷兰农业部指定 NAR 为荷兰农业种子和马铃薯种薯检测及定级的唯一权威组织。NAR 检测以荷兰农业部的马铃薯种薯材料和标准为基础，任何在荷兰生产经营马铃薯种薯和申请种薯合格证的个人和组织，必须要得到 NAK 的批准，生产者和经销商必须服从NAR 现行委员会为其制定的检测规则和标准，该体系规定了荷兰 NAR 的质量标准应能符合任何国家的最严格的质量要求。

荷兰马铃薯生产是从核心种薯繁育、种薯生产、质量检测、病虫害防治、认证到仓储、运输的一系列完善、严谨的标准化模式，各个环节都有几乎统一的方法和规定要求，而且，这些方法和规定已经得到所有马铃薯生产者的认可和拥护。种薯繁育须具备繁育资格，生产田经检疫性病害检测合格后，准予繁种种薯的选择、分级和认证与质量检测关系密切。种薯选择时质量检测决定选择结果，各级种薯都有相应质量标准。检测程序从种植者提交种薯繁育资格申请开始，经田间检测、收获后检测和用于销售的种薯出库前检测等一系列严格的检测，完全达到相应级别检测标准的，NAR 方出具相应级别种薯的合格证，批准其进入市场。因此，在荷兰马铃薯生产的标准化程度非常高。荷兰马铃薯标准化生产的实施，一方面取决于其非常平坦、开阔的耕地环境更便于机械化作业，确保了栽培措施、病虫害防治、生产管理等能进行标准化操作；另一方面取决于在荷兰近百年的马铃薯产业发展中所起重要作用的质量检验，其日臻完善的检测体系和检测方法，巩固了荷兰种薯质量世界第一位的地位；更重要的一点是荷兰有严格的、运行正常的相关法律、法规来约束马铃薯种薯生产，使标准化生产与质量监控与市场规范有机地融为一体。

2）种薯选择和分级

荷兰以克隆选择体系为基础进行马铃薯种薯繁育。这个体系以单个植株（初始克隆）为基础，每年克隆的选择者从培育 1 年、2 年或 3 年的克隆田中选择健康和品种纯的植株作初始克隆材料。马铃薯最高级别 S 级为第三年克隆选择的种薯，这些块茎用来繁育以下各级别种薯，这些初始克隆繁育 3~5 年。另一种不是用初始克隆作为繁种的初始材料，而是使用脱毒种苗、微型薯快繁为基础材料。这些原原种在 NAR 监督下由具有 NAR 合格资质的繁育者生产，与以下各级种薯列为同一克隆选系。

马铃薯种薯分 S、SE、E 和 A 级、C 级，种薯种植 1 年后自动降为下一级，以此确保健康种薯有规律地供应，防止产量和质量的退化。如果一批种薯所有相关指标都达到相应级别种薯标准，则被定为该级别；否则降级处理，甚至不允许做种薯。种薯分级与田检结果、杀秧日期和收获后检测关系密切，一起用来确定种薯级别（图 1-2）。

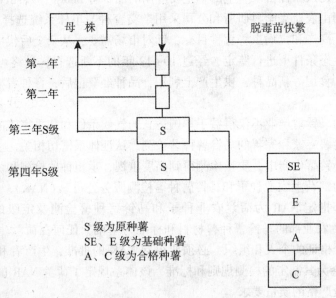

S 级为原种薯
SE、E 级为基础种薯
A、C 级为合格种薯

图 1-2　荷兰克隆选择体系略图

3）NAK 检测程序

荷兰马铃薯种薯检测体系包括种薯生产许可申请、田间检测、收获后检测和出库前检测，种薯质量必须符合每次检测的标准。

（1）种薯生产许可申请

每年 5 月上旬，种植者向 NAK 提交地块检测报告，检测程序由此开始。地块必须没有检疫性病害，种植者必须列出种源（提交种源相关材料）、品种、种薯级别和计划播种地块序号、面积和位置，这些信息与检测结果被存入计算机，作为每个地块的基本数据。

每个地块代码都是唯一的,以便日后发生问题时追查原因。目前,世界上只有 NAK 有追踪问题产生原因的体系。

(2) 田间检测

从每年 6 月开始,100 多位经验丰富的 NAK 检测员有规律地检查每个地块,共有 3 次田间检测。第一次检测在株高≥25cm 时,病害发生情况可高于标准 1 倍,通过拔除病株,在第二次检测时必须达到标准要求;第二次在第一次检测 10d 以后进行;第三次检测在杀秧前,由 NAK 决定每个生长季最佳杀秧时间。杀秧后,检测员还要到地里查看是否有二次生长发生,因为二次生长病毒浸染的机会更大。不同级别种薯病害及混杂允许率不同(表 1-1)。

表 1-1　　　　　　　　　　荷兰田检允许率 (%)

	S/SE 级	E 级	A 级	B 级
花叶/卷叶	0.03	0.1	0.25	0.5
轻花叶	0.03	0.1	2	4
病毒总和	0.03	0.1	2	4
黑胫病	0	0	0.03	0.1

(3) 收获后检测

收获后检测用以检测病毒的出现。病毒侵染特别是后期侵染,田间经常观察不到,所以 NAK 除执行田间检测外,还要执行实验室检测,掌握病毒的发生,以便更好地确定种薯的健康情况。NAK 在基础种薯的每块地里平均取 200 个块茎,合格种薯每块地取 100 个块茎,每个块茎的顶芽种在温室内,芽眼长出一个植株,用于 ELISA 检测。收获后,S、SE、E、A、C 级的检测允许率分别为 0%、0.5%、1%、5%、10%。

收获后检测必须在生产 S 和 SE 级种薯时执行,其他级别的种薯,可以免除收获后检测;特别是不易被病毒感染的品种,但是这还要由环境条件、实际杀秧日期和是否已被病毒侵染等决定。

(4) 库前检测

马铃薯种薯生理状况对质量和活力有重要影响,因此荷兰种薯生产非常注重出库前检测。种薯生产者在防霜冻、通风良好的仓库内存储种薯,这样可以防止种薯过早发芽。所有用于销售的种薯在出库前都要进行检测,出库装袋期间检测员每天都要到库房进行检测,检测标准如表 1-2 所示。

表 1-2　　　　　　　　　荷兰马铃薯种薯出库前检测标准

病害/不正常薯	标　准
湿腐	偶尔发生
干腐	1~4 块茎/50 kg
晚疫病	≥35 mm 病斑,1 块茎/50 kg

续表

病害/不正常薯	标　准
普通疮病	<35 mm 1 tuber/100 kg
丝核菌溃疡	疮病发生程度≤1/8 块茎表面积
S/SE 级	10%轻微
E 级到 B 级	25%轻微
表观变化	4~12 块茎/50 kg
土壤等	1%

4）种薯的认证

欧盟规定，所有植物材料在欧盟内交易必须提供合格证。荷兰每批出售的种薯的所有相关信息均被列在 NAK 合格证上。合格证有规定的尺寸，用不同颜色标明是基础种薯还是合格种薯。NAK 使用白色带紫色斜线的标签作为原种合格证，白色合格证用于基础种薯（SE 级和 E 级），蓝色合格证用于合格种薯（A 级和 C 级）。合格证上还列出种植者在 NAK 注册的代码、种薯规格、品种名称、繁育地点和符合欧盟检疫标准标志。合格证被缝在包装袋外面，包装袋上必须印有 NAK 公章。

对于所有检测都符合相应标准的合格种薯，NAK 发给质量合格证，每个合格证都是唯一的，有唯一的编码，NAK 合格证是种薯唯一的质量证明。

在荷兰，马铃薯市场的健康有序状态是通过法律来维护的，也可以说荷兰马铃薯种薯的检测、认证体系是在法律的保护下顺利有效地实施的，确保了荷兰马铃薯生产整体水平保持在世界领先地位。

2. 美国马铃薯种薯产业的发展

美国是世界上第五大马铃薯生产国，种植面积和总产量均不及居于世界首位的中国，但是却在马铃薯的世界贸易中处于领先地位，成为世界上利用马铃薯挣钱最多的国家。据美国农业部统计，2004 年，全美国种植和收获马铃薯约 48.56 万 hm²，产量约 206 亿 kg，产值达到 26 亿美元，马铃薯单产达到 4.24 万 kg/hm²，2009 年生产量为 210 多亿 kg。理想的栽种温度、肥沃的土壤、现代化的加工处理设备，以及代代相承的专业经验，使美国马铃薯产品在国际上一直处于领军位置。马铃薯是美国最重要的经济作物，2009 年仅马铃薯种植一项就为美国农场主带来了 34 亿美元的收益。同时，薯条、薯片等马铃薯加工业还为全美每年提供高达数十亿美元的税收。

美国发达的马铃薯产业，尤其是马铃薯深加工业是世界首屈一指的，这与其高质量的种薯关系密切。在美国，从事马铃薯种薯产品研发的人员多，政府投资大，从而使得该国种薯品种繁多，极大地促进了马铃薯加工业的发展。

从整体来说，美国马铃薯产业的发展有着以下 5 个方面的经验尤其值得关注。

1）严格的行业标准是美国马铃薯产业发展的先决条件

美国对马铃薯的标准有几百项，从种薯到鲜薯，从储存到加工，都要经过检测和认证。所有操作均以美国食品药品管理局（FDA）及美国农业部的规定为依据。每个工序需通过美国农业部的检查，而所有厂房皆符合 HACCP（危害分析关键控制点）操作规范，以确保食物安全水平。美国农业部在每个州都有检测机构和农产品组织，检测人员都经过美国农业部严格培训，符合要求的检验人员才能上岗。对检验人员的健康和卫生情况也要评估。所有相同产品的检测标准和检测步骤都是统一的，以确保质量的一致。只有检验合格的产品才能进入市场。检测过程和检测结果都要存档，客户可随时查询。

美国马铃薯加工厂对食物安全、清洁和卫生，均采取严格的监管。虽然加工厂选用最新科技尖端器材进行品质检查，但同时仍然有大批专业人员，不间断监察生产线，杜绝纰漏，以保证产品达到优质品质。此外，还利用成本相对较高的包装材料，以保证运输过程中的产品质量。例如，选用特殊坑纹纤维盒包装，坚实的纤维有助于保持产品的完整，并阻隔湿气，减少产品损坏，确保产品质量。

正是这些严格的法规、检测标准及先进的检验技术保证了美国马铃薯的产品品质，并为美国马铃薯的发展夯实了基础，确保整个马铃薯产业发展的规范和平稳。

2）坚持科技创新是美国马铃薯产业发展的机制要素

美国马铃薯产业飞速发展的主要原因是科技创新。可以说科技创新在关键问题与关键环节上发挥了重要的作用。主要体现在三个方面：一是技术高新化，使马铃薯加工业向节水、节能、高效率、高质量、高利用率和高提取率等方面发展。美国有一批科研机构专门从事对马铃薯一些特定的领域进行深入的研究。例如，科罗拉多州马铃薯研究中心专注于对节水高产的措施及灌溉方法、收获前喷杀药剂的最佳时间等作出研究，并将研究结果迅速向种植者推广，从而加速了技术创新。二是质量控制全程化，美国马铃薯食品加工业大多采用了全程质量控制体系，以确保产品质量和食物安全。当前普遍采用的是 GMP（良好的操作规范）、HACCP（危害分析及关键控制点）和SSOP（卫生标准操作程序）等。马铃薯产品品质好坏和产量高低关键在于种薯。美国种薯质量控制全程化，种薯种植必须经过认证，在种植过程中使用了什么农药，使用几次，使用时间，收获后的入库时间都要详细记录，以备检查。由于有这些配套的措施，美国已成为世界著名的种薯输出国之一。三是技术创新模式化，美国马铃薯产业的发展过程是以自身的研究开发为基础，通过科学创新技术，然后运用到生产，被称为是一种"科学—技术—生产"的自主创新模式。此外，还有一些马铃薯加工企业因自身的技术创新能力薄弱，需要企业与科研机构、高等院校等联合开展技术创新活动，这种做法被称作"产—学—研"的合作创新模式。

3）产业链的整体延伸是美国马铃薯升值的重要一环

美国是世界上盛产马铃薯的国家之一，2009 年，总产量位居世界第五位，然而加工比重为世界第二位，仅次于法国。多途径的深加工，提高产品附加值，是马铃薯产业链的整体延伸，是美国马铃薯升值的重要一环。

据美国农业部提供的资料，2009 年，美国马铃薯的应用情况如下：40.00%的冷冻马铃薯产品（如冷冻薯条、薯宝、薯圈、手工薯条、薯角和冷冻整土豆）；28.00%新鲜马铃薯产品（如烘焙、蒸煮或土豆泥）；14.00%马铃薯片（包括直薯条）；12.00%脱水马铃薯和马铃薯淀粉（挤压式薯片、土豆饼、土豆泥以及罐装炖菜）；5.00%种薯；1.00%罐装（如小个儿土豆、各种炖菜、汤、杂烩以及土豆沙拉）。据统计，美国马铃薯人均年消费量为 52.65kg。其中，加工制品消费量约占总消费量的 68.40%，鲜食约占 31.60%。

目前，在美国，利用马铃薯作为原料加工而成的各种产品已达数千种。马铃薯食品在超级市场随处可见。这些加工产品每年可以为企业带来数十亿美元的年营业额，并且已形成原料种植、产品加工、市场营销等完整的马铃薯加工利用体系。美国的马铃薯加工是从出售鲜薯就开始的，很多种植者边收获边加工，根据销售商的要求加工成各种包装的鲜薯。

4）显著的产业化特征为美国马铃薯发展奠定基石

一个高质量、经济效益好的马铃薯加工企业与其产业化经营有着极其密切的关系，因而马铃薯加工产业化可以说是美国马铃薯加工企业的有效模式和成功经验。

美国马铃薯加工企业在产业链条上实行产、加、销一体化，建立一体化联盟，生产形成区域特色和产业特色，千家万户的小生产与大市场建立有效的对接机制，加工、营销和生产者之间形成利益共享、风险共担的稳固的产业链，种植者通过与加工、营销者结成利益共同体来保护他们，激发他们的活力，实现利益一体化；在种植之前，种植者就和加工商签订合同，从而降低了种植者的生产风险。

先进的信息一体化为其产业化发展提供了必要的保障。所谓信息一体化，就是通过网络把种植、加工和营销联结起来，解决信息不对称的缺陷。以因特网为代表的计算机网络技术在农业领域的应用，使农业生产活动与整个社会紧密联系在一起，使农业生产的社会化进入一个新阶段。美国政府决定建造"信息高速公路"以后，电子计算机网络技术正在美国农业领域里迅速普及。伊利诺伊州已经有67.00%的农户使用了计算机，其中27.00%使用了互联网技术。通过计算机网络，农场主不出家门就可以了解到马铃薯产品的期货价格、销售量、进出口量、最新农业科技、气象资料等信息。同时，还可以在网上直接销售薯类产品，购买生产资料，进行科技咨询。

5）强有力的协会是美国马铃薯产业持续发展的有效支撑

美国有各种各样的农产品协会，这些协会就成为产品宣传与推广的先锋，美国马铃薯协会就是其中之一。美国马铃薯协会于1972年由美国国会法案倡导成立，代表国内超过7 000位马铃薯种植者和经营者的利益，协会的宗旨是在美国本土及国际市场推广高品质的美国马铃薯产品，促进市场需求。协会的目标就是通过公关，建立马铃薯的健康形象，介绍其营养价值，提供菜谱，鼓励人们多食用，并向零售商推销。协会的经费主要由马铃薯种植者根据销售比例交纳，每0.45 kg交2.5美分。虽然协会实行公司化运作，但在作培训、开研讨会或推广等活动时，可以向美国农业部申请，由政府资助。

一直以来，美国马铃薯协会通过培育消费者公共关系，进行营养教育，举办零售点活动，实行餐饮服务营销和出口计划，致力于向消费者、零售商、烹饪专业人士宣传马铃薯的益处、营养和多种用途。近几年，美国马铃薯协会在国际推广计划中，把亚洲作为重要市场，整个推广资金的75%都用在亚洲。协会在北京、上海市都建立了办事处，仅2011年在中国举办的研讨会就有几十个。另外，美国马铃薯协会每年都会邀请多个代表团到美国了解马铃薯的种植和收获，参观加工厂，直接感受美国技术，参与产品演示以及了解美国马铃薯是怎样在餐馆中作为特色产品的。使参与者能够对美国如何生产出世界最优质的马铃薯产品有更深的理解。

正是由于协会不遗余力的推销和培训，使全世界越来越多的人认识了美国马铃薯的优势。应该说，美国马铃薯产业能不断发展壮大，知名度越来越高，美国马铃薯协会功不可没。

3. 日本马铃薯种薯产业的发展

日本马铃薯生产水平比较高,年种植面积 10 万 hm^2,平均产量达 3.3 万 kg/hm^2,主产区产量超过 4.0 万 kg/hm^2,产量水平超过了中国马铃薯单产的 1 倍多,可以和世界马铃薯生产水平较高的欧美国家相媲美,在亚洲居领先地位。日本马铃薯生产水平较高的重要原因是建立了比较完善的马铃薯种薯生产技术体系和质量监测监督体系。该体系规定,种薯的基础——原原种在种苗管理中心生产,原种和良种则在国家指定的道或县的监督下,委托当地农业团体生产,并依托植物防疫所的检查,作为无病种薯的质量保证。种苗管理中心是国有单位,每年根据各地生产计划和需要,有计划地生产并提供一定数量和种类的原原种,然后再由地方农业团体生产原种和良种,保证生产上使用的种薯全部是脱毒种薯。新品种一般由国有育种单位提供。种苗管理中心一般不通过生产原原种而获取经济效益,提供的原原种也只是收取部分的成本费。原种和良种的生产、分配以及价格也由农业协会或专门的马铃薯生产协会统一协调。因此,到农户手中的种薯价格不会太高,真正做到了保护农户的利益,也有利于脱毒种薯的普及,提高生产水平。

4. 加拿大马铃薯种薯产业的发展

加拿大马铃薯种植面积为 11.7 万 hm^2,马铃薯的平均单产大约为 2.53 万 kg/hm^2,年产马铃薯块茎大约为 30 亿 kg,居世界第十七位,但是马铃薯的种薯出口量为世界第二位,每年种薯总出口量大约为 79.8 亿 kg,种薯出口到近世界 20 个国家。

加拿大的主要种薯生产基地是在它的 New Brunswick 和 Prince Edward Island,拥有 200 hm^2 的土地生产马铃薯原种一代和二代,原种的无毒苗来自于组织培养和原原种一代无毒块茎,在 New Brunswick 省有一个马铃薯原种场并和这个省的原种繁殖中心合作,由中心提供经检测合格的无毒试管苗,由这个农场在温室中繁殖原原种,每年可生产 2~3 次原原种,每次大约提供 4 万个块茎,在田间生产原原种 2 代,这两个省的原种场每年都向本省的种薯农场提供种薯。

加拿大的种薯生产体系是由国家统一制定的,各个省份执行统一的检验标准,各级种薯农场都是经各省的种薯生产领导部门每年评选出来的,并把原种场分为 3 类,即 A 类是生产种薯(原种)一、二、三代的原种场;B 类是属于推荐的种薯农场,允许生产原种三代种薯;C 类是基本种薯和合格种薯农场,专门生产合格标准的种薯。

原原种的生产是在温室、网室、生长箱中生产,也同时用茎尖组织培养的无毒苗生产块茎。原种一代的生产是以块茎为单位播种,在马铃薯原种苗的生长季节中进行三次田间检验,第一次在马铃薯的现蕾期(早花期);第二次是在花后期;第三次是在马铃薯地上部分枯死之前进行。原种一代的田间病株率必须是 0,为保证原种质量,在所要播种的田地里,必须是前二年没种过马铃薯的田地;原种二代的生产与原种一代的生产相同;原种三代的生产是以 10% 块茎为单位进行播种繁殖,在马铃薯生长季节中进行三次田间检验,病株率严格控制在 0.25%,杂株率为 0。基础种薯的生产是以无薯块单位进行播种繁殖,在马铃薯生长季节中进行二次田间检验,病株率严格控制在 0.25% 以下,杂株为 0。合格种薯的生产是以无薯块单位进行播种繁殖,在马铃薯生长季节进行二次田间检验,病株率严格控制在 2% 以下,杂株在 0.1%,以上各级别的种薯生产,环腐病、PSTV 病毒病的感病率均为 0 级。

在种薯生产技术方面，主要的技术措施是：①在播种前将块茎放在 18~21℃的条件下处理两周，整薯播种；②杀菌剂处理种薯，如克菌丹、代森锌等。播种要及时，用酚的混合物或甲醛对播种机械工具进行消毒，以块茎为单位进行播种；③应尽早完成趟地和其他的管理技术措施，免得植株与机械接触过多，造成病原菌的传播；④在马铃薯种薯田的生育季节期间，要及时拔除病株和杂株，接触过病株的手和工具不要接触健株，同时要铲除杂草，特别是种薯繁殖田周围的杂草，因为杂草是病毒的传播者和蚜虫的寄主；⑤对马铃薯种薯田的土壤进行营养预测，在此基础上科学地施用各种肥料。

发达国家种薯产业发展的成功经验可总结为有完善的研发、生产、检测、认证体系，生产、检测、认证体系的贯彻实施有强有力的法律保障。同时，这些检测认证机构注重对种薯生产经营者的培训和宣传教育工作，提升其对马铃薯种薯生产、检测和认证的认识，促使其积极配合甚至主动参与到整个质量监督体系中。此外，种薯产业的发展，离不开政府部门的积极支持，通过种薯种植规模化，种薯价格不会太高，有利于种薯的普及。

1.2.2 我国马铃薯种薯质量控制现状

马铃薯是我国继小麦、水稻和玉米之后的第四大粮食作物，同时又是重要的饲料和工业原料。随着产业结构的调整以及深加工产业的发展，特别是冬种马铃薯产业的发展，马铃薯大大增加了农民的收入，在我国农业经济中占有越来越重要的地位。2008年联合国粮农组织发布消息称，解决人类未来粮食安全问题只有靠马铃薯，因为马铃薯具有耐贫瘠、耐干旱等特点。联合国教科文组织将2008年定为"马铃薯年"，是继2003年"国际水稻年"后，第二次以一种农作物命名一个年份。党的十七届三中全会"关于推进农村改革发展若干重大问题的决定"中，明确提出大力支持马铃薯产业发展。温家宝总理曾批示："把小土豆做成大产业"。农业部出台了《农业部关于加快马铃薯产业发展意见》，农业部也已规划并提出到2010年我国马铃薯种植面积将扩大到667亿 m²，脱毒种薯普及率将达到55%以上的发展目标。近些年各地政府也响应国家号召，纷纷采取措施加快中国马铃薯产业发展。

种薯是马铃薯产业链条中的最重要环节，种薯质量是影响马铃薯产量的重要因素，目前，国际马铃薯贸易中，种薯质量竞争是第一位。国际上马铃薯生产最先进国家如荷兰、加拿大、英国等马铃薯种薯生产的各个环节都是在质量控制的保障下健康发展的。比如荷兰马铃薯生产从核心种薯繁育、种薯生产、质量检测、病虫害防治、认证到仓储、运输等一系列环节都是在种薯质量控制体系下进行的，并且有严格的相应法律、法规来约束种薯生产。因此，荷兰种薯以其优良的品质赢得了世界各国种植者的认可，远销80多个国家和地区，出口量居世界第一位。而我国马铃薯种薯质量总体较差，种薯质量控制体系还存在很多不足，种薯问题是限制我国马铃薯产量的最主要因素之一。

1. 种薯质量控制体系不健全影响产业发展

1）种植面积逐年增加，单产水平仍较低

中国是世界上马铃薯生产第一大国，种植面积占世界的1/4，总产量约占世界的1/5。由于马铃薯在保证我国粮食安全、拉动地方经济中起着重要的作用，特别是冬种马铃薯产业的发展，将促进马铃薯种植面积的进一步扩大。2006年我国马铃薯种植面积为490.15万 hm²，2007年560.00万 hm²，2008年已达到586.67万 hm²，2009年马铃薯种植面积和总产量仍保持增加势头。马铃薯种植面积和总产量均居世界首位。然而，长期以来单产水平提高速度缓慢，现阶段马铃薯的平均单产仍为 1.44 万 kg/hm² 左右，排在了世界第 80～90 位之间，是世界前 10 位国家平均单产水平的 40%，其中主要原因之一是我国马铃薯脱毒种薯使用面积较低，为 10%～30%，而且脱毒种薯繁育体系不健全，种薯生产条件差，所需要的隔离条件难以保证；其二没有执行种薯生产登记制，任何单位和个人均生产种薯，生产混乱。目前，我国种薯质量控制体系正在建立，缺乏种薯质量检测及认证权威机构，也不具备对所有种薯生产进行全程质量控制的条件，导致马铃薯病害、虫害发生普遍，影响了马铃薯产业的快速发展，预计短时间内单产水平不会有显著改善。但从另一方面，也反映了我国马铃薯单产有较大的提高空间，即使种植面积不变，马铃薯产量也能实现较大增长。因此，当前要快速建设马铃薯种薯质量控制体系，并使其在法律、法规等行政管理体系配合下顺利开展。

2）种薯繁育体系的混乱限制了种薯质量的提高

种薯质量控制体系中的种薯繁育体系是否适合本国，直接决定了种薯质量的好坏。而中国种薯繁育体系各地区各不相同：如李文刚于 2002 年在内蒙古提出了 5 年制种薯繁育体系，即原原种、原种、一级良种、二级良种、三级良种；吴毅歆等于 2002 年在贵州提出了五年制种薯繁育体系，即原原种、原种、一级种、二级种和三级种；朱汉武于 2006 年在甘肃定西提出了 4 年制种薯繁育体系，即原原种、原种、一级种和二级种；黑龙江省将种薯分为原原种、一级原种、二级原种、一级良种、二级良种。由于中国马铃薯种薯生产大环境和生产技术相对发达国家还很落后，种薯在大田生产中很容易受到病害的侵染，繁育代数少，因此，2008 年修订了"马铃薯种薯"国家标准 GB18133-2008，规定了 4 年制种薯繁育体系，即原原种、原种（基础种薯）、一级种和二级种（合格种薯）。合格种薯生产代数可以根据质量下降速度而定，如严格控制质量指标在合格种薯生产允许范围内，最多可种 2 代。2 代合格种薯，主要考虑南北方种薯生产体系的差异，我国马铃薯种薯主要产区为东北、西北和西南，北方实际上广为推行的是原原种—原种—合格种薯各生产 1 年，西南地区推行的是原原种—原种——一级种薯—二级种薯。但是，从经济效益方面考虑，多种植一年，繁殖数量增加 10～15 倍，种植者的收益可明显增加。比如苏格兰，种薯最多可在田间种植 10 年，说明只要大环境逐渐改善，我们的种薯也可以生产更多年，使种薯生产者的经济效益实现最大化。而种薯繁育体系的各个环节都需要进行质量控制，才能实现种薯质量真正意义上的提高。

目前我国从事马铃薯质量控制的部门和人员根本不能满足质量控制的要求，马铃薯生产中缺乏有效的质量监督检测，以至于不能及时进行病虫害防治，病虫害发生频繁、严重影响了马铃薯的产量和品质，特别是对于没有质量监督保证的种薯而言，则使整个马铃薯产业发展处于很大的风险中，制约了其可持续发展。对于黑龙江省，马铃薯质量监督仍处于自由发展，检测样品主要来自少数农民和企业，检测项目比较单一，只有少数单位开展了正规的全程质量检测，目前全省种薯质量难以用数据进行准确评价，检测意识的淡薄也反映了对质量控制的不重视，种薯质量很难有理想的结果。

3）种薯质量控制的薄弱制约了产业格局的调整

与很多马铃薯产业发达国家相比，中国马铃薯深加工开发应用较晚，且用于深加工的马铃薯占总产量的比例较小，80%以上的马铃薯都用来鲜食。由于马铃薯深加工后经济附加值高出十几至几十倍，马铃薯深加工比例会逐年上升。但由于受仓储条件的限制，马铃薯收购都集中在收获季节，丰产却不意味着丰收，常常出现收购现场送薯车队排上好几天，很多人没等排到，马铃薯已经腐烂。因此，一方面现有马铃薯供需不平衡需要调整产业结构，马铃薯产量的增加也应该相应增加加工企业的数量，增加仓储能力；另一方面增加马铃薯深加工份额更需要发展加工业，并且能形成企业间良性竞争，才能保证薯农的利益，保持种植马铃薯的积极性，因此，马铃薯产业格局会在市场经济和政府的双向调控下继续调整。而这种调整势必对马铃薯生产提出更高要求，马铃薯生产越规范，质量控制的需求就越迫切，而我国目前马铃薯种薯质量控制体系还很薄弱，尤其在种薯质量检测体系建设方面还很不足，因此，在某种程度上制约了产业格局的调整。

2. 马铃薯种薯质量控制的发展趋势

1）加强新产品研发

对任何一个产业而言，新产品研发的重要性是不言而喻的，对马铃薯种薯产业来说，也是如此。要想做强一个产业，没有竞争性很强的新产品是难以想象的。首先，国家要在脱毒种薯的选育和快繁方面进一步加大投入力度，鼓励更多的科研院所和专业人员投入到这一研究领域，增强育种力量，为中国马铃薯产业的健康发展奠定坚实的基础。发达国家马铃薯种薯质量较高，关键在于政府在种薯研发这一领域投入较多，相关的研究人员也很多，形成了马铃薯种薯新产品研发的良性循环，促进了马铃薯这一产业的快速发展。

此外，由于种质资源是育种的物质基础。马铃薯种薯新产品的研发，要充分利用国际马铃薯中心的资源，扩大育种遗传基础。通过引种鉴定，可直接用于生产的，尽快通过区域生产试验，快速繁殖、推广利用。总之，要采用多种育种途径加速育种进程。

2）完善马铃薯种薯的生产、检测体系，建立马铃薯种薯的认证制度

目前，中国马铃薯种薯市场供不应求，种薯生产企业如雨后春笋般发展。但在发展过程中，马铃薯种薯生产和经营呈现无序状态。主要原因在于马铃薯种薯的生产、检测体系不完善，没有建立马铃薯种薯的认证制度。

马铃薯种薯的生产体系不规范，主要体现在：种薯生产缺乏统一规划和监管。由于马铃薯种薯主要由国有或民营企业生产，缺乏统一管理，导致部分种薯生产企业或个人为了各自利益，以次充好，对种薯市场造成冲击。而且，种薯生产是一种高劳动密集型产业，投资成本大，加之国家投资有限，使得马铃薯种薯价格昂贵，限制了种薯的普及，影响了马铃薯产业的健康发展。

中国马铃薯种薯检测体系更是亟待完善。目前我国还没有实行马铃薯脱毒种薯质量认证，只有 3 个与马铃薯种薯质量控制有关的国家标准与农业行业标准—GB18133-2003《马铃薯脱毒种薯》、NY/T401-2000《马铃薯种薯（种苗）病毒检测规程》和 NY/T1212-2006《马铃薯脱毒种薯繁育技术规程》，这些标准的执行单位有种子管理站、马铃薯检测项目的质检中心、农业技术推广中心、进出口检验检疫部门和各种薯生产企业、集团或个人。农业部的质检中心执行标准主要用于仲裁检验、委托检验及农业部和有关部门指定的抽查检验；农业技术推广部门宣传、指导标准的适用；进出口检验检疫部门执行标准用于控制马铃薯危险性病害的出入境和不同地区间调运；各种薯生产单位执行标准主要用于指导本单位生产，进行自我监督。在 GB18133-2003《马铃薯脱毒种薯》中，控制的病害有

病毒病、黑胫病和青枯病；汰除病害有纺锤块茎类病毒、环腐病和癌肿病。开展的检验有脱毒苗检测、田间检验和出库前检验。脱毒苗检测病毒和类病毒分别采用 ELISA 和双向电泳检测。原原种和原种田间检验采用目测方法，以 5km² 为一个检测单位，共检测 3 次，第一次在植株现蕾期，第二次在盛花期，第三次在枯黄期前 14 d。出库前，随机抽取种薯总量 1% 的块茎样品进行块茎质量检验，主要检测环腐、湿腐、干腐、疮痂、晚疫、有缺陷薯和冻伤等病害及种薯混杂。在 NY/T401-2000 中，检测对象有马铃薯 X 病毒（PVY）、马铃薯 S 病毒（PVS）、马铃薯 Y 病毒（PVY）、马铃薯卷叶病毒（PLRV）和马铃薯纺锤块茎类病毒（PSTVd）。检测方法是室内检测，有指示植物检测法和 ELISA，PSTVd 采用往返电泳检测法或反转录-聚合酶链反应（RT-PCR）检测法。在 NY/T1212-2000《马铃薯脱毒种薯繁育技术规程》中，检测类病毒采用往复双向聚丙烯酰胺凝胶电泳法（R-PAGE）检验，检测病毒病采用 ELISA，田间检验执行 GB18133。

但目前，全国有能力实施标准检测的种薯生产单位为数不多。总体来看，中国马铃薯行业标准和国家标准的执行力度不大。这主要表现在以下方面：中国种薯质量检测部门少，检测人员更是缺乏。许多马铃薯种薯生产单位生产的种薯没有经过质量检测就进入市场。一方面，这反映了种薯生产单位没有意识到在市场经济条件下，产品质量是企业的生命，种薯质量检测对企业发展的长远意义。另一方面，中国马铃薯种薯检测并未要求强制执行，政府部门没有制定相关法律法规促使马铃薯种薯检测的彻底执行，这对于刚刚发展的马铃薯种薯产业是不利的。而种薯生产企业对于质量检测的看法不一，有些企业认为通过检测可以提升自己产品的可信度，于是自愿去检测其产品，有些企业认为检测会增加成本等原因，不主动检测其产品。这就导致市场上流通的马铃薯种薯质量没有保障，引发许多质量纠纷，损害农户利益。同时，中国缺乏行之有效的种薯质量认证制度。

总之，为了促进中国马铃薯产业持续健康发展，有必要借鉴发达国家种薯产业发展的成功经验。①要实施脱毒种薯强制质量检验、标签化管理及经营单位资格认证制度，保证脱毒种薯质量。政府应加快建立马铃薯种薯认证制度或市场准入制度，将其纳入马铃薯质量检测体系中，实现从生产到销售健康、规范地运转。相关部门应加快有关马铃薯种薯质量检测的法律法规的制定，进一步完善种薯检测体系，并采取相应措施使种薯的质量检测落到实处。②加强专业质检人员的培训，增设马铃薯种薯质检机构，提高质检水平。③加强马铃薯种薯质检和认证的宣传和教育，开展各种形式的培训和宣传活动，增强人们对马铃薯种薯质量检测重要性的认识。

3）提高种薯的普及率

据中国农业科学院调查分析，中国主要种植马铃薯的西部地区，其马铃薯种薯应用普及率不足 50%，生产上应用的种薯多为三级以外的种薯，已基本失去种用价值，合格种薯供种率仅为种植面积的 20% 左右。生产上农民一般多采用相互引种、换种等措施维持低水平的生产，品种混杂、种薯退化成为马铃薯生产发展的主要制约因素。而全国马铃薯脱毒种薯普及率仅为 15%~20%，可见中国马铃薯种薯普及率较低。主要原因是种薯供应价格较高，种薯供给小于需求，以及生产者对种薯的认识不到位。现阶段，由于在种薯培育和商业化过程中，投资大，很多经营单位的经营成本高，种薯供应价格自然很高。种薯生产的规模化程度低，也是导致种薯供不应求的重要原因。而生产者传统的引种、换种的做法，使得马铃薯种薯的普及率低。要提高马铃薯种薯的普及率，首先应该使马铃薯种植者认识到种薯对提高产量和增加其经济效益的重要性；其次，种薯的价格应该在种植者能够接受的范围内，这样才谈得上普及种薯。因此，有关组织（如马铃薯协会）和部门应加强宣传教育活动，使人们认识到应用种薯的好处。政府部门应进一步加大对种薯生产企业的投资，统一管理，降低种薯价格，使得马铃薯种植者能够买得起，以促进马铃薯产业的发展。

1.3　我国马铃薯种薯存在的问题及对策

随着农业结构的调整和马铃薯比较效益的提高，马铃薯播种面积扩大，并形成规模，成为主要的经济作物之一。但马铃薯种薯问题突出，成为影响产量的主要因素。解决目前马铃薯生产上存在的问题，是我国马铃薯产业化发展急需解决的问题。

1.3.1　中国马铃薯脱毒种薯生产现状

马铃薯是农业部规定的一种主要农作物，其种植面积在我国发展迅速，尤其在近年来随着脱毒马铃薯种薯生产面积的不断增加，推广面积不断扩大。近年来，在国家的高度重视和有关部门的共同努力下，中国马铃薯产业取得了长足进步，尤其是脱毒种薯的生产，全国通过项目方式在多个生态适宜区建立了大面积的种薯生产基地，从原原种到生产用种，都给予了大量的资金支持。原原种的生产设施得到了较好的改善，生产能力大幅提升；原种生产面积逐年增加，为一、二级种薯乃至生产用种提供了丰富的种源，种薯质量逐渐提高，保障了马铃薯产业发展生产用种安全。而种薯在生产上表现为品种多而繁杂，种植年限长，品种更新慢，品种严重退化，群众就有"一代不如一代"的说法，最后失去种植价值，马铃薯从秋收入窖到春季翻窖，晚疫病、环腐病等病害严重发生，相互感染，损害严重，马铃薯的更新换代缓慢，病害严重，无法留种，严重制约种植面积扩大和产量的提高。

1.3.2　中国马铃薯脱毒种薯生产存在的问题

1. 生产基地条件不完善

有的种薯生产基地隔离条件不达标，没有严格按照脱毒马铃薯种薯生产要求进行轮作，插花生产现象较为普遍；有的基地排灌条件不符合脱毒马铃薯种薯生产要求，导致病害严重；有的基地邻近交通要道，容易使一些病害随车流等传播给种薯，不利于种薯质量的提高。

2. 种薯生产基地的布局不够合理

有的基地在同时生产多个品种或多级别种薯的情况下，没有根据基地地形条件和气候条件进行合理布局，品种安排不恰当，如将一些晚熟品种安排在海拔较低的地区生产，导致地上茎生长茂盛而不结块或块茎小，产量降低等现象。

3. 生产者质量意识不够

有些省份基地存在以次充好的现象，尤其在一些高海拔地区，气候条件冷凉，各种病害表现相对较弱，一些投机生产者利用这一优势将一些低级别的种薯充当原种等高级别种薯生产、销售，给马铃薯生产用种带来极大的安全隐患。

4. 一些质量标准缺乏统一的操作规范

GB18133-2003 标准对企业的自检和种子质量监管部门起到引导性作用，但由于种子质量检验机构开展的监督检验、仲裁检验和盖 CASL 章或 CAL 章的委托检验都必须遵循国家标准或行业标准，但标准中缺乏统一的操作规范，可能不同人采用不同的取样方法会导致不同的检测结果。如批次划分：组培苗、原原种和原种的批重（量）应为多少，划分不一可能会导致不同的结果；样品数的多少：在 GB18133 中，在扩繁前检测中取样数量没有具体规定；另外销售前取样，规定取 1% 进行检测，由于马铃薯的种植面积一般 33.3 hm^2 为一个喷灌圈，如果是 10 万 kg，取样量为 1 000kg，因此 1% 的取样是否可行。

5. 病毒检测方法不完善，成本高

收获后检测，PVY 是威胁产量的主要病毒，传播途径主要是蚜虫，蚜虫侵染 21d 后才能检测出 PVY，蚜虫侵染一般在 8 月初，21d 后种薯基本收获，因此收获后检测种薯带病毒情况至关重要，但对于此期的检测和检测方法只有 NY/T449-2000 中提到没有经过田间检验的种薯必须进行块茎检验，抽样的最低重量是 100kg，可采用 ELISA 这个抽样量是否可行。因为 ELISA 受到免疫球蛋白的影响，一般都依赖进口的试剂盒进行检测，而这种试剂盒价格昂贵，如一个种薯为一个反应，6 种病毒 500 个种薯就 2 万多，对于检测机构尤其企业是沉重的负担。

6. 种薯生产缺乏标准的生产技术规程

在我国，有种子质量管理机构也曾尝试建立马铃薯脱毒种薯合格证认证试点，但我国种薯企业缺乏标准的生产技术规程，种薯质量控制更是空白，生产出的种薯质量参差不齐，企业缺乏质量意识，再加上检测人员人手不足，只能在试点企业的部分品种部分面积上执行，因此检测结果合格后所颁发的合格证试点标志张冠李戴，无法实现检测结果与种薯批的溯源。

7. 对质检工作不配合，有拒检或避检现象

由于当前有些省份的马铃薯种薯生产多以项目方式运作，而项目审批单位与种薯质量管理单位分别属于不同的部门，有的生产者根本无视质量管理部门的意见，该送检的不送检，甚至到基地检查也不配合，在一定程度上阻碍了脱毒种薯质量管理工作的正常开展，也限制了全国脱毒马铃薯种薯质量的全面提高。

8. 种薯生产单位的自检能力不够

目前我国的脱毒种薯生产单位基本都没有自检设施和自检条件，无法开展质量检测工作，也就无法了解种薯质量状况。尤其是一、二级种薯生产单位，多为县级农业行政主管部门下属的业务部门，人员没有相应经历，对种薯质量的判断能力有限，而且其所需种薯基本全部从外单位调进，加上农业生产存在容易受气候等因素影响的特殊性，待种薯在田间表现异常时往往显得很被动。

1.3.3　解决当前马铃薯种薯问题的关键措施

"一粒种子可以改变一个世界"。马铃薯产业尤其是种薯产业是我国农业进入历史新阶段实施战略性结构调整的重要切入点，是需要着力培育的优势产业。温家宝总理曾指

出："我国土豆种植面积占世界的五分之一，产量占世界的四分之一。加快引进和培育优良品种，努力提高土豆的加工转化程度，不断开拓消费市场，我们完全应该而且能够把小土豆办成大产业"。

针对当前马铃薯存在的问题及形成原因，要保证大田生产优质种薯的大面积供应，促成马铃薯产业化健康发展，采取的措施主要有建设优质种薯繁育体系，包括集中进行室内脱毒苗生产、网室脱毒生产原原种生产、室外原种生产、分区域大面积繁种基地建设和供种体系建设；适应市场需求的优良品种引进、试验；加强宣传培训，提高人们的认识；一定资金扶持和配套相应的急需启动资金。

1. 建立种薯繁育体系

室内脱毒小苗生产；网室原种生产；原种生产基地建设需在气候湿润且凉爽，病虫害危害轻的原种基地；分区域大田繁种基地（一级种薯繁育）。为了就近运输，减少供种费用，按不同区域分为北山繁种基地和南山繁种基地等；供种体系建设。为了保证种薯播种时的质量和数量，减少储藏损失，种薯收获后及时分散到种植户手里，进行分散储藏，避免集中储藏占用设施多，费用高，损失大的缺点。因此，要在收获后较短的适宜时间内实现种薯销售，必须要有健全的供种体系。一是运销公司与种薯生产技术部门签订种薯供销合同，保证生产的种薯及时安全转移和种薯生产费用的及时回收，从而保证下年度种薯生产工作的正常开展；种薯生产单位保质保量按合同要求提供生产用种，运销公司及时销售种薯。二是乡、村、社、农户与运销公司签订合同，使种薯及时分散到种植户手里，减少损失，保证种薯质量；三是农户要有专门的种薯储藏窖，并提前进行消毒处理，保证种薯安全储藏。

2. 加强优良品种的引进、试验、示范

市场需求是不断发展变化的，优良品种也在不断更新，为了保证马铃薯产业立于不败之地，必须要有既适应市场变化又适宜当地生产条件的优良品种。同时，还要被广大农民所接受，因此，开展优良品种的引进、试验、示范是不可缺少的工作。

3. 建立质量合格证认证试点，辐射带动认证体系的发展

要想建立质量认证体系，必须唤醒企业的质量自我保护意识，在企业自愿参加的情况下，实行该企业所有种薯田都执行认证；或该企业的某一品种所有级别的种薯全部执行认证，这样才能使检测结果溯源到种薯批，体现执行质量合格证试点的企业质量优势，带动种薯企业质量认证体系的发展。

4. 建立质量自控措施，提高种薯质量

企业是质量的主体，只有企业自我意识到种薯质量的重要性，建立质量自控措施，才能切实提高种薯质量。建议企业必须在3个环节上进行质量检验。

（1）核心种苗必须进行病毒检测，检测方法可采用 ELISA；

（2）开展田间检验，采用目测方法在每块地开展3次检验，检验时间可以参照 GB18133；

（3）采用 ELSA 或南繁小区种植鉴定检测收获后种薯带病毒情况，采用目测方法检测窖藏病害及混杂等情况。

5. 定期开展监督抽查，促进企业提高质量意识

从监督效果、人员和经费等方面，种子质量管理机构适宜在3个时期开展监督抽查。

一是监督抽查组培苗。影响马铃薯产量提高的主要因素是脱毒种薯质量，而影响种薯质量的主要因素是基础种即脱毒苗的质量。因此种子质量管理机构可加大脱毒苗的质量监督检验，可采用 ELISA 方法，分株系检测病毒情况；二是采用目测方法，至少在盛花期开展一次田间检验；三是种薯收获后，采用 ELISA 检测种薯带病毒情况、采用目测法检测其他病害及混杂情况等。另外，省级种子质量检验中心和市、县种子质量检测分中心可以共同承担种薯的监督检验任务，省级中心一般设备先进、经费宽裕，可以开展 ELISA 检测，各分中心由于设备和经费限制，可以通过目测开展田间检验。

6. 加强培训力度，提高种子质量检验人员素质

建议马铃薯脱毒种薯主产区的省级或市级种子质量管理机构对种子质量检验机构和种薯企业的从业人员加大培训力度，从病害识别、耕作栽培和质量控制等方面加强知识宣传，提升其识别病害能力，增强质量控制意识，提高质量控制水平，认识控制种薯质量的重要意义。作为世界上的人口大国，我国人口增加和耕地减少的矛盾是不可逆转的，在现有的耕地上生产出更多的粮食已成为我国发展的战略性问题。与我国的水稻、小麦和玉米这三大作物相比较，我国的马铃薯平均单产水平还非常低，所以，马铃薯产业的增产和增值发展潜力巨大，提高马铃薯种薯脱毒质量是其中的有效措施之一，因此，在我国建立并完善马铃薯脱毒种薯质量控制体系对于提高马铃薯产量具有非常强的现实意义，这也对世界粮食安全具有战略指导意义。

7. 加大资金扶持力度

脱毒种薯生产周期长，前期又没有经济效益，种薯运用到生产上以后才能收回周转资金，而且风险大。从脱毒小苗生产到大田供种需 3 年时间。因此，企业不愿去投资，技术部门却没有资金，这就需政府在资金上加以扶持。

总之，要解决马铃薯种薯问题，必须技术、企业、政府三结合，相互配合，各尽其职，协调工作，才能真正为群众源源不断地提供优质种薯，促进全国各地马铃薯产业的大发展。

1.4 马铃薯种薯繁育企业的工作岗位

通过对马铃薯种薯繁育企业调研，种薯繁育岗位大体按照生产操作流程（图 1-3、图 1-4、图 1-5）设置，主要包括组培工、种苗工、病毒检测工、质量检测工岗位。

1.4.1 马铃薯脱毒种薯生产操作流程

马铃薯属于无性繁殖作物，利用块茎做种。在繁殖过程中容易感染马铃薯病毒及多种病毒，导致种薯退化，甚至丧失用种价值。因此在生产上建议用脱毒种薯，马铃薯脱毒种薯生产流程如下。

1. 茎尖组培苗的获得

选定品种后，以该品种的块茎为材料，利用茎尖组织培养方法获得茎尖组培苗（茎尖组培苗可能会带有病毒）。

2. 脱毒试管苗的获得

利用茎尖组培苗进行扩繁，以扩繁得到的组培苗为材料，利用各种脱毒技术方法结合

指示植物鉴定，酶联免疫等病毒检测体系，获得无马铃薯真菌、细菌、病害及 PVX、PVY、PVS、PLRV 和 PSTVd 的脱毒苗。

3. 脱毒苗扩繁

利用组织培养技术对脱毒试管苗进行扩繁，获得大量脱毒组培苗。

4. 原原种生产

利用脱毒苗在容器内和防虫网、温室条件不生产符合质量标准的种薯和小薯。

5. 一级原种生产

利用原原种做种薯，在良好的隔离条件下生产出符合质量标准的一级原种。

6. 二级原种生产

利用一级原种做种薯，在良好的隔离条件下生产符合质量标准的二级原种。

7. 合格种薯生产

利用二级原种做种薯，在良好的隔离条件下生产出符合质量标准的一级种薯；利用一级种薯做种薯，在良好的隔离条件下生产出符合质量标准种薯二级种薯。

各级种薯的生产和质量的确认参考以下两个国家标准（见附录）：马铃薯脱毒种薯（GB18133-2000）和马铃薯种薯生产技术操作规程（GB3243-82）。

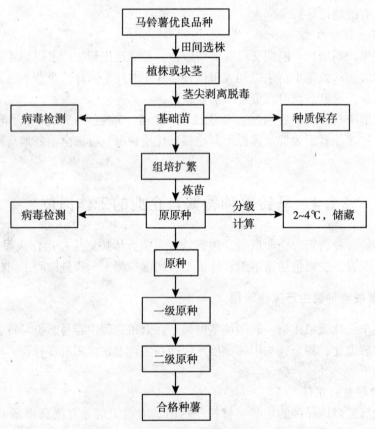

图 1-3　马铃薯脱毒种薯繁育操作流程图

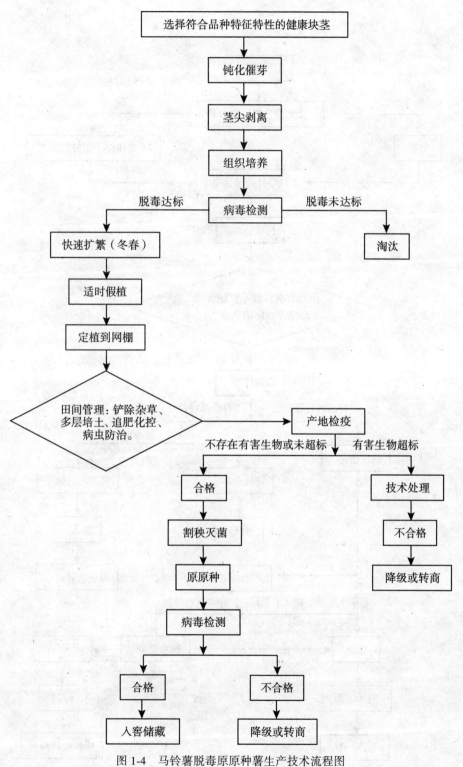

图 1-4 马铃薯脱毒原原种薯生产技术流程图

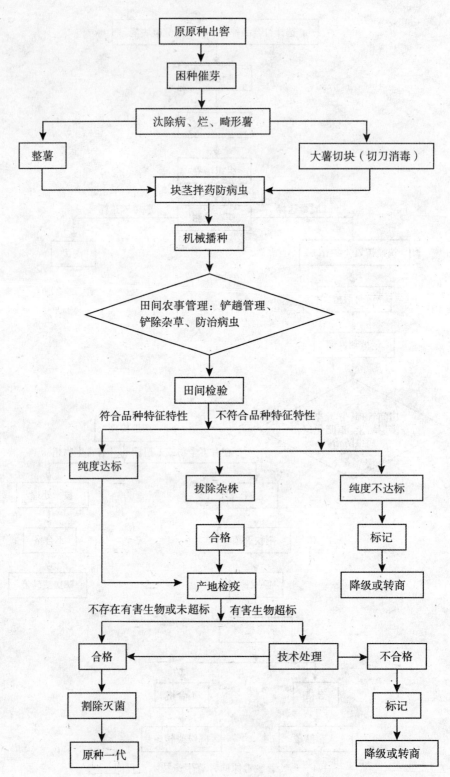

图 1-5 马铃薯脱毒原种一代种薯生产技术流程图

1.4.2 马铃薯种薯繁育各岗位工作的目标、任务、职责（表1-3）

表1-3 马铃薯种薯繁育各岗位分析

岗位要素		岗位名称			
		组培工	种苗工	病毒检测工	质量检测工
工作任务		配制母液及培养基	茎尖剥离获得脱毒苗基础苗，继代转接及生根培养得到繁殖苗	检测脱毒试管苗是否脱除了病毒	检测脱毒苗及脱毒种薯的质量
工作目标		按需、准确、规范、熟练配制培养基	规范、熟练进行茎尖剥离及培养	熟练进行脱毒试管苗的病毒检测	熟练进行脱毒苗及脱毒种薯的质量检测
工作职责		1. 对培养基配制质量负全责； 2. 按照母液和培养基配制操作流程及技能要求配制； 3. 认真做好计算、核对与操作，及时填写、保存工作记录； 4. 保证桌面整洁无残留液，用品摆放合理有序，保持所用器具及工作区域的卫生。	1. 在无菌条件下剥离茎尖； 2. 培养茎尖试管苗（基础苗），尽量提高脱毒率和成活率； 3. 继代培养得到一定数量的繁殖苗； 4. 将足够数量的繁殖苗生根培养后驯化移栽。	1. 熟悉病毒检测的程序及方法； 2. 规范保存无病毒苗； 3. 清楚对未脱除病毒试管苗的下一步检测。	1. 熟悉质量检测的程序及方法； 2. 对合格脱毒苗及种薯的规范管理。
认职要求	知识与能力	1. 熟练清洗玻璃器皿； 2. 会熟练配制母液和培养基及灭菌； 3. 清楚培养基配制目的、操作流程、各环节技能要求等。	1. 熟练操作茎尖剥离； 2. 掌握继代培养及生根培养的各个关键环节。	1. 熟练病毒检测的操作步骤； 2. 清楚无毒苗的保存环境。	1. 熟练质量检测的操作步骤； 2. 清楚质量合格种苗及种薯的保存。
	素质	爱岗敬业，诚实守信，吃苦耐劳，遵守操作规范和职业道德，工作积极主动，具有责任心、成本意识、市场意识、创新意识、团队精神和科学思维方法，学习、沟通、计划、适应、分析解决问题能力及自我管理能力强。			

⋯⋯ 信息链接 ⋯⋯⋯⋯⋯⋯⋯⋯⋯⋯⋯⋯⋯⋯⋯⋯⋯⋯⋯⋯⋯⋯⋯⋯⋯⋯⋯⋯⋯

马铃薯种薯繁育技术：

http://sannong.cntv.cn/program/nongguangtd/20130403/107526.shtml

第2章 马铃薯优良品种

优良品种是农业生产获得高产、优质、高效的基本因素之一。在具备了良好的农业栽培技术条件下，如果不想使用优良品种，要想获得高产是很困难的。选用优良品种在栽培技术中是一项很经济且有效的措施。一般情况下，采用优良品种在大面积生产上能增产30%左右。尤其是在晚疫病等病害流行的年份，或环腐病发生为害及马铃薯退化严重的地区，推广应用抗病性强、退化极轻的品种，常能成倍地提高产量并能增加品质。

2.1 马铃薯优良品种的概念及特点

2.1.1 马铃薯优良品种的概念

所谓优良品种是指能够比较充分利用自然、栽培环境中的有利条件，避免或减少不利因素的影响，并能有效解决生产中的一些特殊问题，诸如克服倒伏、抗病虫害等一些生产中常见的障碍因子后，表现为高产、稳产、优质、低消耗、抗逆性强、适应性广，在生产上有其推广利用价值，能获得较好的经济效益，因而深受群众欢迎的品种。即人们通常所说的好品种。

2.1.2 马铃薯优良品种的特点

农作物的每个品种都有其所适应的自然环境条件和耕作栽培条件，而且都只在一定的历史时期起作用，良种是在一定的生态条件下形成的，品种的优良性状只能在一定的自然环境和栽培条件下才能表现出来，超过一定范围就不一定表现优良，即当地的优良品种到外地不一定能够适应，外地的优良品种到本地也不一定能够增产，总的概括起来马铃薯具有地域性、时效性、抗病性等特点。

1. 地域性

马铃薯作为一个作物，对环境的适应力并不算太差，从它分布范围的广泛就可以说明这一点；但如果把它的品种分别来看，那就远不及其他作物品种适应性强。正因为这样，马铃薯品种对环境条件表现一种敏感性，也就是说，马铃薯的优良品种具有非常明显的地方性，它的适应性范围较一般作物品种狭小，因而在生产实践上，特别显出实行品种区域化的重要性。由此可知，每个农业地区的马铃薯优良品种的首要条件，就是要能够适应当地气候土壤情况，可以在良好的栽培技术条件下保持长期不退化。其次，各地良种的生长期应该和当地主要农作物制度相配合；例如我国北方一熟制地区，冬季休闲，夏季不很炎热，可选用较晚熟的丰产品种；南方水稻地带，应选用早熟而同时休眠期短促的品种，能在炎夏将届临时于晚稻移栽以前收获完毕，并适合作为秋播的品种。每个地区应该有 2~3

个不同品种，其成熟期前后期衔接，一方面可以调节人力，减少灾害危险性，同时可以陆续供应新鲜块茎，保持较高的食用价值。

如我国四川省及湖北鄂西等地区雾雨的天气较多，常年流行晚疫病，当地只有种植抗晚疫病的疫不加（Epoka）、米拉（Mira）和新宇 4 号等品种，才能获得满意的产量。甘肃兰州陇神航天育种研究所选育的黑皮马铃薯品种，耐旱耐寒性强，抗早疫病、晚疫病、环腐病、黑胫病、病毒病，适应性广，适宜在全国马铃薯主产区、次产区栽培。所以马铃薯在种植过程中也要求特定的生态环境。

2. 时效性

良种在生产利用上一般都具有时效性，过去的优良品种现在不一定优良，现在的优良品种将来也会被逐步淘汰。因此，不存在永恒不变的"优良品种"，只有不断培育出适合当时、当地种植的新品种，替换生产上那些相形见绌的老品种，通过品种的区域试验和审定，及时组织品种更新换代，才能使优良的品种脱颖而出，在农业生产上充分发挥作用。

3. 抗病性

马铃薯良种对当地最流行的病害和最猖獗的虫害应具有较强的抵抗力，这一点对防止种薯退化和保持产量的稳定性均具有重大意义。根据各地生产实际经验，马铃薯的抗病性在品种间有很大差异，有些品种能抗晚疫病而易感染病毒病，有的恰好相反，因此针对当地特殊病害选用适当品种是生产上一个主要环节。

4. 块茎经济性状

马铃薯还要考虑块茎的经济性状，这和栽培条件虽没有多少关系，但主要还是决定于品种的特性。块茎的经济性状应和栽培目的相适应：以实用为主的，应选薯形大，近于圆形，薯面光平，芽眼少而浅，肉质密致，多粉质，易煮烂，富于维生素 C，茄素含量少，食味良好的品种；以供工业原料为主的，应选丰产而淀粉价高的品种；以供饲料为主的，应选蛋白质和维生素 C 高的品种，在大城市的郊区，一般多栽培早熟品种，以争取及早供应市场。

5. 品种特性

良种区别于一般品种就是因为其具有十分典型的品种特性，如产量、品质、外形、株高、抗逆性、适应性等方面的优势，因此良种从一开始利用就应防止与一般品种混杂，以保持其优良的品种特性。

因此，选择适宜的优良品种是作物生产的一个重要环节。

2.1.3 马铃薯优良品种的标准

1. 丰产性

高产是马铃薯优良品种应具备的最基本性状。马铃薯品种的丰产性是多种形态特征和生理特性的综合表现。一般来说，高产品种既要有较高的物质生产量和经济系数，又要有合理的产量结构构成。如单株生产能力强，块茎个头大，单株结薯个数适中等。

2. 稳产性

马铃薯品种的稳产性是丰产的基本保证。品种的稳产性主要受其抗性的影响。一般来说，马铃薯优良品种应该对当地的主要病虫害和自然灾害具有一定的抗性，即能抗病虫害，抗旱、抗涝、抗冻，抗其他自然灾害，在不同的自然地理条件、气候条件及生长环境中，都能很好地生长。如在同样情况下，有些马铃薯品种感病轻，生产中遇到病害发生时，就会少减产或不减产。

3. 优质性

随着人民生活水平的提高和市场经济的发展，品种的优质性将成为决定经济效益的重要因素。马铃薯的优质性状指标有很多个方面，有形态指标和理化指标，有食用品质指标和营养品质指标，还有工艺品质指标和加工品质指标等。如薯形好，芽眼浅，大、中薯比例高，耐贮藏；干物质高，淀粉含量高或适当，食用性好；含还原糖低，非常适合油炸薯条用等。优质马铃薯，内外在品质好，商品性状好，加工性能高，适合市场和人们选用要求，并能卖好价钱。

4. 早熟性

早熟性不但有利于提高多熟制地区的复种指数，而且可以避免或减轻自然灾害和某些病虫害的危害。如种植极早熟马铃薯品种，既可以赶上市场行情最好的时候，又不耽误下一茬作物种植；还有选用早熟马铃薯品种，可以避开马铃薯生长后期高温引发的晚疫病等病害。

5. 广适性

品种的适应性是决定品种种植范围大小的重要因素。广适性要求马铃薯品种能适应较大地区范围的气候条件和土壤条件，以及适应不同的栽培条件。如马铃薯对不同土质、不同生态环境有一定的适应能力。

6. 其他特殊优点

具体地说，马铃薯的优良品种，第一是块茎的产量高。如单株生产能力强，块茎个大，单株结薯个数适中等。第二是抗逆性和耐性强。在同样情况下，感病轻的品种，一般少减产或不减产，对自然灾害的抵御能力强，能抗旱、抗涝、抗冻等；对不同土质、不同生态环境有一定的适应能力。第三是块茎的性状优良，薯形好，芽眼浅，耐贮藏等；干物质高，淀粉含量高或适当，食用性好，大中薯率高，商品性好，能卖好价钱。第四是有其他特殊优点，如极早熟，赶上市场最高的行情，又不耽误下一茬；薯形长得特殊，比如特别长，含还原糖低，非常适合油炸薯条用等。总之，符合高产、优质、高效的马铃薯品种，就是优良品种。

2.2　常见的马铃薯优良品种

由于马铃薯在亲缘种间进行杂交不困难，并可利用块茎进行无性繁殖，使遗传性保持稳定，因此马铃薯的品种实际上是杂交种。20 世纪以来，由于广泛利用野生种与栽培种杂交，培育出来的新品种中多属杂交种。

马铃薯按皮色分有白皮、黄皮、红皮和紫皮等品种；按薯块肉质颜色分为黄肉种和白肉种；按薯块形状分为球形、椭圆形、长筒形和卵形等品种。在栽培上常依块茎成熟期分为早熟、中熟和晚熟三种，从出苗至块茎成熟的天数分别为 50~70 d、80~90 d、100 d 以上。按块茎休眠期的长短又分为无休眠期、休眠期短（1 个月左右）和休眠期长（3 个月以上）三种。

马铃薯品种按用途，一般可分为菜用型、淀粉加工型、油炸食品加工型等。

2.2.1 菜用型品种

菜用型品种的要求：薯形圆形或椭圆形，薯形美观，白皮白肉或黄皮黄肉，色泽好、芽眼浅，食味优良，炒、煮、蒸口感好，淀粉含量中等，一般在12%~17%，高Vc含量（>250 mg/kg鲜薯），粗蛋白质含量2.0%以上，龙葵素200mg/kg以下，食味好，有薯香味，无麻味，煎、炒时不易成糊状。大小整齐，商品薯率85%以上，耐贮藏，耐长途运输，符合出口标准。

1. 东农303

该品种为我国双季、极早熟脱毒马铃薯菜用品种，由东北农学院培育。

1）品种特性

早熟，从出苗到收获60d左右。株型直立，茎秆粗壮，分枝中等，株高45cm左右，茎绿色。叶色浅绿，复叶较大，叶缘平展，花冠白色，不能天然结实。块茎扁卵形，黄皮黄肉，表皮光滑，芽眼较浅。结薯集中，单株结薯6~7个，块茎大小中等。块茎休眠期较长。淀粉含量13.1%~14.0%，蒸食品质优，食味佳。植株感晚疫病，高抗花叶病毒病，轻感卷叶病毒病，耐纺锤块茎类病毒。

2）产量

一般产量1 500~2 000kg/667m²，高的可达2 500kg以上。

3）栽培要求

适宜密度为每亩4 000~4 500株。上等水肥地块种植，苗期和孕蕾期不能缺水。适应性广，适宜和其他作物套种。适合在东北、华北等地种植。

图2-1 东农303

图2-2 早大白

2. 早大白

属早熟菜用型品种，由辽宁本溪马铃薯研究所育成。

1）品种特性

早熟品种，从出苗到成熟55~60d。植株半直立，繁茂性中等，株高50~60cm，茎叶绿色，花冠白色，天然结实性偏弱。块茎扁圆形，白皮白肉，表面光滑，芽眼小较浅。结薯集中，单株结薯3~4个，大中薯率高，商品性好。块茎休眠期中等。淀粉含量11%~13%，食味中等，耐贮性一般。苗期喜温抗旱，耐病毒病，较抗环腐病，感晚疫病。

2）产量

一般产量2 000kg/667m²。

3）栽培要求

地块选排灌良好的沙壤土，适宜密度为每亩 4 500～5 000 株。适合在山东、辽宁、河北和江苏等地种植。

3. 费乌瑞它

由荷兰引入，因在各地表现良好，有很多别名，如荷兰 7、荷兰 15、鲁引 1 号、津引 8 号、粤引 85～38、早大黄等。

1) 品种特性

早熟，出苗后 60～65d 可收获。株型直立，分枝少，株高 50～60cm。根系发达，茎粗壮、基部紫褐色，复叶宽大肥厚深绿色，叶缘有轻微波状，生长势强。花冠蓝紫色，可天然结实。块茎扁长椭圆形，顶部圆形。皮肉淡黄色，表皮光滑细腻，芽眼少而浅平。结薯集中，单株结薯 4 个左右。淀粉 12%～14%，品质好适宜鲜食，茎休眠期 50d 左右。易感晚疫病，轻感环腐病和青枯病。

2) 产量

一般产量 2 000kg/667m^2。

3) 栽培要求

该品种喜肥水，产量潜力大，要求地力中上等。适宜密度为每亩 4 000～4 500 株，注意厚培土。适合中原各省及山东、广东等地作为出口商品薯栽培。

图 2-3　费乌瑞它

图 2-4　中薯 3 号

4. 中薯 3 号

属中早期菜用型品种，由中国农业科学院蔬菜花卉研究所育成。

1) 品种特性

早熟，从出苗至收获 65～70d。株型直立，分枝少，株高 55～60 cm。茎绿色，叶色浅绿，复叶大，叶缘波状，生长势强。花序总梗绿色，花冠白色而繁茂，能天然结实。薯块椭圆形，顶部圆形，浅黄色皮肉，薯皮光滑，芽眼少而浅。匍匐茎短，结薯集中，单株结薯 4～5 个，较整齐。薯块大，大中薯率达 90%，商品性好。块茎休眠期 60d 左右。块茎淀粉含量达 12%，食味好。田间表现抗重花病毒和卷叶病毒，不抗晚疫病，不感疮痂病。

2) 产量

一般产量 2 000kg/667m^2。

3) 栽培要求

选土质疏松、灌排方便地块，适宜密度为每亩 4 500 株。适宜北京、中原各省和南方种植。

5. 新大坪

属菜用型品种，系定西市安定区农技中心在历年引进试验马铃薯品种（系）中筛选而来，亲本不详，2005年通过甘肃省审定。适宜于干旱、半干旱地区种植，是甘肃省定西、临夏等地的主栽品种之一。

1）品种特性

中熟品种。幼苗长势强，成株繁茂，株型半直立，分枝中等，株高40~50cm，茎绿色，叶片肥大、墨绿色，茎粗1.0~1.2cm。花白色。结薯集中，单株结薯3~4个，大中薯率85%左右。薯块椭圆形，白皮白肉。表皮光滑，芽眼较浅且少。薯块干物质含量27.8%，淀粉含量20.2%，含粗蛋白质2.67%，还原糖0.16%。生育期115d。田间抗马铃薯病毒病、中抗马铃薯早疫病和晚疫病，薯块休眠期中等，抗旱耐瘠。

2）产量

平均产量1 200~1 500kg/667m^2。

图2-5　新大坪

3）栽培要求

增施农肥，定量配方施肥，高寒阴湿及二阴山区以4月中下旬播种为宜，半干旱地区以4月中上旬为宜。旱薄地每公顷种植2 500~3 000株，高寒阴湿及川水保灌区4 000~5 000株为宜。

6. 黑美人

中熟品种，由兰州陇神航天育种研究所经过航天育种育成的品种。

1）品种特性

幼苗直立，生长势强。株高60cm，茎深紫色，分枝较少，叶色深绿，花冠紫色。薯块长椭圆形，表皮光滑，呈黑紫色，薯肉深紫色，还有丰富的抗氧化物质，经高温油炸后不需添加色素仍可保持原有的天然颜色，芽眼浅，结薯集中，单株结薯6~8个。淀粉含量13%~15%，粗蛋白质含量2.3%，Vc含量170mg/kg鲜薯。耐旱耐寒性强，适应性广，抗早疫病、晚疫病、环腐病、黑胫病、病毒病。

2）产量

一般产量2 000~2 500kg/667m^2。

3）栽培要求

黑色马铃薯宜稀不宜密，适宜栽植密度为3 500株/667m^{2}左右，播种后及时镇压并整好垄形，喷除草剂后覆盖地膜。防治晚疫病。适宜全国马铃薯主产区、次产区栽培。

2.2.2　淀粉加工型品种

1. 系薯 1 号

中早熟淀粉加工型品种，由山西省农科院高寒作物研究所育成。

1）品种特性

株型直立，株高 40~50cm。茎绿色带紫色斑纹，叶片肥大，叶色浅绿，花白色。块茎圆形，紫色白肉，芽眼中等深度。结薯集中，薯块大而整齐，淀粉含量高达 17.5%，含还原糖 0.35%。植株高抗晚疫病，抗干旱。

2）产量

一般产量 1 500kg/667m²。

3）栽培要求

适宜密度为每亩 4 000~4 500 株。因块茎膨大速度快，所以田间管理工作应尽早进行。要早中耕培土，在现蕾、开花期及时浇水，视苗情增施氮肥。适合中原地区二季作及一季作栽培。

2. 鄂马铃薯 1 号

属早熟淀粉加工型品种，由湖北恩施南方马铃薯研究中心育成。

1）品种特性

株型半扩散，茎叶绿色，花白色。生育期为 70d 左右，长势强。薯块扁圆，表皮光滑，芽眼浅。结薯集中，薯块大面整齐，含淀粉 17.0% 以上，还原糖 0.1%~0.28%，高抗晚疫病，略感青枯病，抗退化。

2）产量

产量为 1 300~1 800kg/667m²。

3）栽培要求

适宜密度为每亩 5 000 株。每亩应施有机底肥 1 500kg，追施化肥 15kg，追施苗肥和蕾肥并配合中耕除草是管理的关键。目前在湖北恩施地区种植，其他地区可以试种。

3. 安薯 56 号

属中早熟淀粉加工型品种，由陕西省安康地区农业科学院所育成。

1）品种特性

株型半直立，株高 42~65cm，分枝较少。茎淡紫褐色，坚硬不倒伏。叶色深绿，花紫红色。块茎扁圆或圆形，黄皮白肉，芽眼较浅，块茎大而整齐。结薯集中，块茎休眠期短，耐储藏。块茎含淀粉 17.66%。植株高抗晚疫病，轻感黑胫病，退化轻，耐旱，耐涝。

2）产量

产量为 3 000kg/667m²。

3）栽培要求

适宜密度为每亩 3 500~4 000 株。适宜陕西省秦岭一带种植，其他地区可推广试种。

4. 晋薯 5 号

属中熟淀粉加工型品种，由山西省高寒作物研究所育成。

1）品种特性

株型直立，分枝多，株高 50~90cm。茎叶深绿，长势强，花白色。块茎扁圆形，黄皮黄肉，表皮光滑，薯块大小中等，整齐，芽眼深度中等。结薯集中，块茎休眠期长，耐储藏。生育期为 105d 以上。薯块含淀粉 18.0%，还原糖 0.15%。抗晚疫病、环腐病和黑胫病。

2）产量

一般产量约为 1 800kg/667m²。

3）栽培要求

适宜密度为每亩 4 000 株。在栽培中，要做到地块土层深厚，质地疏松良好，重施底肥，生育期间加强肥水管理，薯块膨大期分次培土，东北一季作区均可种植。

2.2.3 菜用和淀粉加工兼用型品种

1. 中薯 2 号

属极早熟菜用和淀粉加工兼用型品种，由中国农业科学院蔬菜花卉研究所育成。

1）品种特性

株型扩散，株高 65cm。枝较少，茎浅褐色。叶色深绿，长势强，花紫红色，花多。块茎近圆形，皮肉浅黄，表皮光滑，芽眼深度中等。结薯集中，块茎大而整齐，单株结薯 4~6 块。休眠期短，薯块含淀粉 14%~17%，还原糖 0.2%，退化轻。

2）产量

一般产量 1 500~2 000kg/667m²，肥水好的高产田达 4 000kg。

3）栽培要求

适宜密度为每亩 3 500~4 000 株。对肥水要求较高，干旱后易发生二次生长。可与玉米、棉花等作物间套作。目前在河北、北京等地推广种植。适宜于二季作及南方地区冬做种植。

2. 豫马铃薯 2 号

属早熟菜用和淀粉加工兼用型品种，由河南省郑州市蔬菜研究所育成。

1）品种特性

株型直立，株高 75cm。分枝少，叶绿色，花白色。块茎椭圆形，黄皮黄肉，表皮光滑，块大而整齐，芽最浅。结薯集中，大中薯率达 90% 以上。块茎休眠期短，生育期 65d 左右。薯块含淀粉 15%。抗退化，抗疮痂病，较抗霜冻。

2）产量

一般产量为 2 000kg/667m²左右。

3）栽培要求

适宜密度为每亩 4 200 株左右，加强前期水肥管理，不脱水脱肥可获高产。适宜二季作栽培，在河南、山东、四川和江苏等省均有种植。

3. 呼薯 4 号

早熟菜用和淀粉加工兼用型品种，由内蒙古自治区呼伦贝尔盟农科所育成。

1）品种特性

株型直立，株高 60cm 左右。分枝少，茎粗壮，叶色深绿，花淡紫色。块茎椭圆，黄皮黄肉，芽眼中深，块茎大而整齐。结薯集中，块茎休眠期长，耐储藏。薯块含淀粉

15%。晚疫病不重，苗期较耐旱。生育期 75d 左右。

2）产量

一般产量为 1 500~2 000kg/667m²。

3）栽培要求

适宜密度为每亩 4 000~4 500 株。天然结实多影响产量，必要时摘蕾摘果可增产。适宜在吉林、辽宁和内蒙古等地种植。

4. 陇薯一号

属中早熟菜用和淀粉加工兼用型品种，由甘肃省农科院粮食作物研究所育成。

1）品种特性

株型开展，株高 80~90cm。茎绿色，长势强，叶浓绿色，花白色。块茎扁圆或椭圆，皮肉淡黄，表皮粗糙，块茎大而整齐，芽眼浅。结薯集中，块茎休眠期短，耐储藏。生育期 85d 左右。薯块含淀粉 14.7%~16.0%，还原糖 0.02%。轻感晚疫病，感环腐病和黑胫病，退化慢。

2）产量

一般产量为 1 500~2 000kg/667m²。

3）栽培要求

适宜密度为每亩 5 000 株左右。适宜于二季做种植。应适当稀播，施足基肥。中耕管理要早。适应性较广，一、二季作均可种植。在甘肃、宁夏、新疆、四川和江苏有种植。

2.3　马铃薯优良品种的识别与选用原则

2.3.1　马铃薯优良品种的识别

在马铃薯种薯繁殖过程中，品种的选择也很重要。因为从原种繁殖到生产用种要经过 3~4 年的时间，为了避免种薯繁殖的盲目性，一定要根据各地的气候条件、种植季节、种植用途等来选择适合各地种植的品种。随着马铃薯种植面积的迅速扩大，优良品种日益多元化。为了帮助各地准确选择到适合当地种植的品种，介绍马铃薯品种的识别方法。传统的马铃薯品种识别方法主要是根据马铃薯形态特征、生理生化特性等来区分。

随着生物技术的迅猛发展，鉴别马铃薯品种的方法也越来越多，如：马铃薯块茎全蛋白电泳、同工酶分析技术以及限制性片段长度多态性（RFLP）、随机扩增片段多态性（RAPD）等分子标记技术，但这些生物技术方法，设备条件要求较高，不适用于日常生产，也不便于生活中的品种识别。在没有先进设备和条件的广大农村地区及基层农技部门，目前仍以马铃薯的形态特征作为识别马铃薯品种的主要依据。实际上，马铃薯有许多经济性状是和其植物学形态结构密切相关的，如早熟品种的茎秆一般比较矮小，晚熟品种的茎秆多高大粗壮，分枝多的品种往往结薯较多但薯块较小；块茎皮孔大而周围组织疏松的品种，常易感染病害等。因此，充分了解马铃薯各个品种的形态结构，不仅能准确识别马铃薯品种，而且可以结合本地的气候条件及病害发生规律等，较为恰当地选择自己需要的优良品种。

马铃薯植株按形态结构可分为根、茎（地上茎、地下茎、匍匐茎、块茎）、叶、花、果实和种子等几部分，其中可成为品种识别标志的有下列几种。

1. 芽

马铃薯块茎在光照条件下长出的幼芽短壮并有绿、红紫、蓝紫等色泽，幼芽的色泽由细胞液中的叶绿素和花青素造成，是马铃薯极稳定的性状。幼芽的形状因品种而异，同时也与发芽时环境的光线、温度、湿度等有关。因此，在相同的散射光条件下发出的幼芽色泽、形状、茸毛疏密等是鉴定品种的重要依据。

2. 茎

马铃薯的皮层细胞内有叶绿体，因此茎秆呈绿色。一些品种茎的绿色常被花青素所掩盖，呈现紫色或其他颜色。品种不同，茎上的颜色分布也不一样，马铃薯茎上的紫色色素，有的只分布于茎基部和各节间的下部，如 CFK69·1；有的分布于茎秆的大部分，如紫花白；有的分布于茎的全部，如大西洋等。茎的这些颜色性状稳定，可作为品种识别的特征之一。

3. 块茎

马铃薯块茎的形状、皮色、肉色、芽眼深浅及颜色等，是鉴定品种的重要依据之一。马铃薯的薯形有圆形、扁圆形、卵形、扁卵形、椭圆形、长椭圆形、短筒形及长筒形等形状，这些性状虽易受环境的影响而不够稳定，但再参照其他品种特征，仍不失为识别品种的依据之一，如米拉为长筒形，CFK69·1 为圆形，津通八号等大多数品种则为椭圆形。马铃薯块茎的皮色有白色、黄色、紫色、红色、紫红色、粉红色等，绝大多数品种的皮色是黄色的，少数品种皮色为白色，极少数皮色是红色和深紫色。这些特殊的皮色使我们能很方便地把一些优良品种识别出来。马铃薯块茎的肉色有白、黄、红、紫等多种颜色，食用品种以黄肉和白肉居多。另外有些品种的块茎具有较为特殊的特征，极易识别，如中甸红眼、红眼圈等品种的芽眼颜色是红的。

4. 叶

马铃薯的叶片较为复杂，可作为品种识别依据的特征特性也比较多。但这些特点不像马铃薯的皮色、肉色等性状容易识别，需耐心细致观察才能够准确地识别不同的品种。马铃薯的叶片为奇数羽状复叶，复叶顶端小叶只有一片，称为顶小叶；其余的小叶都是成对着生的，称为侧小叶。马铃薯顶小叶的形状和侧小叶的对数及其整个复叶的形状等性状通常比较稳定，是鉴别品种的依据之一。另外，马铃薯叶片绿色的深浅、茸毛的有无与多少、小叶排列的紧密程度、小叶的大小与形状、平滑及光泽程度等，均为品种的特征。一般来说，甘肃省主要栽培的马铃薯品种，大多叶片颜色浓绿、叶片较小、茸毛较多，抗逆性较强。相比之下，其他省的品种则有叶片绿色相对较浅、叶片较平滑肥大、茸毛较少等特征。

5. 花

马铃薯的花序为分枝型的聚伞花序。花序的主干，其基部着生在茎的叶腋或叶枝上，称为花序总梗；其上有分枝，花着生于分枝的顶端。马铃薯花序总梗的长短，分枝的多少和排列的紧密程度，以及分枝分叉处色素的分布与小苞叶着生与否，均为鉴别品种的特征。另外，马铃薯花柄的中上部有一突起的离层环，称为花柄节。花柄节有色或无色，花柄节上部与下部长度之比，通常都较稳定，亦可作为识别品种的依据之一。而最易用作识别品种的特征，则是马铃薯花冠的颜色。马铃薯的花有白、紫、浅红、蓝等颜色，其中最多的是白色和紫色,如大西洋等品种为紫色花;品种米拉则为白色花。

　　仅靠某一特征可能难以识别品种,但综合以上马铃薯芽、茎、叶、花的特征特性,我们就能够较为准确地识别某些主要的品种。

2.3.2　马铃薯优良品种的选用原则

　　产量是效益的基础,良种是增产的内因,是高产的关键。任何一个品种,都是在一定的自然条件和栽培条件下,通过自然选择和人工选择培育而成的。不同的马铃薯品种对于自然条件和栽培条件的要求,以及它对自然条件和栽培条件的适应特性,往往是不一样的。只有当环境条件充分满足了它的生态、生理和遗传特性的要求,才能充分发挥其优良特性与增产潜力。一个良种,如果在不良的条件下栽培,反而会造成减产,它的某些优良特性也就得不到表现。我国马铃薯各个栽培区域的自然条件和耕作制度比较复杂,生产水平有高有低,怎样因地制宜地选用良种,是在种薯繁育时必须加以考虑的问题。世界各地已育成的马铃薯品种很多,如何才能更好地选用马铃薯优良品种,一般来说,选择优良品种应遵循以下原则。

　　首先是种植的目的,种植者可依据市场的需求,决定是种植菜用型马铃薯供应市场,还是种植加工型马铃薯供应加工厂,据此来确定选用哪种类型的优良品种。第二是根据当地的自然地理气候条件和生产条件,以及当地的种植习惯与种植方式等,来选用不同的优良品种。如城市的远近郊区或有便利交通条件的地方,可选用早熟菜用型优良品种,以便早收获,早上市,多卖钱;在二季作区及有间套作习惯的地方,可考虑下一茬种植以及植株高矮繁茂程度是否遮光等问题,选用早熟株矮,分枝少、结薯集中的优良品种。在北方一季作区,交通不便、无霜期较短的地方,可选用中晚熟品种,以便充分利用现有的无霜期,取得更高的产量。如果选用太早熟的品种,则收获后产品一时运不出去卖不掉,而且接下来的无霜期又不能种下一茬,这就白白地浪费了田地和时间。第三是根据优良品种的特性来选用,比如在降雨较少、天气干旱的北部和西北部地区,可用抗旱品种,在南方雨水较多的地方,可选用耐涝的品种,在晚疫病多发地区可选用抗晚疫病的品种等。

　　为了帮助马铃薯种植者选用合适的优良品种,下面对多种不同用途类型品种的主要特点进行介绍。

　　菜用型品种,主要应具备大中薯率高(在 75% 以上)、薯形好、整齐一致、芽眼不深、表皮光滑几项基本条件。对薯皮和颜色,不同地区的人们有不同的要求,如广东人喜欢黄皮黄肉品种,对白皮白肉品种不欢迎。菜用型品种对淀粉含量要求不高,以低淀粉含量的更好。

　　淀粉加工型品种,除了产量要高以外,最关键的是淀粉含量必须在 15% 以上,同时芽眼最好浅一些,以便加工时清洗。但对大中薯率和块茎表面形状要求不严格。其中油炸薯条品种,还要求薯形必须是长形或长椭圆形,长度在 6cm 以上,宽不小于 3cm,重量要在 120g(2.4 两)以上;白皮或褐皮白肉,无空心,无青头;大中薯率要高。120g 以上的薯块应占 80% 以上。油炸薯片品种,要求薯形接近圆形,个头不要太大,50~150g(1~3 两)重的薯块所占比例要大些,而超过 150g 的薯块的比例最好少一些。一般单株结薯个数多的品种,中等个头的薯块比例大。

1. 根据不同的种植区域选用优良品种

由于耕作制度与栽培方式不同，对品种的要求是不一样的，如在北方一作区，一年种植一季马铃薯，为了使品种充分利用生育期，合成较多的干物质，常常选用中、晚熟品种进行繁育；在南方二季作区马铃薯种植时间为晚秋、冬季和早春，因此要选用对日照反应中性，即对日照反应不敏感的品种，宜选用结薯早、块茎前期膨大快、休眠期短的早熟或中熟品种。另外，该区域的马铃薯多在春节前后收获，正值马铃薯市场淡季，可销往香港及东南亚等地区。因此，品种的商品性应适应市场需求，要求薯形好，大而整齐，表皮光滑，芽眼浅，食用品质好。同时要针对各地主要病害选用抗病性强的品种。

2. 根据不同种植方式选用优良品种

如间作套种要考虑下一茬种植以及植株高矮繁茂程度是否遮光等问题，选用株型直立、株矮、分枝少、结薯集中、早熟或中早熟的优良品种。

3. 根据不同用途选用优良品种

种植者可依据市场的需求，决定是种植菜用型马铃薯供应市场，还是种植加工型马铃薯供应加工厂。据此来确定选用哪种类型的优良品种。出口产品要求薯形椭圆、表皮光滑、芽眼极浅、红皮或黄皮黄肉的品种；炸条、炸片加工要求淀粉含量不低于18%，还原糖含量不超过0.3%，芽眼浅，顶部和脐部不凹陷的品种；淀粉加工要求含淀粉高的品种等。

4. 根据品种的特性来选用优良品种

在降雨较少、天气干旱的地区，可用抗旱品种；在雨水较多的地方，可选用耐涝的品种；在晚疫病多发地区，要选用抗晚疫病的品种等。

2.4　马铃薯优良品种引种

马铃薯是一种适应性很广泛的作物，引种非常容易成功，但是，每个品种都是在一定的环境条件下培育出来的，只有在与培育环境条件一致或非常接近时，引种才能获得成功。大约在16世纪中期，马铃薯从南北两条路线传入我国并广布于大部分地区。

2.4.1　优良品种引种的概念、意义及标准

1. 引种的概念

引种的概念有广义和狭义之分。广义的引种泛指把外地区（指不同的农业区）或国外的新植物、新作物、新品种或新品系，以及研究用的各种遗传材料从其原分布地区移种到新的地区。包括直接引种（也叫生产性引种）、间接引种和引种驯化三方面的内容。

狭义的引种是指生产性引种，即人们从当前的生产需要出发，从外地区或外国引进作物新品种（系），通过适应性试验，在本地区或本国直接作为推广品种或类型进行栽培或推广种植。这是解决当地生产者、消费者对品种需求的一种最快速而简单有效的方法。通常所说的引种多指生产性引种。间接引种是指外地或国外的品种或种质资源引入本地，通过选择、杂交等方法培育成新的品种。事实上，直接引入的品种也可以成为培育新品种的亲本材料。

引种驯化是通过人工选择、培育使外地植物成为本地植物，使野生植物成为栽培植物

的措施和过程。一般采用种植种子或幼苗的方法，加强培育，经过逐渐迁移或多代连续播种，使植物在新的环境中适应，并能生长发育开花结实，而品种的产品质量保持原有的特性和风味，并且能繁殖后代。应当强调，作物引种是一项有目的的人类活动，自然界中依靠自然风力、流水、鸟兽等途径传播而扩散的植物分布则不属于引种。

2. 引种的意义

引种是对现有遗传资源的选择利用，对满足生产和消费者对品种的要求而言，常具有简单易行、迅速见效的特点，是应用品种的一条重要途径。在种质资源缺乏的国家或地区，引进的园艺植物种类和品种往往占据较大的比重。我国幅员辽阔，自然条件复杂多样，一个地区往往受条件所限，不可能拥有丰富的植物种类和品种，所以引种是必不可少的。常常通过引种进一步改进和丰富品种和类型的组成。我国从古代就从国外引进了甘薯、马铃薯、向日葵、葡萄、番茄、甘蓝等作物，新中国成立以来引种工作取得了很大发展，据统计，到 1970 年止从世界各地引入的植物有 267 科 837 种，占栽培植物的 25%～33%，丰富了我国的植物种类，促进了农业生产的发展。中国的地理和自然条件具有探索和引种利用世界上不同地理环境下各种植物资源的优越条件。

1）引种是人类生产和生活的需要

现在世界上广泛种植的各种作物，都是在历史上的不同年代起源于个别地区，后来逐渐传播开来的。随着社会生产和生活活动的变化，世界各国之间作物品种的互相应用更加频繁，对于丰富人们生产和生活起到很大作用。

2）引种推进作物育种工作的开展

通过引种，不仅可以将引进的品种直接用于生产，而且可以搜集并保存世界各地的品种资源，充实当地育种物质基础，丰富遗传资源，研究利用世界各地的种质来创造新品种，以适应生产发展的需要。

3）引种有利于现代农业发展

现代农业的发展，农业生产对品种提出更高的要求，但在目前育种工作还比较薄弱，优良品种还不能充分满足生产需要的情况下，引种仍是解决农业生产品种需要问题的有效措施之一。因为人工创造新品种一般需要复杂的手续和较长的时间，而引种具有简便易行、见效快的优点，是把科技成果尽快转化为生产力的有效办法。

引种还可以开辟新的种植区，扩大优良品种的种植面积，提高马铃薯的生产水平。如冬种马铃薯北移到了长城以北。

引种不但为生产提供产量高、抗逆性强、品质优良的新品种，还丰富了育种资源，为今后培育新品种打下良好的物质基础。所以，要重视引种工作。

3. 引种成功的标准

（1）与原产地比较，不需特殊保护而能露地越冬、度夏，正常生长、开花、结实。

（2）保持原有的产量和品质等经济性状。

（3）能用适当的繁殖方式进行正常的繁殖。应当说明的是，无性繁殖作物中的某些种类和品种，如以营养体为产品器官的蔬菜和其他作物中的一些种类，只要在新地区能保持其经济利用器官的产量和品质，生产上可以采用从外地引进种子或幼苗以及其他适当的繁殖方法进行栽培，所以能否正常开花结子可以不作为引种成功的主要标准。

2.4.2 引种的基本原理

1. 引种的遗传学基础

从遗传学角度来看，适宜的引种是植物在其基因型适应范围内的迁移。植物与生态条件的相互作用所获得的适应性，是在长期的自然进化或人工进化（遗传改良）中逐渐获得的可遗传的变异性状。如果引进植物的适应性较广，环境条件的变化在其适应性反应规范之内，就是简单引种；反之，如果引进植物的适应性较窄，环境条件的变化超出其适应性的反应规范，则需要通过栽培措施改变环境条件，或者改良植物的适应性才能正常生长发育，就是驯化引种。

这种适应范围是受基因型严格制约的。不同的植物种类、不同品种其适应范围有很大差异，引种后的表现也就不同，例如垂柳无论炎热的夏季还是寒冷的冬季都能正常生长，无论在亚热带或温带的日照长度下也都能很好生长；津研系统黄瓜的适应性就非常广泛，它的栽培范围是南到广州，北至黑龙江，东到上海，西至西安，都表现出丰产、抗病的优良性状。但有的品种或类型适应范围就窄，如榕树引种到 1 月份平均温度低于 8℃ 的地区就不能正常生长。适应性广的种类或品种具有较强的自体调节能力，对变化的外界环境条件的影响有某种缓冲作用。据 K. Mather（1942）研究，品种的自体调节能力和品种基因型的杂合性程度有关。因为杂合程度高的类型具有更高的合成能力和较低的特殊要求。

马铃薯是一种适应性很广泛的作物，但是品种间差异很大，每个品种都有一定的区域适应性。马铃薯用种多数是从外地调运回来的，比如有些农民由于对马铃薯品种特性及当地的气候特点了解不够，种植从市场上买的外地马铃薯，结果只长茎叶不结土豆，产量非常低，大小如玻璃球、鸽蛋。他们还错误地认为："我们这里不适宜种土豆"。虽然马铃薯引种非常容易成功，但是，马铃薯引种能否成功，主要取决于引种地区与原产地区的气候条件，耕作制度，品种的熟性、产量、抗病性、适应性及其他经济性状等。主要气候条件包括气温、光照、纬度、海拔、土壤、植被、降水分布及栽培水平等，其中气温和光照是决定性因素，而纬度和海拔则与气温和光照密切相关。这些条件的差异越小，引种越容易成功。

2. 生态学原理

引种的生态学原理有气候相似论、主导因子以及生态历史分析法等观点。气候相似论（theory of climatic analogues）者认为：木本植物引种成功的关键是其原产地与新栽培区的气候条件相似，该理论未考虑植物的适应性。所谓主导生态因子是指植物生长发育的限制因子，这些限制因子决定引种成败与否，如温度（最冷月平均温度、极端最低温度、有效积温和需冷量）、光照（光照强度和时间）、降雨量和湿度（年降雨量及其季节分布、空气湿度）、土壤（pH 值、含盐量）和生物因子（菌根、授粉植物、病虫）。此外，植物适应性的大小，不仅与目前分布区的生态条件有关，而且与其历史上经历过的生态条件有关。植物的现代分布不能说明它们在古代的分布，也不一定是它们最适宜的分布范围，而生态历史愈复杂，其适应性就愈广泛。

植物的生长发育离不开自然环境和栽培条件，在整个环境中对植物生长发育有影响的因素称为生态因素，包括生物因素和非生物因素，它们相互影响和相互制约的复合体对植物产生综合性的作用，这种对植物起综合作用的生态因素的复合体称生态环境。生态型就是指植物对一定生态环境具有相应的遗传适应性的品种类群。一般同一生态型的品种对生态环境有大致相同的生态反应，按照《气候相似论》的理论，两个地区生态型、生态环境相似引种容易成功。在生态环境中地理位置是影响各地区气候条件的主要因素，以纬度的影响最大。纬度不同，日照、温度、雨量等气候因素差异很大。另外，虽然纬度相同，但随着海拔高度的增加，温度降低。一般海拔每升高 100m，相当于纬度增加 1 度，温度降低 0.6℃。同时，随着海拔高度的增加，光照强度也有所加强，紫外线增多，植株高度相对变矮，生育期拉长。一般来说，一二年生的草本植物，生育期短，可以人为调节生长季节，改进栽培措施，引种范围广，而多年生植物引进新区后，必须经受全年生态条件的考验，而且，还要经受不同年份变化了的生态条件的考验，所以，引种时必须注意两地生态条件的相似程度，使之达到引种成功的目的。

2.4.3　马铃薯引种的原则

虽然马铃薯引种非常容易成功，但是，马铃薯引种能否成功，主要取决于引种地区与原产地区的气候条件，耕作制度，品种的熟性、产量、抗病性、适应性及其他经济性状等。主要气候条件包括气温、光照、纬度、海拔、土壤、植被、降水分布及栽培水平等，其中气温和光照是决定性因素，而纬度和海拔则与气温和光照密切相关。这些条件的差异越小，引种越容易成功。

1. 气候条件相似

注意气候条件，从距离远的地方引种，要看引入地与产地两者在气候条件上是否接近。这一是指在同一季节两地气候是否相似，二是指在不同季节两地的气候条件是否相似，如南方的冬季和北方的夏季气候有相似之处，气温特别接近，雨量也相差不多。这样，引种地的气候与原产地的气候相似，进行品种引种就非常容易获得成功。

2. 满足光照和温度的要求

注意品种的生育期，马铃薯是喜光，并对光敏感的作物，在长日照条件下培育的品种，在短日照条件下种植往往不开花，表现植株矮小，结薯早，产量不高；而将短日照品种引种到长日照地方后，有时则不结薯，如南方培育出来的马铃薯品种属于短日照类型，调到河南二季作地区表现茎叶生长繁茂，不结薯或结薯很小，产量很低。所以在中原二季作地区引种应引早熟并且对光照反应不灵敏的品种，如东农 303、克新 4 号等。温度对马铃薯生长关系极大，特别是在结薯期，如果地温超过了 25℃，块茎就会基本停止生长。因此，引种时必须注意品种的生育期长短，特别是由北方向南方引种，一定要引早熟、中早熟品种，争取在气温升高之前收获；而由南向北引种，早熟或晚熟品种均可以。

3. 掌握由高到低的原则

主要是指纬度和海拔，由高海拔向低海拔、高纬度向低纬度引种，容易成功。其原因是在高海拔、高纬度种植的马铃薯病毒感染轻，退化轻，引种到低海拔、低纬度地方种植一般表现都好，成功率高。因为在高海拔、高纬度地区气候比较冷凉，主要传播马铃薯病毒病的蚜虫不易迁飞。

4. 避免在疫区引种

引种时要特别注意，不要到病虫害发生的疫区引种，以防危险性病虫害、检疫对象的传播。马铃薯癌肿病、粉痂病、青枯病、环腐病、块茎蛾为害严重，绝对不能到疫区引种，以防上述病虫害蔓延到各地。

5. 引进脱毒种薯

病毒是引起马铃薯品种退化的主要原因之一，它破坏了植株内在的正常功能，即使其他生长条件都得到了满足，植株仍然不能很好地生长，免不了严重的减产。而脱毒马铃薯种薯植株根系发达、吸收能力强，茎粗叶茂，一般增产能达到30%以上。所以一般要引购早代脱毒种薯，早代脱毒种薯的种植时间短，重新感染病毒机会少，种植后发病率非常低，与晚代脱毒种薯相比生长比较健壮，增产幅度大。如果以生产商品薯、加工薯为种植目的，一般选用二级或三级脱毒种薯。引种或购种时，要选择正式种子经营单位或科研部门的种薯。同时还要问清所购买的种薯产于哪个脱毒种薯生产基地，是否有"种子合格证"、"种子检疫证"等，以免上当受骗以致引种失败。

6. 要按照试验、示范、推广的顺序进行

同一气候类型区内，在距离较近的地方引进品种，一般可以直接使用，不会出现大问题。但气候类型区域不一样，距离较远的地区，引进的品种必须经过试验和示范的过程，引进少量品种后首先要与当地主栽品种进行比较试验，在1~2年的试验中，引进的品种如果在产量、质量和抗病虫等方面都优于当地品种，下一步就可以适当扩大种植面积，进行大田示范，进一步观察了解其在试验阶段的良好表现是否稳定，同时总结相应的种植技术经验。如果大田示范中的表现与试验结果相符，就可以确定在当地进行推广应用。这样做可以防止盲目大量引进品种给生产造成不应有的损失。当然这个过程只有在农作物种子管理部门的指导和监督下才能进行。

7. 严格植物检疫

引种和调种时，要有对方植物检疫部门开具的病虫害检疫证书，防止引进危险性病虫草害对生产造成一定危害。

中国地区辽阔，气候多样，从北到南，由于纬度的差异，无霜期从80d到300d，从北部的春播秋收一年种一季马铃薯，中原地区的春播夏收、夏播秋收到南方的秋播冬收、冬播春收一年种两季马铃薯，以及西南山区随海拔高度变化而形成的马铃薯单、双季立体种植。由于地区纬度、海拔、地理和气候条件的差异，导致了光照、温度、水分、土壤等类型的差异，以及与其相适应的马铃薯品种类型、栽培制度等不同，而将中国马铃薯的栽培区域划分为四个各具特点的类型，即马铃薯中原春秋二季作栽培区、北方和西北一季作栽培区、南方秋冬或冬春二季作栽培区和西南一二季垂直分布栽培区。在上述四个栽培区域中，常年栽培面积在40万 hm^2 以上的有内蒙古、贵州和甘肃等省区；30万 hm^2 以上的有黑龙江、陕西、四川和重庆等省市；27万 hm^2 以上的有山西和云南；13万 hm^2 以上的有河北、宁夏等。近年来，山东、河南、安徽等中原地区发展马铃薯与粮棉等间作套种，马铃薯的种植面积迅速增加，同时，广东、福建等稻作区的冬季休闲田也在不断扩大马铃薯的种植面积。不同的栽培区域，由于气候条件、栽培制度、生产目的等不同，需要与之相适应的优良品种进行种植，才能达到高产高效的目的。

2.4.4 引种工作的程序及其注意事项

1. 收集引种材料

要根据引种理论及对本地生态条件的分析，掌握国内外有关种质资源的信息，如品种的历史、生态类型、品种的温光反应特性以及原产地的自然条件和耕作制度等，首先从生育期上估计哪些品种类型具有适应本地区的生态环境和生产要求的可能性，从而确定收集的品种类型及范围。根据需要，可到产地现场进行考察收集，也可向产地征集或向有关单位转引，但都必须附带有关的资料。

2. 检疫和隔离种植

为防止病虫草害随种传播，给生产带来顾胁，必须严格遵守种子检疫和检验制度，严防检疫性病虫害或杂草等有害生物乘虚而入。引进后，应在特设的检疫圃内隔离种植，并进行仔细观察、鉴定。在鉴定中如发现有新的危险性病虫害和杂草，应及时采取根除措施。

3. 引种试验

引进材料经过检疫合格后，必须在本地试种。以当地代表性的良种为对照，进行包括生育期、产量性状、产品品质及其抗性等系统的比较观察鉴定，根据在当地种植条件下的具体表现评定其实际利用价值。引种试验工作一般分两步进行。①试种观察。即对初次引进的品种材料，先在小面积上试种观察，初步鉴定其对本地区生态条件的适应性和在生产上的利用价值。对于表现符合要求的品种材料，选留足够的种子，参加品种比较。②品种比较试验。经过1~2年试种观察，将表现优良的引进品种参加有重复的品种比较试验，进一步作更精确的比较鉴定，以便了解引进品种的适应性和性状表现，确定有推广价值的品种，送交区域试验并开展栽培试验和加速品种的繁殖，直接用于生产。

4. 栽培试验

对于通过初步试验加以肯定的引进品种，还要根据其遗传特性进行栽培试验。通过栽培试验，探索关键性的措施，借以限制其在本地区一般栽培条件下所能表现的不利性状，以便合理利用，在推广中良种与良法相结合。

5. 引种与选择相结合，不断防杂保纯和选育新品种

引入的品种在栽培过程中，出于生态环境的改变，必然会产生变异。其变异的大小决定于原产地与引入地自然条件差异的程度和品种本身遗传性稳定的程度。从各种作物引入新地区以后，在推广之前一般采用混合选择、片选法，或种植单株留种田，不断进行去杂和选择，以保持品种的典型性和纯一性，也可通过系统育种法选育出新的品种。

2.4.5　马铃薯北种南引的质量控制

利用北方天气冷凉、海拔高的气候条件和先进的马铃薯脱毒技术，北种南引将是一条经济有效的技术路线。北方是马铃薯的集中产区，生产、销售种薯的单位多，由于各单位间脱毒种薯生产的技术标准和管理水平的不同，因而生产出来的种薯质量差异较大，加之长途运输机械损伤较重及调回后的保管等方面的原因，常常造成种薯质量差，烂种严重，带来经济上的严重损失，影响种植面积的完成。因此，如何全面地抓住脱毒种薯的质量，确保优质脱毒种薯的年年有效供应，已成为北种南引能否成功、经济效益高低的关键。

1. 择优选择制种基地

1）全面考察了解各制种基地的情况

我国马铃薯脱毒种薯生产规程和繁育体系大致是：选择病毒含量较少的茎尖组织脱

毒、检测、筛选出无毒的试管苗—在网棚里生产微型薯原原种—在网室里或海拔极高的地方生产原种—基地农户生产原种 1 代—基地农户生产原种 2 代—良种 1 代—良种 2 代—生产用种的生产及售出。我国北方几家国家级的马铃薯脱毒种薯基地，尽管脱毒技术、病毒检测技术以及无毒苗扩繁技术已经达到国外先进水平，但由于国家没有统一的检测标准和检测监督机构，检测程序和检测标准各自为政，因而各个单位生产出来的原原种质量差异较大。因此我们引用种薯对单位必须引起注意。在确保脱毒原原种合格的基础上，脱毒种薯的繁殖代数和繁殖环境，将直接影响到脱毒种薯的内在质量（即生物学质量）和外在质量（即商品质量），关系到引用种薯单位的生产应用情况，表现为抗病性能和丰产性能的高低。为此，调引种薯前一定要对制种单位有一个清楚全面的了解，熟悉他们的制繁种规程，了解生产原原种的质量和规模，推算外调种薯的代数（第几代种）及数量，实地考察繁殖原种、原种 1、2 二代种、售出种的地理位置，环境条件（隔离条件、海拔高度），更要知道制繁种单位对良繁基地的调控能力和管理水平。北方有些国家级的马铃薯生产基地，生产的原原种、原种质量是很好的，但在对原种 1、2 代种特别是对售出种的繁殖基地的调控能力和管理水平没有跟上，致使代数不清，纯度不高，混杂退化速度较快，因而在市场上无竞争力。

2）先试验示范，后大量引调

由于各制种单位脱毒苗的洁净程序、扩繁的地域环境和管理水平的不同，因而出售的种薯质量差异较大。为此，我们要在掌握基本情况的基础上，更要有针对性地挑选几家制繁种薯较好的单位，引调少量的外售的种薯进行多点试验示范，让实践来鉴定其综合性能的高低，确定最佳的制繁种基地。引用种的单位或个人一定要到较大的马铃薯脱毒生产基地去调种，不能贪图便宜到基地以外的单位或个人手中引调，因为生产脱毒种薯必须有一套完整的规程和繁育体系，扩繁无毒种薯必须采取防止病毒再侵染的相应措施，否则又会很快被病毒感染而逐步失去种薯的利用价值。还有因调种的代数间有差异，一般正规的良种繁育基地上出售的外调脱毒种薯是良种 1 代，而基地以外的马铃薯代数较高（相差一代产量则相差 15%~20%），并且纯度较差，种性退化严重，只能作为菜薯，不能作为种薯。

2. 制种单位的种薯质量管理

1）确保种薯的内在质量

内在质量即生物学质量，制种单位要在确保生产高质量的原原种的基础上，对良种繁育基地要加强管理。田间开放型的繁殖基地一定要建在海拔高风速大，冷凉而又湿润的地区，这样可以减少蚜虫的降落，并且远离马铃薯的生产田，隔离病毒源，同时必须结合一系列防治或减少病虫毒再侵染的措施，如调节种薯生产的播种期，喷药防治蚜虫，及时去杂，拔除病毒株，这样才能保持其优良种性及高生产力，生产出种性强、纯度高、高产优质的脱毒种薯。

2）提高种薯的商品质量

制种单位只有在确保内在质量的同时，对外在质量，如种薯块茎的均匀度，平均薯重，净度，完整度等播种品质加以规范，尤其是对基地上的种薯病害，如晚疫病、环腐病要严格加以监控，一旦发现有病害的就不能作为种薯进入流通领域，确保调出的种薯无论是生物学质量，还是商品质量都是合格的，才能在激烈竞争的种子市场中立于不败之地。

3）做好适时收获，防雨淋防冻害工作，及时发货

种薯成熟后要及时收获，过早收获温度高，不耐贮运，过晚则容易造成冻害。种薯刨出土后，经 2~3d 吹晒，水分下降后，按照种薯的质量要求分选装袋，由销种单位专职的种子检验员验收合格后，调运发车或储存。在装火车皮前，产销种单位一定要做好种薯的复检工作，如发现有病薯、烂薯、冻薯、杂薯现象的绝对不能装车。同时要做好防雨淋、防冻害工作，把好种薯质量的最后一关。

3. 购种单位的种薯质量管理

1）派专业人员赴实地，把住质量关

通过一系列的比较、优化，确定自己的产种基地后，购销双方要签订合同协议书。在 9 月份，购种单位要派专业技术人员去销售单位验看货源，协调落实发车期间的有关事宜。派出调运种薯的人员要亲临繁种基地看纯度，看种薯的商品质量（大小、净度、完整度），看病害特别是晚疫病的发生情况。在收获、装袋、调运发车期间，一定要配合销种部门切实做好防雨淋防冻害工作。装火车皮前还要做好复检工作，剔除病薯、烂薯、坏薯，以减少因远距离运输在火车车厢内高温不透气而出现烂种的机会和数量。

2）种薯调回后的管理

从开始调运种薯到播种要经过长达 4 个月的储存保管时间，做好种薯的贮藏管理工作也极为重要。为此，种薯到达目的地后，要及时组织卸运、调拨、疏散入库。充分利用各乡镇种子站良好的仓储优势，无烂薯的麻袋要直接进库储存，并及时做好通风降温工作，尽量避免库外存放，以防高温日灼，低温冻害而人为造成损失。10 月份要做好降温散湿工作，12 月份以后要做好防低温冻害工作。发现受热烂种，受冻僵种的应及时倒包分检，分库存放防止蔓延，以确保优品质、高质量的种薯供应到千家万户。

4. 建立相关法规，规范种薯市场

制定种薯生产的相关法规。脱毒种薯质量好坏不仅仅影响自身的经济效益和信誉，更重要的是影响到利用种薯进行商品薯生产的农民的利益。因此，制种单位一定要有高度的事业心和责任感，以质量求生存、求发展。同时，呼吁尽快成立国家种薯质量监督机构，制定统一的马铃薯脱毒种薯标准，并逐渐把种薯生产纳入法制化的轨道。彻底改变目前种薯质量良莠不齐的局面。

2.5　马铃薯优良品种的推广

2.5.1　优良品种推广准则

为避免优良品种推广中的盲目性给生产造成损失，必须充分发挥优良品种的作用，在生产上很好地推广应用优良品种，优良品种推广应用应遵循以下原则。

（1）已经实行品种审定的作物，只有经品种审定合格的优良品种，由农业行政部门批准并公布后，才能进行推广。未经审定或审定不合格的品种，不得推广。

（2）坚持适地适种。审定合格的优良品种，只能在划定的适应区域内推广，不得越区推广。

（3）新优良品种在繁育推广过程中，必须遵循良种繁育制度，并采取各种措施，有

计划地为发展新品种的地区和单位提供优良、合格种苗。

（4）新优良品种的育成单位或个人在推广新品种时，应同时提供配套栽培技术，做到良种良法配套推广。

2.5.2 品种推广的方式方法

1. 大众媒介传播

利用电视、电台、报刊发布有关品种信息，包括新品种通过审定后的正式公布等。大众媒介传播具有覆盖面大、能在短时间内将信息传给广大农民的特点，推广快。但大众媒介是单向的信息传播，不能进行现场示范和交流，对信息的接受程度常受信息发布单位和传播机构的权威性所左右。

2. 农业行政部门有组织地推广

可采取专题会议或结合其他会议布置推广，也可采用协作组织培训班等形式边试验、边推广。农业行政部门由于具有政府业务机构的权威性，在品种推广中应防止误导，坚持多年来行之有效的典型示范、现场交流等方法，按品种通过审定时划定的适应区域推广品种。

3. 育种者通过生产单位、专业户布点推广

这是新品种推广中普遍采用的形式。新品种只有经试种表现优良才会被大面积种植，所以一般不会出现盲目推广弊端。但因受引种布点数限制，推广面常具一定局限性。

2.5.3 优良品种区域化的意义和任务

生产良种化和良种区域化是生产现代化的重要标志之一，优良品种只有在适宜的生态环境条件下，才能发挥其优良特性；而每一个地区只有选择并种植合适的品种，才能获取良好的经济效益。所以，品种推广必须坚持适地适种的原则，否则将给生产造成损失。尤其是多年生植物，因品种不合适造成生产上的损失，将持续到品种更换以前，而且改正也非常困难，采取品种更新措施，则经济上的前期投资损失重大。品种区域化是实现适地适种的主要途径，其内容和任务有以下两个方面。

1. 在适应范围内安排品种

根据品种要求的生态环境条件，安排在适应区域内种植，使品种的优良性状和特性得以充分发挥。最可靠的就是通过品种多点区域试验，即适应性试验。在生态条件相似的地区，由于栽培技术水平的差异，也影响品种优良特性的发挥。例如不耐粗放管理的品种，在栽培水平低下的地区就难以获得丰产优质。因此，在适应范围内安排品种，除了考虑气候、土壤等生态因子外，还必须考虑地区的栽培水平及经济基础。

2. 确定不同区域的品种组成

根据地区生态环境条件，结合市场要求、贮藏条件、交通、劳力等因素，对马铃薯栽培品种布局作出规划设计。根据现代化生产的要求，品种组成数量不宜过多，选择少数最适宜的优良品种集中栽培，是获取高产优质高效的途径之一。规划品种布局组成时，必须考虑是否由早、中、晚熟品种贮藏性、市场效益等决定。

2.5.4　优良品种区域化的步骤和方法

1. 划分自然区域

即根据气候、土壤等生态条件，对全国或某一省（直辖市、自治区）、地（市）范围内作出总体的和种类的区别。

总体的自然区域划分，例如我国马铃薯栽培区别，根据地区间纬度、海拔、气候因素、地理条件的差异等，造成了光照、温度、水分、土壤类型的不同，以及马铃薯栽培制度、耕作类型、品种类型不同，因此，将中国马铃薯的栽培区划分为四个各具特点的类型。即北方一作区、中原二作区、南方二作区、西南单双季混作区。

2. 确定各区域发展品种及其布局

1）市场需求和政府部门的适当调控

市场需求包括原有传统市场和潜在市场。政府部门调控，如北方一作区马铃薯建设规划几个不同层次的生产基地；商品薯生产基地占生产总面积的 70% 以上；加工薯生产基地占生产总面积的 10%，种薯生产基地占生产总面积的 20%。

2）原有种类品种均成及存在问题调查

内容包括：①当地生态环境条件、灾害性天气的频率和危害程度、栽培管理水平及其特点；②原有种类品种在当地生长发育及产量、品质、贮藏性、抗逆性、适应性、主要物候等栽培反应；③群众对品种的评价。根据调查结果，确定区域化品种布局，包括在资源调查中发现的优良类型，经过生产实践考验可在同一生态区域作为区域化品种。

3）新引入和新育成品种的布局

新引入和新育成品种在经过引种试验、品种比较试验和适应性试验后，根据供试品种在一定地区范围内的实际表现，挑选适合于本区域发展的品种。

3. 品种更换和更新

区域化品种布局组成确定后，即可对原栽培品种布局按区域化品种布局组成的布局实行品种更换，马铃薯的品种更换工作比较简单。

2.5.5　良种与良法配套

为发挥良种的优良性，在实行品种区域化的同时，还必须配合良好的栽培技术。为此，对于一个新育成或引进品种，在品种育成或引进过程中，特别是进入品种试验阶段，育种单位或个人必须对新育品种同时进行栽培试验，研究其主要栽培技术，以便良种良法配套推广。

2.6　马铃薯优良品种繁育与推广体系

作为全球第四大农作物，马铃薯产业发展一直得到许多国家和联合国粮农组织的重视。我国成为马铃薯播种面积最大的国家，在当前粮食安全成为国家安全战略的重要组成的时机，依靠良种繁育和推广，大幅提升马铃薯产业的生产水平意义深远。

长期以来，我国马铃薯育种以高产、抗病为主要目标，品种以鲜食型为主，加工专用品种缺乏，部分加工品种是从国外引进的。"九五"以来我国启动了马铃薯品质育种工作计划，但是目前过硬的加工型品种或可替代夏波蒂、大西洋等国外品种的新品种较少。在种薯质量标准管理上，我国尚缺乏统一的检验标准和制度，生产引种四面八方，种薯质量难以保证，从而影响了在国际和国内市场的竞争能力。全球生产马铃薯的其他国家均建立了各自的种薯质量检测标准和严格的检验制度，例如荷兰，将种薯分为两大类，即基础种和合格种，基础种又分为三级：S、SE 和 E 级，合格种又分为 A、B、C 级；丹麦分为四级；加拿大种薯分为五级；法国分为 B0～B9，其中 B0～B4 为原原种，B5～B7 为原种，B8～B9 为合格种薯，不同级别的种薯生产有严格的检测标准和检验制度。

近年来，甘肃立足省情加大对马铃薯产业的开发和投入，特别是良种繁育与推广体系建设上，以培育脱毒种薯生产基地和龙头企业为主，加快推广服务网络建设，提高良种使用率，推动了马铃薯产业的快速发展。目前，甘肃省马铃薯单产是 15.2t/hm²，较全国单产 13.7t/hm² 高 1.5t，但距世界马铃薯平均单产 16t/hm² 仍有 0.8t 的差距。甘肃省已培育出适合不同生态区域种植的陇薯、甘农薯、渭薯、天薯等四大系列 40 多个新品种。以淀粉加工为主的马铃薯加工企业 600 多家，年加工能力已达到 150 万吨。马铃薯生产开始向产业化、专用化、优质化方向发展。

伴随着马铃薯产业的快速发展，种薯需求量逐年增大，黑龙江、内蒙古、河北等地相继建立了大面积的种薯繁殖基地，满足了部分市场的需求。但由于我国马铃薯种薯年需求量在 500 万吨左右，种薯的缺口大，尤其是随着近年来南方冬播薯和加工专用型品种种薯需求量明显增大。据报道，安徽省每年从北方调种薯 2 万吨；福建省马铃薯每年种植面积 8.8 万 hm²，克新 3 号种薯的需求量约在 12 万吨；广东省马铃薯种植面积每年达 5.3 万 hm²，年种薯需求量约在 10 万吨。因此，马铃薯良种繁育与推广特别是目前脱毒种薯和加工专用型马铃薯品种选育与推广将是研究的重点。

2.6.1 马铃薯良种繁育与推广的意义

与水稻、小麦等粮食作物相比，马铃薯良种繁育工作还比较滞后，推广服务体系尚在探索与完善之中。而马铃薯周期对气候土壤条件要求相对较低，地理适应性强，耗水量相对少，抗御自然灾害能力较强，加工增值的空间大等特点，是一个适合中国国情、甘肃省省情、定西市市情的有较大潜力的朝阳产业。

1. 解决粮食安全问题的重要途径

粮食安全引起联合国粮农组织和世界各国的高度关注。中国人多地少，解决 14 亿人的吃饭问题始终是国家的战略大计。由于我国水稻、小麦和玉米三大粮食作物的平均单产已高于世界平均水平，其增产空间十分有限。而在已有播种面积的前提下，提高马铃薯生产潜力，在保障我国粮食安全方面具有显著作用。只要通过新品种的培育、脱毒良种的推广使用和推广服务体系的完善，就可能使马铃薯单位面积产量大幅提高。

2. 提高农民收入的重要手段

增加农民收入是当前农村工作中的重点和难点问题。尤其是贫困地区，如定西市，农民对靠种植业及以加工增值提高收入的依存度仍然较高。从定西市农民人均收入构成中马铃薯产业占到 30% 可以看出，西部干旱和高寒阴湿地区的广大农民群众从马铃薯产业发展中获得的受益正不断增加。

3. 缓解土地供给压力的重要措施

我国的人均耕地为 1 001~1 334m²，而世界人均耕地则为 3 669m²，且我国 60% 以上是旱地，主要分布在北方冷凉地区和西部干旱半干旱地区，在这些地区种植马铃薯可大幅度提高耕地利用率。我国南方每年有 2 667 万 hm² 冬闲田，其中至少 400 多万 hm² 可以种植马铃薯，增加食物 6 000 万吨。近年来，江西、湖南、海南、广西等省（区）利用晚稻收获后的冬闲田发展马铃薯生产，既提高了光热资源的利用率，又通过水旱轮作减少了农作物病虫害的发生，改善了土壤结构，增强了土壤肥力，增产效果明显。就是说，在现有种植面积不变的情况下，通过马铃薯"种子工程"的带动仍可促使粮食总产不断增长。

4. 应对干旱半干旱地区生态环境的有效方式

马铃薯抗旱耐瘠薄，水分利用效率明显高于小麦、玉米和水稻等粮食作物。在我国北方干旱半干旱地区，大面积种植马铃薯可以合理调节用水结构，大幅度减少农业用水，缓解水土流失和水分蒸发，是通过调整农作物种植结构，获得生态环境改善的有效方式。

5. 改善公众饮食结构、提高营养水平的新举措

马铃薯兼属粮菜饲兼用作物，营养丰富，蛋白质含量高，富含 18 种氨基酸，人体易于吸收；单位面积蛋白质是小麦的 2 倍，水稻的 1.3 倍；维生素含量高，维生素 C 是苹果的 10 倍，B 族维生素是苹果的 4 倍。法国人把马铃薯称为"地下苹果"，俄罗斯人称为"第二面包"。营养学家指出："每餐只吃马铃薯和全脂牛奶就可获得人体所需要的全部营养元素"。随着人们生活水平的提高和饮食理念的变化，马铃薯产品在我国食品消费结构中将占有越来越重要的地位。国际马铃薯中心预计，未来一个时期内我国马铃薯产品的消费量将以年均 5% 的速度快速增长。

2.6.2　国内外马铃薯良种繁育与推广体系发展现状

1. 国外马铃薯良种繁育与推广体系发展现状

据联合国粮农组织（FAO）统计，2005 年全世界种植马铃薯的国家和地区已达 15 个，70% 分布在欧洲和亚洲。我国是世界马铃薯生产第一大国，主要分布在北方冷凉地区及西南山区。美国、加拿大和西欧的英国、法国、德国、荷兰等国家是世界上十大马铃薯生产、消费、出口国之一。这些国家都有一整套严格的脱毒种薯生产技术标准和质量控制保证体系，马铃薯的加工品占总产量的比例较高，全世界约有 50% 的马铃薯用做鲜食，10% 用于加工，20% 用于饲料，10% 用于种薯。在欧洲荷兰，马铃薯种植面积约 18 万 hm²，其中种薯生产面积占总种植面积的 21%，每年出口种薯 45 万吨，种薯出口到 60 多个国家。荷兰的马铃薯加工业是世界上最为先进的，它的先进性主要是依赖于优良品种和种薯质量促进生产力的发展。优良的品种外观形状和块茎营养指标，是保证加工迅速发展的物质基础。在荷兰，从确定马铃薯育种目标开始就有严格而周密的繁育和推广实施方案。特别是有严格的病毒检测系统。这是荷兰种薯出口长期占领世界各国市场的可靠而有力的保证。目前美国、加拿大等发达国家在马铃薯生产中，从品种选育开始，就以国际马铃薯生产和消费市场的需求为育种目标，选育出多种多样各具特色的品种来适应市场的变化，以淀粉、全粉、薯片、薯条等加工品种占据国际市场，同时在栽培技术、产品加工、贮藏运输等方面据国际领先地位。最具权威的国际马铃薯中心（CIP）云集了世界各国最优秀的马铃薯专家，在种质资源的搜集、保

存、评价、利用及品种选育、基因工程、病毒检测等方面，为世界马铃薯的发展起到了积极的推动作用。

通过提升推广度和推广指数，使育种成果转化为经济上限，关键在于良种体系的不断完善与发展。世界上主要的农业推广组织体制大致可分为五大类，即以政府农业部为基本的农业推广组织体制、以大学为基础的农业推广组织体制、附属性农业推广组织体制、非政府性的农业推广组织体制和私人农业推广组织体制，如美国的政府与农学院农业合作推广体制，通过国会立法建立了一套完整的使用推广体制，合作推广的组织机构，有联邦政府、州、县三个层次。日本的农业推广组织体制是由政府建立的农业改良普及系统和农民自己的农业协同组合推广组织共同进行农业推广的体制。农业推广特别是良种推广作为信息沟通渠道和推广目标决策与工作实施的系统，因各国国情与政策倾向的不同，都有其自身特点，并在应对市场变化的实践中不断发展变化。就农业推广的模式，联合国粮农组织根据推广方式的基本前提、目标、项目制、推广人员及所需具体条件等，把世界上现行的主要农业推广方式分为八种类型，即一般推广方式、培训和询问推广方式，大学推广方式、产品专业化推广方式、参与推广方式、农作系统推广方式、费用共担方式和项目推广方式。近些年，在马铃薯良种特别是脱毒种薯繁育推广上主产国家的推广度都有了大的提升，围绕提高农民成果分布，在提高技术上限的同时，把主要工作定位在通过良种基地布局和服务体系配套推广培训以及支持政策引导等，以提高经济上限，使农民和直接生产群体成为主要良种受益者。

2. 国内和甘肃省马铃薯良种繁育与推广体系的发展现状

在我国，马铃薯种植面积和产量，从20世纪60年代开始逐年增加，20世纪90年代开始进入快速增长阶段。种植面积从1990年的286.5万 hm^2 到2005年的488万 hm^2，增加了170%；总产量从1990年的3 455万吨到2005年的7 087万吨，增加了105.1%；单产从1990年的12.1t/hm^2到2005年的14.5t/hm^2，增加了20%。但目前我国马铃薯亩产水平仍然较低，与世界平均亩产水平还有较大的差距，与马铃薯生产水平先进的荷兰等国差距更大。

甘肃省马铃薯茎尖脱毒繁育技术应用与研究在1981年时获得成功后并开始大面积推广，2008年全省脱毒种薯应用面积达20万 hm^2。随着鲜食出口及食用和加工原料薯市场的不断扩大，势必带动和刺激种薯市场的发展，今后种薯需求量将会大幅度增加，市场前景十分广阔。由于我国种薯生产成本低于欧美，因此，在国际市场也具有一定的竞争优势。马铃薯脱毒种薯及优良品种推广度不高的问题是我国农业科技成果转化上的共性问题。原因是多方面的，但推广体系不完善，生产性投入不足是主要的。尤其处于主体地位的基层农技推广部门，其职能设置、运转与生产发展和实践需求不相适应。使处于中间环节的基层农业技术推广体系"线断、网散"，不能有效运转。以1993年颁布的《农业推广法为标志，推广体系由单一的政府主导的五级推广网，目前已逐步发展形成了农业科研、推广、教育、农村合作经济组织、涉农企业、中介组织等广泛参与的社会农技推广网络。农业科研、推广、教育部门依生产需要和市场引导，创新和发挥自有力量，在良种繁育和推广上探索了新方式，为构建多元化农技推广体系奠定了基础。

2.6.3　国外马铃薯良种繁育与推广体系建设的成功经验借鉴

1. 适应市场的马铃薯新品种要多种多样，各具特色

长期以来，我国马铃薯育种一直以抗病高产为首选育种目标，而忽视品质育种工作，因此马铃薯产量虽提高，但产值却很低。国土面积仅有 4.1 万平方公里的荷兰能够成为向世界上 60 多个国家出口种薯的大国，一个重要的因素是他们确立了面向国际马铃薯生产和消费市场的育种目标，在这一目标下，它们选育出多种多样各具特色的马铃薯品种来适应市场的变化，每年种薯出口收入 5 亿荷兰盾；法国的马铃薯品种选育是针对烹调品质、加工品质和抗病性等进行的，他们依靠散布在欧洲的庞大实验网来评价植株的农艺性状。每年都有适合各类消费要求的品种登记注册，比如具有早熟、肉质紧实的商品薯和适于炸片、炸条和淀粉的加工品种，由于法国品种花样众多，是欧盟重要的马铃薯出口大国。

2. 瞄准国际前沿，健全完善马铃薯种薯标准

法国种薯的质量在世界上堪称一流，主要得益于从种薯到市场完备的生产和技术体系，整个生产环节中的每一个角色都确定并遵循一套旨在保证种薯质量，尤其是健康程度方面的严格管理制度。目前法国每年生产约 50 万吨种薯，从 1992 年至今平均每年出口 8.2 万吨种薯到 50 个不同国家，最高的在 1998—1999 年间，出口了 10.35 万吨种薯，2000 年共出口种薯 9 万余吨，其中 1.11 万吨出口到世界最大的种薯贸易国荷兰。

3. 加强监督管理，规范种薯市场

在国外许多马铃薯种薯生产大国，脱毒种薯生产不仅已形成专业化的各级种薯专业生产农场，而且已变成法律化的良种繁育制度。荷兰拥有世界上最完善的种薯质量检验、认证制度，有最严格的种薯质量标准和世界唯一的追踪溯源系统。荷兰农业种子马铃薯种薯检测机构（NAK）是荷兰农业部指定的马铃薯种薯检测、认证和定级的唯一权威组织，在荷兰生产经营马铃薯种薯和申请种薯合格证，必须得到 NAK 的批准，在荷兰只有合格种薯才可以使用和销售。NAK 将种薯相关信息建立电子数据库，生产中出现问题即可回溯，是世界上唯一拥有追踪体系的检测机构。荷兰种薯监督管理依据荷兰种子、繁殖材料法案，荷兰农业部及自然和食品质量相关法令，欧盟检疫标准和市场管理条例，这一切决定了荷兰种薯处于世界领先地位。

4. 增加科研推广经费，稳定基层推广队伍

在美国，包括县农业推广站的推广人员，都是国家公务人员。近年来，美国用于农业科研推广的经费达到 84 亿美元，其中 14 亿美元用于食品和农业安全及质量检验，40 亿美元用于科研，30 亿美元用于推广。在密歇根州各县近 3 年用于推广的经费从 1200 万美元增加到 2400 万美元。

5. 建立农业风险机制，降低自然灾害影响

据介绍，在欧美发达国家，建立农业风险管理机制，设立农业灾害保险金，农民遭受天灾的损失主要从农业保险中得到补偿。因此，降低自然灾害对农业和农民收入的影响，除了政府的补贴政策之外，必须建立健全农业风险管理机制。

第3章 马铃薯种薯的混杂、退化及防治

长期以来，在农作物良种推广工作中存在着一个普遍性问题，一个优良品种推广几年后，便逐渐产生混杂、退化。这一问题一直困扰着农业生产，使得良种的应有时效和潜在效益得不到充分发挥。

作物品种混杂、退化虽属两个不同概念，但彼此间却有着内在的联系和共同的表现，即混杂、退化后常表现为植株生长参差不齐，成熟度不一、各种抗性减弱、叶片及块茎出现各种不正常的表现，产量明显下降，优良品种失去原有的品种优良特性和经济利用价值。

马铃薯属于无性繁殖的作物，通常利用地下块茎做种子，多种病害极易通过块茎世代传递并扩大危害程度；同时马铃薯种薯用量大，且繁殖系数低，运输和储藏要求高，加之马铃薯分布区域较广，各地条件不均匀，繁殖体系要因地制宜。因而，马铃薯在繁育过程中主要是要降低品种混杂程度和退化速度，在种源繁育过程中保证品种维持较高纯度，保持品种优良特性；并采取有效措施实现高倍繁殖，加速新品种的推广利用。

3.1 马铃薯种薯的混杂及防治

3.1.1 马铃薯种薯混杂的含义和实质

种薯混杂是指在本品种中混有非本品种的个体，即在一个品种群体中混进了不同种类或品种的种子或上一代发生了天然杂交或基因突变导致后代群体中分离出变异类型，造成纯度降低。这些个体如有选择上的优势，会在本品种内极快地繁殖蔓延，降低品种使用价值。种薯的混杂会影响种子纯度和田间纯度。种子纯度主要是根据田间杂株率计算的，品种在特征特性方面典型一致的程度，用本品种的种子数占供检本作物样品种子数的百分率表示。田间纯度即田间品种纯度，一般指种植地块上作物的正常植株数与总植株数的百分比。用公式表示为：

$$种子纯度 = \frac{本品种的种子数}{供检本作物样品种子总数} \times 100\%$$

$$田间品种纯度 = \frac{取样总株数 - 杂株数}{取样总株数} \times 100\%$$

> **温馨提示**
>
> 进行田间纯度检验时，首先要熟悉被检验品种的形态特征，如株高、叶形、花色、种子形状等特征，这样才能准确地区别杂株。在确定检验地块之后，因地制宜地采用适当的取样方法。样点数目依检验区面积而定，一般占检验区面积的5%左右。每点调查100~500株，统计其杂株数。

纯度是鉴定品种一致性程度高低的情况。在检测品种纯度之前首先要查明所检品种的真实性。种子的真实性是指供检品种与文件记录（如标签等）是否相符。种子的纯度标准依照种子的不同级别而不同，如原种和良种的质量标准不一样；一种作物中对亲本、杂交种和常规种的纯度质量要求也不一样。

一个新育成的品种，其群体内的基因频率和基因型频率，一般达到相对稳定，群体处于遗传平衡状态。达到遗传平衡的群体，只有其各个个体的繁殖力和成活率相等，不受某些因素的影响，群体中的基因频率和基因型频率就可以保持相对稳定，品种的遗传性状也不会发生变异。一旦受到某些因素的影响而打破了原来的遗传平衡，群体的基因频率和基因型频率也就发生变化，所以品种混杂退化的实质就是某些因素打破了群体的遗传平衡，导致品种纯度下降、性状变劣等。

 开卷有益

（1）基因频率指的是某种基因在种群中出现的比例。基因型频率指的是某种基因型的个体在种群中出现的比例。前者指基因，后者指个体。（2）根据哈迪-温伯格平衡定律，在一个有性生殖的种群中，种群足够大，种群内个体随机交配，没有突变，没有新基因的加入，没有自然选择，种群中各等位基因的频率代代保持稳定不变。（3）种群中基因频率之和为 1，A+a = 1。基因型频率之和等于 1，即 AA+2aa+aa＝1。（4）种群中基因频率和基因型频率可以相互转化。

3.1.2　种薯混杂的原因

引起马铃薯种薯品种混杂、退化的原因很多，如人为机械、生物学串粉杂交、不良栽培条件、恶劣环境影响、选种和留种方法不当、自身遗传变异和性状分离等。而且这些因素常常是相互作用或综合影响的，但由于品种、时间、地点和栽培管理方法等的不同，引起混杂的原因也不一样，从生产实践来看，机械混杂和生物学混杂是大多数品种混杂主要原因。

1. 机械混杂

机械混杂是指在良种繁育过程中人为造成的混杂，即在其中混入其他作物种子、不同种或不同属和一些杂草种子的现象。这种情况主要是在种子的处理（浸种、拌种）、播种、移苗、补种、收获、脱粒、晒藏、运输等过程中人为的疏忽造成。机械混杂是品种混杂的主要原因，一般一个农户种植马铃薯都在两个品种甚至更多，有时还常相邻种植，收获时虽分别收获，但稍不注意，就会有少量掺混的可能。在贮藏过程中，混进几块不同品种的马铃薯也是不可避免的。这样下一年把它们种到地里，如果又不认真去杂，这样就越种越混，几年过后就成了混杂的品种了。所以在良种繁育中要特别注意，对于已发生混杂的群体，若不严格进行去杂去劣，会使种薯发生严重的混杂甚至退化。机械混杂不仅直接影响种子纯度，而且还会增加生物学混杂的机会。

机械混杂有两种情况，一种是混进同一作物其他品种的种子，即品种间的混杂。由于同种作物不同品种在形态上比较接近，田间去杂和室内清选较难区分，不易除净。所以，在良种繁育过程中应特别注意防止品种间混杂的发生。第二种是混进其他作物或杂草的种子，这种混杂不论在田间或室内，均易区别和发现，较易清除，尤其是马铃薯种薯。

2. 生物学混杂

由于天然杂交而产生的混杂称为生物学混杂，也称为天然杂交，这种天然杂交，种植者叫"传粉"、或"串花"（不同品种的作物进行有性杂交，一般指天然杂交）。在良种繁育过程中，未将不同品种进行符合规定的隔离，或者繁育的品种本身发生了机械混杂，从而导致不同品种间发生天然杂交，引起群体遗传组成的改变，使品种的纯度、典型性、产量和品质降低。这种混杂的特点是"今年种子杂一粒，后年植株杂一片"，生物学混杂使后代产生各种性状分离，导致品种出现变异个体，从而破坏了品种的一致性和丰产性。例如植株的高矮不整齐，成熟度不一致、花色不相同、种子形状颜色多样化等。各种作物都可能发生生物学混杂，但异花和常异花授粉作物，在同一地区内种植较多品种时，天然杂交的机会更多。天然杂交种子在来年种植后其后代会发生性状分离，出现不良个体，从而降低原品种的一致性和丰产性。

杂交育种的品种，有时在外部形状上看基本一致，但还有某些性状，特别是某些数量性状还可能继续分离，如果不注意继续加以选择，杂株就会不断增多，影响品种的一致性，导致混杂。生物学混杂一般是由同种作物不同品种间发生天然杂交，造成品种间的混杂，但有时同种作物在亚种之间也能发生天然杂交。

 开卷有益

　　"传粉"指成熟花粉从雄蕊花药或小孢子囊中散出后，传送到雌蕊柱头或胚珠上的过程。传粉作用一般有两种方式，一是自花传粉（self pollination），另一是异花传粉（cross pollination）。这两种传粉方式在自然界都普遍存在。
　　植物进行异花传粉，必须依靠各种外力的帮助，才能把花粉传布到其他花的柱头上去。在自然条件下，昆虫（包括蜜蜂、甲虫、蝇类和蛾等）和风是最主要的两种传粉媒介。此外蜂鸟、蝙蝠和蜗牛等也能传粉。有花植物在植物界如此繁荣，与花的结构和昆虫传粉是分不开的。

3. 自然变异

以单基因计算，一个世代的自然突变率大约为1%，但是因为基因总数很多，整体来看还是有相当多的频率。一个新品种推广以后，在各种自然条件的影响下，由于品种本身残存异质基因的分离重组和基因突变等原因而引起各种不同的遗传变异，导致混杂退化。品种可以看成是一个纯系，但这种"纯"是相对的，个体间的基因组成总会有些差异，尤其是通过品种间杂交或种间杂交育成的品种，虽然主要性状表现一致，但次要性状常有不一致的现象，即有某些残存杂合基因存在。特别是那些由微效多基因控制的数量性状，难以完全纯合，因此，就使得个体间遗传基础出现差异。在种子繁殖过程中，这些杂合基因不可避免地会出现分离、重组，导致个体性状差异加大，使品种的典型性、一致性降低，纯度下降。

在自然条件下，品种有时会由于某种特异环境因子的作用而发生基因突变。研究表明，大部分自然突变对作物本身是不利的，这些突变一旦被留存下来，就会通过自身繁殖和生物学混杂方式，使后代群体中变异类型和变异个体数量增加，导致品种混杂退化。

4. 微效基因分离重组

有些新育成品种在推广之初，本身在微效基因上还存在着杂合性（剩余变异），由于它们的分离重组而引起品种混杂退化。因为有些生物的性状是连续性的数量性状，如一般农作物的高度、产量等。决定这种数量性状的基因常常不是一对而是多对，每个基因只有较小的一部分表型效应，这样的基因就被称作微效基因（minor gene）。数量性状通常是多个微效基因的效应累加的结果。

5. 自然选择

自然选择随时随地在起作用。一个相对一致的品种群体中普遍含有不同的生物型，种子繁殖所在地的环境条件会对这个群体进行自然选择，结果就可能选留了人们所不希望有的类型，这些类型在群体中扩大，就会使品种原有特性丧失，便失去了原有的品种。

6. 不正确的选择

人工选择是在种子生产时防杂保纯的重要手段，但若选择人员不了解选择方向和不掌握被选品种的特性，进行不正确的选择，会加速品种的混杂退化，即会人为地引起品种的混杂退化。如良种繁殖中选留种子时，如果没有正确地按优良品种的各种特征特性进行选择，没有把非典型性的和无生活力或生活力较弱的个体加以淘汰，年复一年，杂株、劣株就会越来越多，最终导致品种退化。在品种繁殖过程中，人们也经常把较弱品系的幼苗拔掉而留下壮大的杂交苗，这样势必加速混杂退化。在提纯复壮时，如果选择标准不正确，而且，选株数量又少，这样所繁育的群体种性失真就越严重，保持原品种的典型性就越难，品种混杂退化的速度就越快。

7. 不良的栽培管理和环境条件

一个优良品种的优良性状是在一定的环境条件和栽培条件下形成的，如果环境条件和栽培技术不适宜品种生长发育，则品种的优良种性得不到充分发挥，导致某些经济性状衰退、变劣。特别是异常的环境条件，还可能引起不良的变异或病变，严重影响产量和品质。

这种类型的混杂退化不是群体基因频率或基因型频率变化引起的，而是由环境等外界条件（温度、光照、湿度等）引起的表型变化（如不良授粉条件、病毒侵染等）。品种的优良性状都是在一定的自然条件下经过人工选择形成的，各个优良性状的表现，都要求有一定的环境条件，如果这些条件得不到满足，使品种的优良性状不能充分地发挥出来，也就导致品种的退化、劣变。

3.1.3 防止种薯混杂的方法

在农业生产实践中，优良品种的推广是保证农业生产持续稳定增长的基础。但一个优良品种推广以后，如果不注意种子的提纯复壮工作，其优良种性往往很快就会丧失，继而被新的品种所替代。相反，如果种子提纯复壮工作做得好，一个优良品种可以在农业生产中持续应用多年，其使用年限可以大大延长，从而最大限度地发挥其增产效应。

品种发生混杂以后，纯度显著降低，性状变劣，抗逆性减弱，最后，导致产量下降，品种变差，给农业生产造成损失，品种本身会失去利用价值。因此，在种子生产中必须采取有效措施，以防止品种的混杂，保证良种的纯度和种性。

1. 因地制宜做好品种的合理布局和搭配

严格执行防杂保纯措施，简化品种是保纯的重要条件之一。目前生产上种植的品种较多，极易引起混杂，实现良种保纯极为困难。各地应通过试验确定最适合于当地推广的主要品种，合理搭配两三个不同特点的品种，克服"多、乱、杂"现象。在一定时期内应保持品种的相对稳定，品种更换不要过于频繁。

2. 建立和健全品种保纯制度

在进行原种和良种繁殖过程中，要认真按照生产技术规程操作，必须采取各种有效措施，在品种的生产、管理和使用过程中，应制订一套必要的防杂保纯制度和措施，从各个环节上杜绝混杂的发生。特别是容易造成种子混杂的几个环节，如马铃薯实生种子浸种、催芽、药剂处理时，使用的工具必须清理干净；繁殖留种地块不宜选用连作地，不宜用未经腐熟的农家肥，播种时做到品种无误、盛种工具和播种工具不存留其他异品种种子；收获时要实行单收、单运、单打、单晒、单藏；种子仓库的管理人员要严格认真做好管理工作；合理安排品种的田间布局，同一品种实行集中连片种植，避免品种混杂。

3. 去杂去劣

种子繁殖田必须坚持严格的去杂去劣措施，一旦繁殖田中出现杂株劣株，应及时除掉。杂株指非本品种的植株，去杂主要是去掉非本品的植株、果、块茎等；劣株指本品种感染病虫害或生长不良的植株，即去劣是去掉感染病虫害、生长不良的植株、果、块茎等。去杂、去劣工作要年年搞，去杂去劣应在熟悉本品种各生育阶段典型性状的基础上，在植物不同生育时期分次进行，特别要在品种性状表现明显的时期进行，使去杂去劣干净彻底。

4. 定期进行品种更新

种子生产单位应不断从品种育成单位引进原种，繁殖原种，或者通过选优提纯法生产原种，始终坚持用纯度高、质量好的原种繁殖大田生产用种子，是保持品种纯度和种性、防止品种混杂退化、延长品种使用寿命的一项重要措施。此外，要根据社会需求和育种科技发展状况及时更新品种，不断推出更符合人类要求的新品种，是防止品种混杂退化的根本措施。因此，在种子生产过程中，要加强引种试验，密切与育种科研单位联系，保证主要推广品种的定期更新。

5. 改变生活条件，提高种性

品种长期在同一地区的相对相同的条件下生长，某些不利因素对种性经常产生影响时，则品种也可能发生劣变。如果用改变生活条件的办法就有可能使种性获得复壮，保持良好的生活力。改变生活条件可通过改变作物播种期和异地换种两种办法实现。改变播种期，使作物在不同的季节生长发育，是改变生活条件的方法之一。马铃薯二季栽培留种就是改变生活条件的方法之一，马铃薯二季栽培留种也是改变生活条件提高种性的明显例子。一般春播的马铃薯均有不同程度的退化现象，采用夏、秋播种的办法，改变马铃薯的生活条件，可减轻夏季高温对结薯的不利影响，有效地控制马铃薯的退化。

实践证明，定期从生态条件不同但差异又不很大的地区引换同品种的种子，有一定的增产效果，也是改变生活条件和复壮品种的一种方法，正如农谚说的"换种如上粪"。

6. 加强选择

群众性留种是生产上防止品种混杂退化、提高生产用种质量的一项基础工作，就目前实际情况看，除了杂交水稻和一些特殊作物外，生产用种大部分靠群众自选自留。农户在自己选留种中首先要选择地力较好、向阳避风、水源充足的地块建立留种田，在栽培过程中要注意适当稀播，加强水肥管理和病虫害防治，创造良好的生长发育环境条件，使良种的优良性状能够得到充分的表现。

加强人工选择不仅可以起到去杂去劣的作用，并且有巩固和积累优良性状的效果，对良种提纯复壮有显著的作用。在良种繁育过程中，根据植物生长特点，经常采用的片选（块选）、株（穗）选留种或混合选择法留种可以防止品种混杂退化，提高种子生产效率。

1）片选法

片选法是在大田中选择生长良好、纯度较好的块地，严格进行去杂去劣，然后单收、单打、单贮，作为生产用种，进行片选时应注意幼苗期、开花期、成熟前期的考察与选择，因为品种的一些主要性状，如株型状况、植株高矮、花色、成熟早晚、抗性强弱等，均在此时期易明显表现出来，易于鉴别。所以，要抓住时机，进行去杂去劣，这种方法省工省时。

2）株（穗）选法

选择具有本品种典型特征特性的单株，进行混合作为生产用种。进行株（穗）选时，应熟知原品种特征特性，进行严格的选择。此法较简单易行，如果能连续采用，也能收到比较好的效果。

3）分系比较法

这种方法是选择优良单株（穗），下年建立株（穗）行圃，选出优行，分别种成株（穗）系圃（小区），再次比较，选出优系，混合。种成原种圃生产原种，经繁殖后作为大田生产用，此法由于选出单株（穗）及其后代经过系统比较鉴定，多次进行田间选择和室内考种，所以获得的种子质量好、纯度高，效果比较显著。这是片选、株（穗）选法所不及的。

7. 利用低温低湿条件储存原种

利用低温低湿条件储存原种是有效防止品种混杂退化、保持种性、延长品种使用寿命的一项先进技术。近年来，美国、加拿大、德国等许多国家都相继建立了低温、低湿贮藏库，用于保存原种和种质资源。我国黑龙江、辽宁等省采用一次生产、多年储存、多年使用的方法，把"超量生产"的原种储存在低温、低湿种子库中，每隔几年从中取出一部分原种用于扩大繁殖，使种子始终有原原种支持，从繁殖制度上，保证了生产用种子的纯度和质量。这样减少了繁殖世代，也减少了品种混退化的机会，有效保持了品种的纯度和典型性。

3.2 马铃薯种薯的退化及防治

种薯生产是提高马铃薯单位面积产量综合措施中的重要一环。尤其马铃薯是无性繁殖作物，如无严格的种薯生产措施，许多病害极易感染马铃薯并通过块茎世代传递和扩大危害，由良种变为劣种，失去种用价值。如环腐病可通过切薯很快传播，最终毁灭种薯。因此，同一品种的种薯质量差异，或带病程度的不同，常使产量相差一倍甚至数倍。

马铃薯种薯生产除防止机械混杂和许多真菌和细菌性病害侵染与蔓延外，防止退化乃是最重要的中心环节。

马铃薯退化是马铃薯生产上存在的主要问题，严重限制着我国广大地区扩大栽培和提高产量。如我国中原地区和南方各省由于马铃薯退化，年年需从我国高纬度或高海拔地区大量调种。调入的种薯当年产量很高，连续两三季之后，产量大幅度下降而失去种用价值。即使我国最北部的黑龙江省也仅有三分之一地区退化轻微，可以实行就地留种，而三分之二地区因退化需要由北部调种。因此，防止马铃薯退化，源源不断地为生产提供健康种薯，实行就地留种，是当前我国马铃薯生产中亟待解决的问题。

3.2.1 马铃薯种薯退化的概念及现象

种薯退化是指种薯遗传基础发生了变化，种薯在繁殖过程中，由于种种原因使其逐渐丧失优良性状，失去原品种典型性，使经济性状变劣，抗逆性减退，产量降低，品质降低，从而丧失原品种在农业生产上的利用价值。

> **温馨提示**
>
> 种薯的混杂和退化有着密切的关系，往往由于种薯的混杂才导致了品种的退化，因此，它们虽然属于不同概念，但两者经常交织在一起很难截然分开。一般来讲，品种在生产过程中，发生了纯度降低，种性变劣，抗逆性减弱，产量下降，品种变劣等现象，就称为品种的混杂退化。

当马铃薯由其原产地——拉丁美洲的智利和秘鲁传到世界各地种植后，人们就发现在许多地方马铃薯的产量会逐年降低，同时植株变得矮小，并有花叶和卷叶等异常的表现。人们把这种现象叫马铃薯退化，即马铃薯退化是指在马铃薯生长期间，经常出现叶片皱缩、花叶、卷叶，植株变矮，分枝减少，生长势衰退，地下部块茎变形瘦小，薯皮龟裂等症状，甚至不能出苗，产量明显逐年下降，一年不如一年，最后失去种植价值的现象。马铃薯的退化可以由块茎留种而世代传递，所以又称种薯退化。马铃薯退化后就不得不重新调种。当然，马铃薯的退化是世界上普遍存在的问题，并非只在平原马铃薯才退化，在高山也同样退化，只不过北方和高山退化稍慢而已。马铃薯退化严重限制了作物种植面积的扩大和产量的提高。

马铃薯的退化与生物学上的关于器官或特征的退化是完全不同的概念。马铃薯在栽培过程中极易受病毒侵染，由于病毒的侵入，破坏了马铃薯植株的正常生长功能，致使染毒植株生长势衰弱，营养器官和生殖器官表现出不正常现象，例如，卷叶、花叶、叶皱缩、叶黄化，植株矮小、丛生、紫顶，开花结实率下降，块茎由大变小，薯皮裂口，匍匐茎缩短，根系不发达，抗逆（抗病、抗虫、抗旱、抗涝等）性降低等。由于制造养分的器官被病毒干扰和破坏，植株生长失常，造成大幅度减产。这就是通常所说的马铃薯退化现象。退化了的种薯，若不通过排除病毒措施，即使栽培条件再好，也不能恢复种性，也达不到品种的原产量水平。这种退化现象，称为马铃薯病毒性退化。

它与自然栽培条件下所发生的产量降低现象是不相同的。一般从外地调来的种薯，在第一年或第一季种植时产量很高，而把收获的马铃薯留种，再种植时，植株明显生长势差，产量下降，块茎变小，不能作为种用。但这些未退化的种薯，因未受病毒感染，只要栽培条件好，产量会显著提高。这就是马铃薯一般意义上的退化现象。

3.2.2 马铃薯种薯退化的原因

马铃薯是以无性繁殖为主的作物，其产品是多汁而且营养丰富的新鲜块茎——鲜薯，较之其他谷类作物更易于受到病原的侵染。近百年来，生物科学上围绕马铃薯退化的原因，进行了不断的研究和热烈的争论。第一次世界大战末年，西方的许多学者相继提出了病毒侵染学说，他们进行的详细实验证明马铃薯退化是由病毒引起的传染性病害。这些病害在田间靠蚜虫或叶片接触传播，并通过块茎传给后代。这个发现无疑是重要的。此后，许多研究者把退化简单地归结为马铃薯群体中病毒感染率的增加。由于退化具有地区性和季节性的巨大差异，人们对病毒侵染学说提出了怀疑。后来苏联的一些学者根据退化与地理气候条件的联系，提出了高温诱发学说。他们认为，退化是高温直接作用于马铃薯本身的结果，马铃薯在高温下发芽所引起的发育阶段上的衰老造成了退化。为了避免结薯期高温的影响，他们采取了夏播法来防止退化。

世界马铃薯育种界和种植业对马铃薯的退化认识不一，概括起来大致有三种观点，一是认为长期用块茎进行营养繁殖造成了马铃薯退化，因其他用真实种子繁殖的作物很少出现退化现象，这就是所谓的"衰老学说"；其二认为是由高温引起的，根据是高温区比冷凉地区的退化更为明显，成为"生态学说"；其三是由生物为载体传播病毒所致，即"病毒学说"。各派学者都提出一些论据，但都缺乏足够的说服力。因此，对马铃薯退化的原因曾长期争论不休。1955年法国莫勒尔和马丁用退化的马铃薯茎尖分生组织，培养出完全无病毒的马铃薯植株，并使原来患病的植株去掉病毒后完全恢复了该品种的特征、特性，其健康程度和产量水平都达到了刚育成时的最佳状态。从此揭开了马铃薯退化之谜，证明了所谓的马铃薯"退化"，不是遗传性状的改变，而是由病毒的侵染所造成的。据估计，全世界每年马铃薯生产由病毒造成的减产至少为20%，我国种薯退化所引起的产量损失在30%以上。

在马铃薯生产过程中造成许多病原侵染的机会，如种薯切块、催芽、播种、田间生长发育、收获、运输和贮藏等。马铃薯生产的这些特点，使其成为易于被各种真菌、细菌、病毒及其类似病原体以及各种害虫侵染的作物。试验证明，马铃薯退化的真正原因，是由于病毒侵染并通过块茎无性繁殖逐代增殖和为害的结果。近20多年来又由于引进品种、育成品种的增加，马铃薯病毒种类有所增加，增加了一些复合感染的病毒病害，致使某些地区品种的退化更为严重。

至今对马铃薯退化认识基本趋于一致，认为马铃薯退化的原因包括内因和外因两个方面。内因是指品种的抗逆性，即抗病毒，抗高温的能力。外因是指环境因素，即病毒、高温和营养等。认为高温和病毒是导致马铃薯退化的主要原因，温度和生态条件可以加强品种减轻退化，这是因为：①高温促进传毒媒介——蚜虫的迅速繁殖，因而加速病毒的传播和侵染过程；②高温促进病毒在马铃薯体内的复制，使病毒量急剧增加；③高温降低了马铃薯的生活力，削弱了马铃薯的抗性，而低温，特别是夜间低温能增强马铃薯的抗病能力，病毒增殖慢，在马铃薯植株中发展也慢，使马铃薯不表现明显的退化现象。这就是在低纬度、低海拔、高温度的南方，马铃薯退化快，在高纬度、高海拔、低温度的北方，马铃薯退化慢的原因。但是病毒是否能引起马铃薯退化，还取决于马铃薯品种对于病毒的反应，即抗、耐病还是感病的特性。病毒通过传毒介体或机械摩擦等途径传到健康马铃薯上，如为感病品种和有适宜的发病条件，则表现出各种病症（即退化症状）。块茎中的病毒浓度逐代繁殖积累，并通过块茎逐代传递，产量逐年下降，终止退化而不能做种。而且病毒的发生又与媒介昆虫的传播和块茎形成时的温度有关。温度高时植株体内的病毒增殖快，植株的代谢活动也强，随着植株代谢活动的加快，病毒的扩散速度也快，在块茎中的积累也多，因而马铃薯的退化加快；马铃薯病毒传播媒介主要是蚜虫，在高纬度（如黑龙江）高海拔（如五台山）地区无传媒生存，马铃薯不感病毒，因而不退化，而在我国平原或低纬度地区春播留种的马铃薯，由于夏季高温条件的不良影响，使病毒蔓延滋生，影响种薯发育，第二年种植时即表现退化。

1. 地理气候条件和留种经验与马铃薯退化的关系

从纬度上说，我国只有黑龙江省北部可以长期保持种薯基本上不退化，其他依靠地理气候条件生产优良种薯的地区都是高海拔地区。为了确定各自然区的代表性地点的马铃薯退化程度和速度，研究人员用早熟的男爵品种的同一批未退化种薯，分别种植在纬度和经度相近，而海拔相差悬殊的一个地区的区域种植，以后每年交换各地所产的种薯。实验结果显示，我国的大部分地区在地理气候上是处于马铃薯急剧退化的地区。只有在很窄狭的地带表现出退化植株逐年增加，而块茎产量逐年下降的现象，像在欧美许多马铃薯产区种所表现的那种情况一样。

在不同地理和季节条件下，影响马铃薯退化的主要因子显然是温度，这是大家都承认的事实。问题是温度如何起作用。是直接作用于马铃薯本身引起退化还是通过对病毒病发生的影响而起作用。就对病毒病的作用而言，在两季作中春播收获的种薯是退化的，但同样种薯经过秋播后退化显著减轻，这就不能单纯从温度影响传毒媒介昆虫的数量加以解释。因为在春播中大部分植株已被蚜虫传染上 Y 病毒，秋季低温的作用显然是影响病毒侵染马铃薯之后的病害发展过程。

2. 无病毒的马铃薯不发生退化

考虑到在自然条件下进行无性繁殖的马铃薯大多已经感染着一些病毒。因此要分析病毒在退化中的作用，必须用无病毒的材料做实验。研究者于 1956 年在男爵品种的天然实生种子中选得一株与男爵性状接近的单株，经过在隔离病毒传染的条件下进行繁殖，获得无病毒种薯。从 1956 年间开始连续在北京一般春播条件下，在防虫网室中栽培了 11 年，生长发育完全正常，毫无退化观象，单株平均产量都在 400g 左右。这说明没有病毒的感染，马铃薯不会发生皱缩花叶、卷叶、矮化等退化现象。即使在高土温（25℃）下处理，也只是处理当代所形成的块茎畸形并提前发芽。这种块茎在田间条件下播种时，初期幼苗细弱，但无任何病毒病症状。随着生长，植株逐渐恢复正常，产量也达到未经处理的水平。

无病毒马铃薯对地理气候条件的反应与自然带病毒种薯完全不同。东北农学院曾将北京、哈尔滨（黑龙江南部）和克山（黑龙江北部）在防虫条件下生产的上述无病毒块茎，在哈尔滨同一环境条件下进行鉴定。结果三地生产的种薯其后代的生育状态和产量均无显著差别（表 3-1）。

表 3-1　　　　　北京、哈尔滨、克山无病毒种薯产量比较
（东北农学院）

种薯产地	产量（g/株）				
	重复一	重复二	重复三	重复四	平均
克　山	497	527	476	445	486.2
哈尔滨	450	458	508	537	488.2
北　京	538	478	450	486	488.0

无病毒马铃薯对季节条件（不同播期）的反应也与感染病毒的完全不同。在防虫条件下，在北京春播和秋播收获的无病毒块茎，第二年植株的生长发育和产量都没有显著差异。而自然感染病毒的男爵块茎经春播和秋播收获的种薯，后代产量却有明显差别（表3-2）。

表 3-2　　　　栽培季节对无病毒和有病毒马铃薯后代产量的影响

种薯生产季节	后代平均单株产量（g）	
	无病毒	有病毒
春　播	458.1	106.2
秋　播	461.3	387.6

上述资料说明，没有病毒的感染马铃薯能够在广泛的环境条件下维持其种性，不发生

生产中的退化现象。

3. 基因型寄主对病毒侵染反应的差异

病毒有一定的寄主范围，大部分病毒专一侵害某些属或某些种的植物，而不侵染其他属和种类的植物。一种病毒侵染同一属的植株，某些种类的植物表现的症状类型相同，但也有些种类的植物遭受同一病毒的侵染，表现的症状却完全不同。例如，马铃薯卷叶病毒（PLRV）在 *Solanum tuberosum tuberosum* 亚种上引起典型的卷叶，而在 *S. tuberosum andigena* 亚种上产生退绿矮化，类似马铃薯黄矮病毒（PYDV）。

4. 病毒和高温在马铃薯退化中的作用

无病毒的马铃薯幼苗，用从已退化马铃薯中分离的 X 病毒和 Y 病毒（我国普遍发生、危害严重的皱缩花叶型退化就是由这两种病毒引起的）人工接种后，半个月内这些植株便表现出典型的皱缩花叶病状，产量降低。后代危害更严重。这证明退化的确与病毒的侵染是相联系的。既然高温单独不能引起马铃薯退化，那么高温在病毒感染马铃薯的过程中起什么作用呢。

1) 对传毒媒介——蚜虫的影响

关于温度如何影响马铃薯病毒感染的问题，以往的研究者认为，地理气候条件通过影响传毒蚜虫的活动而起作用。高温干燥的气候促进蚜虫的发生，增加了病毒的感染率。冷凉及高山地区不适于蚜虫发生和传毒活动，因而病毒感染率极低。研究者的调查也表明，不同地理气候条件下蚜虫数量确有差异，在冷凉的高海拔地区的蚜虫数目比温暖的平原地区少。在同一地区，马铃薯春播生长期间的蚜虫数目比秋播时多。表3-3列出了1965年北京马铃薯生长期间蚜虫（主要是桃蚜）发生情况。无病毒的马铃薯在北京的自然条件下，经春播和秋播后，感染 Y 病毒百分率有明显的不同，春播的感染率为87.5%，而秋播的感染率为13.6%。春秋播期间蚜虫数量的差异，是造成 Y 病毒感染率不同的原因之一。

表3-3　　　　　　　　1965年春秋播马铃薯田内蚜虫发生情况
（北京）

播 期	生 长月 份	黄皿幼蚜（每皿每日蚜虫数）	马铃薯植株上蚜虫		
			平均每株蚜虫数	有翅蚜（%）	有蚜株（%）
春播	5	7~110	5~65	4.0~14.2	47~100
	6	62~265	201~534	0.4~1.3	100
	7	6~187	1~5	23.2~91.5	30~80
秋播	8	1~32	0~38	1.0~33.3	10~100
	9	1~42	1~5	5.8~41.6	30~70
	10	70~118	—	—	—

2) 马铃薯在温度条件影响下对花叶病毒抗病性的改变

　　根据科研人员所积累的资料，温度条件的作用不仅限于传播这一个环节。温度固然可以通过对蚜虫的作用而影响病毒与马铃薯接触的机会。实验证明温度更深刻地影响着病毒与马铃薯接触后的病害发展过程。

　　（1）土壤恒温对马铃薯花叶病毒发展的影响。1959 年研究人员用 8 个无病毒块茎，每一块茎切成 4 块，全部切块分为 3 组，于 4 月 5 日播种于土壤条件调节床内，供 25℃ 和 15℃ 恒定土温下接种 X 病毒、Y 病毒，X+Y 病毒和不接种的对照共 8 种处理。收获后从每一株中选取一大小相似的块茎，于秋季（8 月 7 日）继续播种在土壤条件调节床内进行与上一季相似的高低土温处理。两季的产量列入表 3-4。

表 3-4　　　　　　接种各种病毒的马铃薯实生苗后代植株在连续两季
恒定高、低土温条件下的每株平均块茎产量

接种的病毒种类	第一季产量（g）		第二季产量（g）	
	15℃	25℃	15℃	25℃
X	242.7	280.9	213.3	123.9
Y	414.0	319.2	237.8	167.3
X+Y	284.0	235.0	99.1	9.5
不接种	370.8	275.1	360.4	232.8

　　结果显示土壤高温和病毒对于马铃薯的危害作用的彼此加强。特别是在接种病毒后的下一代表现出突出的差异。接种过 X+Y 两种病毒的植株当季产量的降低不很明显。但当下一季连续栽培时，在高土温下的几乎没有收获，在低土温下的产量也降低到对照的 1/4 左右。这一点与自然感染两种病毒的种薯的表现是不相同的。东北农学院利用同一无病毒块茎材料和相同的毒源，在纬度不同的哈尔滨进行的土温实验也得到相似的结果（表 3-5）。

表 3-5　　　　人工接种花叶病毒植株经连续两年不同土温处理
及其后代在同一无病毒条件下块茎产量比较
东北农学院（哈尔滨）

试验处理		1964 年处理当年块茎平均单株产量（g）	1965 年处理当年块茎平均单株产量（g）	1966 年其后代在同一无毒条件下块茎平均单株产量（g）
接种病毒：X	15℃（±0.1℃）	294.5	261.3	260.5
	25℃（±0.1℃）	306.5	154.1	208.5
Y	15℃（±0.1℃）	422.5	291.5	275.7
	25℃（±0.1℃）	324.5	192.8	221.7

续表

试验处理		1964 年处理当年块茎平均单株产量（g）	1965 年处理当年块茎平均单株产量（g）	1966 年其后代在同一无毒条件下块茎平均单株产量（g）
X+Y	15℃（±0.1℃）	336.0	91.8	130.5
	25℃（±0.1℃）	281.8	16.5	86.7
无病毒种薯（对照）	15℃（±0.1℃）	458.0	479.5	451.8
	25℃（±0.1℃）	340.9	365.7	446.7

（2）土壤变温对马铃薯花叶病毒发展的影响。在土壤恒温实验中，已接种花叶病毒的马铃薯即使在15℃低土温下，也不能防止花叶症状的产生和产量的降低。为了模仿不退化地区昼夜温差较大的气候特点，进行了变温盆栽实验。将无病毒块茎播种在大瓦花盆中，出苗后进行 X+Y 病毒的混合接种，并以不接种的作为对照。在整个生长期间全部植株均置于室外防虫纱罩中。降温处理的，夜间将花盆搬到低温室中（1962 年的实验，白天还将花盆放在纱罩内的低土温槽里）。在整个生长期中平均温度白天为 30.1℃，夜间为9.3℃。不降温的夜间平均温度为 21.3℃。两次实验（1962—1963 年和 1963—1964 年）都是在北京春播季节进行。两次实验经过头年降温处理后收获的块茎，在下年鉴定病毒、症状和产量（表 3-6）。

表 3-6　　　　温度条件对于马铃薯人工接种后感染花叶病毒和退化的关系

试验年份	头年			下年		
	接种的病毒	温度条件	皱缩花叶病情指数	在千日红上测出 X 病毒植株	在烟草上测出有 Y 病毒植株	平均每株产量（g）
1962—1963	X+Y	降低白天土温及夜间气温和土温	21.0	6/6	1/6	605
		不降温	37.5	6/6	3/6	436
	不接种	降低白天土温及夜间气温和土温	0	0	0	683
		不降温	0	0	0	602
1963—1964	X+Y	降低夜间气温和土温	32.6	38/38	19/38	483
		不降温	75.0	9/9	9/9	267

在有利于花叶病毒发生的北京春播条件下，降低夜间温度到10℃左右。便能阻碍 Y 病毒的发展，但对 X 病毒没有影响。降温处理的植株症状较轻，产量接近对照的水平。这与自然界冷凉地区或季节的作用相类似。低温阻碍马铃薯对于 Y 病毒接种后的发展可

以通过几种可能的方式。它可以不利于侵染的立足，或是不利于病毒的繁殖和扩展。此实验资料说明 Y 病毒在马铃薯体内侵染立足后的繁殖确因低温而受到阻碍。接种后不同时间测定马铃薯叶片内 Y 病毒的发展，低土温下 Y 病毒的繁殖比对照慢得多（表 3-7）。从土温的降低就能够延缓 Y 病毒在叶片内繁殖的事实看来，温度对于病毒的影响是间接通过寄主的抗扩展免疫性的。

表 3-7　　　　　　　　　　温度对于接种马铃薯叶片内 Y 病毒发展的影响

温度条件	接种 X 和 Y 病毒后不同日数测出有 Y 病毒植株		
	7d	21d	35d
降低夜间土温和气温	0	3/10	—
降低昼夜土温	0	2/8	3/8
降低夜间土温	0	1/8	2/8
不降温（对照）	1/8	6/8	8/8

尽管还有许多问题需要澄清，已有的资料说明，退化的确与病毒的侵染相联系，但并不是无条件的病毒侵染的结果。在存在病毒充分侵染的条件下，高温又起着决定性的作用，生长在低温条件下的马铃薯可以受侵染而不受害。看来，病毒与高温在引致退化中的相互关系可能是病毒的侵染提供了退化的可能性，而高温是这种可能性变为现实的条件。

5. 蚜虫与病毒的传播

马铃薯种薯在播种前就可能发生少量病毒传播，发芽的种薯在搬运中汁液也能传播病毒，田间的健株与病株摩擦、人工操作、机械均可传播病毒。但是，国内外研究者认为蚜虫是病毒病的主要传播媒介。无论是持久性病毒和非持久性病毒，桃蚜起着主要的传播作用，把无病毒种薯种植在防蚜的网室、温室内，即使是高温影响，也不发生种性退化。高温干燥的气候促进蚜虫的发生，增加病毒的感染率。在冷凉的高海拔地区蚜虫数目比温室的平原地区少。

6. 植株的营养条件

当土壤的营养低于正常生长需要的水平时，在植株上可观察到营养缺乏的某些症状。这些症状通常类似于病毒引起的症状，两者容易混淆。例如，缺氮引起普遍失绿或生长迟缓，叶脉黄化与缺镁有关，而缺磷叶片呈现杯状。营养过剩通常在短期内也会被误认为是病毒的症状，经常是从观察到症状的马铃薯花叶上回收到高剂量的氮。在应用含氮丰富的叶面肥时，也会出现伪症状。

7. 株龄病毒侵染的影响

一棵马铃薯植株在其整个生长周期中，对病毒侵染的易感性是有差异的。通常十分幼小的或过老的植株对病毒侵染的易感性较弱。植物年龄直接影响某些病毒在植物体内的转移，当植株变老时，病毒从侵染部位到其他部位的散布是很慢的，这种现象称为成熟植株的抗性，了解这一现象对健康种薯的生产十分重要。

8. 病毒间的相互作用

病毒间相互作用引起的病害比单一病毒引起的病害更为严重，这种现象在几种植物病原中十分常见，在马铃薯和烟草上已显示了 PVX 和 PVY 混合侵染现象，PVX 和 PVY 混合侵染引起马铃薯皱缩花叶，引起烟草严重的叶脉坏死；然而当 PSTV 合 PVY 同时侵染马铃薯时，可观察到严重的坏死症状，当植株受到这种双重侵染时，PVY 的浓度较高，意味着受 PSTV 侵染的植株，增加了对 PVY 的易感性。

9. 其他因素引起的退化

良种与栽培技术措施不配套可造成马铃薯种薯退化。由于目前马铃薯良种繁育体系不健全，生产用种难以解决，大部分农民年复一年地种植自留种薯，而且这种马铃薯已经感染多种病毒，丧失了原马铃薯的特征特性；在栽培技术措施上选地选茬不严格，田间管理粗放，病虫草害防止不及时，再加之自留地种薯贮藏不当等，也是造成马铃薯种薯退化的主要原因。

3.2.3 马铃薯种薯的退化症状

1. 病毒型退化症状

侵染马铃薯的病毒有 20 多种，这些病毒一旦侵染了马铃薯植株和块茎，就能造成各式各样不同的病态和不同程度的减产。因为马铃薯是利用块茎无性繁殖的，病毒侵染块茎后，即随块茎的种植使病毒代代相传。种植感病毒的马铃薯时间愈长，病毒侵染的机会愈多。马铃薯的病毒种类不同，有时由一种病毒单独侵染，或者由两种以上病毒复合侵染，引起多种多样的症状。各种病毒的症状也常由于病毒株系不同或品种对病毒的反应不同而不同。有时许多不同的病毒都在马铃薯上产生相似的症状。因此，单纯根据症状很难确定其致病毒源，还须进一步鉴定。

马铃薯退化的主要原因是病毒感染，所以退化的表现也是按病毒病的症状类型来划分的，根据田间的观察，退化的类型主要有以下几种。

1) 花叶型症状

（1）X 病毒（PVX）。马铃薯 X 病毒也称马铃薯轻花叶病毒，主要由马铃薯 X 或 S 病毒引起的，通过机械摩擦传播。在我国分布很广，由上述病毒单独侵染时，对植株的生长势或产量影响较小，约减产 10% 左右。但再被其他病毒复合侵染后，则表现严重症状。植株生育比较正常，仅在叶片上表现不同的斑驳或花叶。病株的块茎较小。气温过高或过低时，症状隐蔽。

（2）奥古巴花叶病毒（PAMV）。马铃薯黄斑花叶病毒，也称 F 病毒或 G 病毒，通过机械和蚜虫传播。病株下部叶片出现黄色斑点或块斑，逐渐发展到上部叶片。有些品种的感病株产生的块茎内有锈褐色坏死斑点。

（3）Y 病毒（PVY）。马铃薯 Y 病毒也称马铃薯条斑花叶或重型花叶病毒，由蚜虫传播，也可通过机械摩擦传播。是危害马铃薯的重要病毒之一，减产较大，轻者 30% 左右，严重的可达 80%。如与马铃薯 X 或 S 病毒复合侵染引起皱缩花叶，严重减产。病株在叶脉、叶柄及茎上有黑褐色条斑，叶、叶柄和茎脆弱易折。感病初期叶片有斑驳花叶或有枯斑。后期植株下层叶片干枯，但不脱落，表现垂叶坏死，顶部叶片常出现斑驳或轻微皱缩症状（图 3-1）。

（4）M 病毒（PVM）。马铃薯 M 病毒也称马铃薯皱缩花叶病毒，由马铃薯 X 病毒和马铃薯 Y 病毒或 A 病毒复合侵染引起的，一般减产 50% ~ 80%。感病植株呈严重皱缩花叶，叶片变小，叶尖向下弯曲，整个植株呈绣球状，植株显著矮化。有时叶片上有坏死斑，叶脉、叶柄和茎部有黑褐色坏死条斑。后期下层叶片枯死呈垂叶坏死状。植株顶部表现严重皱缩。感病严重植株落蕾而不能开花，早期枯死（图 3-2），所结块茎极小。

图 3-1　马铃薯条斑花叶症状　　　图 3-2　马铃薯皱缩花叶症状

（5）A 病毒（PVA）。马铃薯 A 病毒也称马铃薯粗缩花叶病毒，A 病毒由蚜虫传播。感毒株叶面粗缩，有相互交接的淡绿与浓绿花叶斑驳。病叶发黄，早期脱落，薯块瘦小。高温时症状隐蔽。

2）卷叶病毒（PLRV）

这种病毒是通过蚜虫传播的持久性病毒。在我国各马铃薯栽培区皆有发生，是马铃薯主要病毒之一，一般减产 30% 左右，重者达 80% 以上。病株叶片边缘以主脉为中心向上卷曲，一般基部叶片卷得严重，有时卷成圆筒状。但初感染时顶端叶片首先卷曲。有些品种感病后叶褪绿或叶背呈紫红色。由于输导组织病变，淀粉在叶肉积累，叶片质脆易折，叶柄着生成锐角，因此植株常呈圆锥形。植株生长受到抑制，表现不同程度矮化，块茎小而密生。有些病毒株系使感病的块茎维管束坏死或发生网腐症（图 3-3）。

马铃薯上也有生理性卷叶和紫苑黄化病毒引起的卷叶，但前者无维管束坏死，后者只有顶部叶片变紫并卷曲。

3）束顶型症状——马铃薯纤块茎（或称纺锤块茎病，块茎尖头病）

马铃薯纺锤块茎类病毒。通过昆虫、花粉、种子和汁液摩擦都能传病。近年来在我国许多马铃薯主产区蔓延很快，一般减产 20% 左右，重者减产 70% 以上，是对马铃薯危害较重的病毒之一。轻病株高度正常，重感病株矮化，分枝减少，叶与茎成锐角向上耸起，叶片窄小呈半闭合状而扭曲，全株失去润泽的绿色，有时顶部叶片呈紫红色，植株早枯。感病块茎由圆变长，呈纺锤形尖头状，芽眼浅，芽眉明显（图 3-4）。薯皮有时龟裂或纵裂成畸形，块茎品质变裂，感病块茎出芽纤细，用做种薯时出苗迟缓。

4）丛生矮化型症状

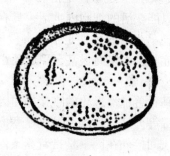

图 3-3 马铃薯的卷叶症状（植株症状和块茎症状）

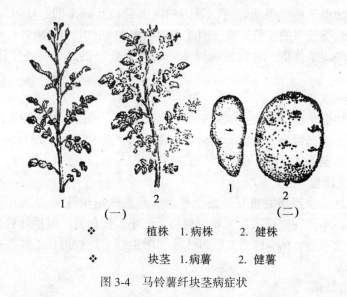

（一）   （二）

❖   植株   1. 病株   2. 健株

❖   块茎   1. 病薯   2. 健薯

图 3-4 马铃薯纤块茎病症状

此症状又名扫帚病或密丛病、一窝猴，是由病原菌引起的一种病毒病，表现为植株生长矮小，长出许多细弱的茎，呈丛生状。

X、A、S、M、Y、PLRV、PAMV 这 7 种病毒在我国比较常见，尤其是 X 病毒、Y 病毒和卷叶病毒较为普遍，PLRV 和 PAMV 两种病毒危害严重。

2. 影响病毒症状表现的因素

1）内在因素

内在因素是指马铃薯遗传的本质。遗传本质决定了某些马铃薯品种抗不抗某些病毒病或是否有耐性，即马铃薯种薯抗病毒能力低。抗病毒能力强的品种，发病较轻，退化不严重，抗病毒能力弱的品种发病重，退化也就严重。因此，我们在种植马铃薯时，要选用抗病毒能力强的品种，或选用脱毒种薯做种进行栽培。

（1）抗病性。抗病性是指病毒侵染马铃薯植株后，病毒不能在马铃薯植株内增殖，而被消灭掉。这种特性是非常有价值的。

（2）耐病性。耐病性是指病毒侵染马铃薯植株后，虽能增殖，但不引起较大的损失。这种特性在生产中也是可取的。

（3）过敏性。过敏性是指病毒一旦侵入植株细胞内，细胞立即死掉，成为枯斑坏死。因为病毒只能在活的细胞内生活，具有这种特性的品种，也是非常有用的。

（4）感病性。感病性是指病毒侵染马铃薯植株后，能在植株体内增殖，在一定的条件下表现症状，大多时候甚至引起死亡。

2）外在因素

引起马铃薯种性退化的直接外在因素是病毒为害，常见的有花叶病毒、卷叶病毒、普通花叶病毒等。这些病毒通过机械摩擦、蚜虫、叶蝉或土壤线虫等媒介传播而侵染植株并引起退化。间接外在因素是指营养条件、栽培管理措施和环境条件，如气温、日照、昼夜温差等，高温、干旱也是引起马铃薯退化的间接外因。马铃薯在高温、干旱条件下栽培，生长势减弱，耐病力下降。而且高温有利于病毒繁殖、侵染和在植株体内扩散，因而加重了病毒的危害，加重了种性退化程度。外因和内因是相互联系的，外因通过内因而起作用，这些条件影响马铃薯的生长发育，因此也影响到耐病的增加和减弱。有些已退化的品种，在改变了的环境条件下，往往是可以从外观"复壮"的，但薯块中还带有病毒，不等于脱毒。

3. 生理性退化症状

马铃薯生理性退化已知的类型主要有种薯生理衰老、闷生、纤细芽等。这些退化可能都是由于生态因子不良而导致种薯养料消耗、生理失调等引起的，所以称为生理型退化。主要发生在夏季高温地区。

1）种薯生理衰老

这是高原地区一季栽培时常见的退化现象。其表现是植株矮小，出苗多而纤细，多病，无或少分枝，不开花，早衰，采收时薯块多而小，产量低，但播种后并不缺苗。如米拉、金苹果、同薯八号、694-11、文胜四号等（图3-5）。这种退化是种薯在高温下贮藏期太长所造成的。

2）种薯闷生缺苗

所谓闷生就是种薯出苗以前在土内形成小块茎，而表现缺苗或晚出苗。有的品种因闷生而导致的缺苗率达 80%～90%，如新芋四号、高原四号、反帝二号、克新二号、燕子等，都属于严重闷生品种，从高山调种，第一年高产，但作一季栽培的第二年就不出苗了（图3-6）。

产生闷生的原因：一是品种的遗传习性；二是种薯贮藏时间太长，贮藏方法不当，发芽过度；三是播种后遇长期低温影响。一般秋薯春播或秋薯秋播不闷生。

3）纤细芽

这是秋薯春播又采收过迟时常发生的退化现象。其表现是种薯失去顶端优势，发芽部位紊乱，长出的芽细如棉线，或发芽极晚。这种薯块播种后绝大部分不能正常出苗，如果作秋播，则在秋薯采收时还未出苗，或刚出苗（图3-7）。

产生纤细芽的原因，可能是结薯太迟，幼嫩块茎遭受了高温的不良影响，而失去正常生理机制造成的。

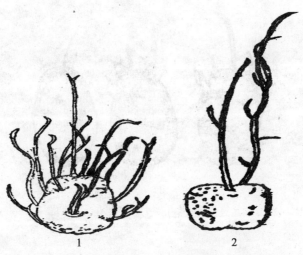

1 顶端优势较弱的品种   2 顶端优势较强的品种
图 3-5 马铃薯过度发芽状态

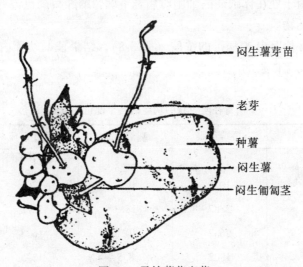

图 3-6 马铃薯萌生芽

3.2.4 马铃薯病毒的传播途径

马铃薯病毒病、类病毒和菌原质的传播途径很多，但主要的有接触传毒、种子传毒、真菌和线虫传染以及昆虫和其他生物介体的传毒。其中以昆虫中的蚜虫传毒最为严重。

1. 接触传染

马铃薯病毒中可以汁液接种的病毒很多。但在自然界，只有 X 病毒、S 病毒和纺锤形块茎类病毒可通过病健植物的接触传染。

1）块茎间的传染

虽然所有马铃薯病毒都可通过无性繁殖的块茎传到下一代，但是除纺锤形块茎类病毒

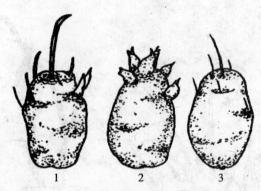

1, 3 纤细芽   2 正常芽

图 3-7 马铃薯芽

外，未发芽的病健块茎之间的接触并不传病，即使用很高浓度的病毒在块茎表面，或块茎的切面上进行人工接种也不能引起感染。但是块茎萌发的幼芽却很容易通过接触或人工接种传染。这可能是由于处在休眠期的细胞对病毒不敏感的缘故。也曾有人报道休眠块茎内存在某种抑制病毒的物质。

通过测定末发芽块茎内 X 病毒的浓度（表 3-8），结果证明幼芽内病毒增加几倍。这也是病毒容易通过幼芽传染的原因。

表 3-8   X 病毒在刚收获的块茎的各个部位的分布

块茎部位		顶端芽眼	基部芽眼	维管束环	髓部
平均半叶斑点数目	1	12.0	17.8	21.5	4.5
	2	10.5	10.0	22.1	1.6
	3	28.2	18.3	32.0	3.7
	4	26.7	10.5	16.8	5.0
	5	18.2	8.5	12.5	5.7
	6	22.2	12.7	28.0	12.5
	7	23.8	12.8	39.5	19.1
	8	22.7	20.2	45.3	18.0
	9	20.0	18.2	23.0	13.5
	10	17.0	9.0	35.5	7.3
	总平均	20.1	13.9	27.6	9.0

在种薯储存、运输和播种操作中，发芽块茎可发生病毒的传染。特别是播种前的切块，由于薯块都已发芽，传染率很高。已在 X 病毒的试验中得到证实。纺锤形块茎类病毒极易通过切刀传染，无论是休眠块茎还是发芽块茎都有很高的传染率。但 Y 病毒不能

借切刀传染，无论是发芽和未发芽块茎都是一样。

2）叶和根间的传染

容易接触传染的 X 病毒、S 病毒和纺锤形块茎类病毒也可以通过枝叶和根的接触传染。在防虫条件下的试验证明，靠近感染 X 病毒植株的健康马铃薯很易被传染。如果把病健植株的地上部严格隔离，只使根部互相接触，X 病毒也很容易传染到健株上去。Y 病毒通过植株的接触也有一定比例的传染。风能增加田间植株摩擦的机会，也会增加病毒的传染几率。在温室实验中，人工吹风两周，可使邻近植株全部被感染。

人、农具和动物等都是接触传染的介体。黏附在衣服、农具和动物身上的 X 病毒可存活相当时间，而造成远距离的传播。实验资料证明，在有少数感染 X 病毒的田里，实验区中感染率为 26%，而对照区只有 3%，这就是 X 病毒在大多数品种中广泛存在的原因。当田间病株百分率较低时，传播速度也较慢。苏格兰的实验表明，当田间病株为 1% 时，每年的感染率的增加 1 倍。德国的实验表明在一年中感染增长率分别由 3.5% 和 5% 增加到 8.2% 和 13.9%。

S 病毒在一个生长季节的传染率有时可由 5% 增加到 20%，但有时很低（由 3.4% 增加到 3.9%）。传染速度取决于品种感病性、病毒株系的毒力、作物营养状况和株行距等因素。

美国的实验表明犁和拖拉机的轮子都可传染 X 病毒和纺锤形块茎类病毒。在有病株的田间操作过的机器可使健康马铃薯田中的纺锤形块茎类病毒的感染率达到 31%~65%，X 病毒的感染率会更高。

2. 种子传染

虽然有人报道过马铃薯 Y 病毒偶尔通过种子传染，以及在 X 病毒感染的植株的花粉内存在病毒，但在一般条件下马铃薯病毒都不借种子传播，这正是实生苗不带病毒的依据。但是近年来对马铃薯纺锤形块茎类病毒的研究证明，它不但可通过马铃薯种子传病，还可通过番茄种子传病，而且传病百分率都很高，有时几乎是百分之百的带病。为什么大多数病毒都不能通过种子传染，而纺锤形块茎类病毒却有这样高的传染率，与这种类病毒在细胞内的分布有关，它存在于细胞核内，而且和染色质结合着。随着细胞分裂进入新细胞，它还可通过性细胞（卵母细胞和花粉细胞）而传递给种胚。另外，病毒之所以不能进入大多数植物的种胚，是由于这些植物能产生对病毒有抑制作用的钝化素，胚形成时受到保护，这样马铃薯形成的钝化素对纺锤形块茎类病毒没有抑制作用。

带有类病毒的种子一般比较瘦弱，可通过选种（根据带病种子比重小的特点借风力或盐水选种）淘汰带病种子。

此外，近年来的工作证明，马铃薯安第斯潜隐病毒（一种球形病毒，直径 25~30nm）也可通过种子传病。

3. 真菌和线虫传毒

自从发现经过土壤能传染某些植物病毒的现象后，曾提出过土壤颗粒吸附病毒的说法。但直到 1958 年 Hewitt 发现线虫传染病毒以及 1964 年 Teakle 等发现壶菌目（Chytridiales）的一些真菌是传染病毒的介体之后，才澄清了土壤传染病毒的实质。事实上没有真正是土壤传染的病毒，而是土壤中生活的某些生物—线虫、真菌等是传染病毒的生物介体。

土壤传染的马铃薯病毒可分为两类。一类当土壤在室温下干燥后仍有传病能力，它是由真菌传染的。另一类当土壤干燥后便失去了传病能力，它是由线虫传染的。

1）真菌传染的马铃薯病毒

壶菌目（Chytridiales）和根肿菌目（Plasmodiophorales）一些真菌能够传染植物病毒。当这些真菌在病株上寄生时，它所形成的游动孢子的表面和内部带有病毒。所携带的病毒的种类也有专化性，其取决于游动孢子表面的蛋白结构（外部带病毒）和游动孢子原生质与病毒的亲合性（内部带病毒）。游动孢子的侵入管侵入植物时把病毒带入根细胞中。粉痂病菌（Spongospora subterranea）可传染马铃薯蓬顶病毒，马铃薯癌肿病菌（Synchytrium endobioticum）可传染马铃薯 X 病毒，危害马铃薯的烟坏死病毒是由甘蓝壶菌（Olpidium brassicae）传染的。

（1）马铃薯蓬顶病毒

此病毒是一种直的棒状病毒，宽 20nm，多数颗粒长 250～300nm，最长者可达 900nm。体外抗性较高，致死温度为 80℃，稀释终点 10^{-4}，体外存活力可达 14 周。在马铃薯植株产生蓬顶症状，节间缩短，叶片丛生，叶片缩小呈波状，叶缘卷曲，叶色褪绿，并有斑块和条纹。在自然界是由马铃薯粉痂病菌传染的。病毒随粉痂病菌的孢子传播。孢子在土壤中至少可存活 1 年，因此病毒在土壤中的传播是相当持久的。

（2）烟坏死病毒

引起马铃薯产生所谓 ABC 病害，为 26～28nm 直径的球状病毒。致死温度 70～90℃，稀解终点 10^{-4}～10^{-6}，室温下能存活 2～3 个月。在土壤中由甘蓝壶菌传播。传病能力取决于真菌分离物、病毒株系和寄主植物种类。甘蓝壶菌的游动孢子携带病毒，一般只侵染寄主植物的根部，偶尔变为系统侵染。侵染马铃薯时，只在块茎上产生症状，块茎表皮上呈现深褐色病斑，直径 3～10mm，并带有网状裂纹，经过贮藏后病斑凹陷，形成疮痂。

（3）马铃薯 X 病毒

马铃薯癌肿病菌的游动孢子可以传染 X 病毒，但只有当真菌的游动孢子在 X 病毒侵染的块茎上完成其发育时才能传病，而不能像甘蓝壶菌那样，在游动孢子悬浮液中加入病毒即可传病。由于 X 病毒有更有效的接触传染方式，因此土壤传染并不重要。

2）线虫传染的马铃薯病毒

线虫具有口针，并有刺吸的习性，当在根尖嫩组织上取食时，把病毒传染到植物细胞中去。线虫传病具有专化性，这主要取决于线虫口针和食道内鞘的表面结构能否把病毒质粒吸附在上面，吸附在内部壁膜上的病毒质粒释放后随唾液进入被刺吸的植物细胞。危害马铃薯的烟脆裂病毒就是由附根线虫（Trichodorus）传染的。侵染马铃薯的番茄黑环病毒是由长线虫（Longidorus）传染的。

（1）烟脆裂病毒

此病毒属于多组分病毒，由两种直杆状病毒质粒组成，长颗粒大小为（188～197）×（20～25）nm，短颗粒 50×（20～25）nm。致死温度 80～85℃，稀释终点 10^{-5}，体外保毒期为 6 周。感染马铃薯时产生茎杂色病，在叶片上呈现斑驳，叶片变小并畸形，有时出现弓形或环状斑纹。叶柄和茎也可出现条斑。这就是茎杂色株系的特点。有的株系还引起块茎坏死和变形，称之块茎坏死（Spraing）。

这个病毒是由附根线虫（*Trichodorus spp*）传染的。在荷兰这一属的 9 个种都可传病。一个带毒的线虫可以传几株植物。直接从病马铃薯上分离这个病毒不容易成功，一般是在病土上种植诱饵植物［烟草、龙葵（*Solanum nigrum*）或繁缕（*Stellaria media*）］，线虫在诱饵植物上取食并把病毒传染上去。然后由根部把病毒分离出来，几周后把根研磨接种到展开的烟草叶片上，约 5d 后出现病斑。大多数线虫都在表土（0~20cm）中生活，随着土壤深度的增加，线虫数量则显著减少，但是附根线虫却喜欢在 20~40cm，甚至 40~60cm 深的土层中生活。当水位低时，甚至在 1m 深以下还有附根线虫。

（2）番茄黑环病毒

这是一种直径 30 nm 的球状病毒。致死温度为 58~62℃，稀释终点 10^{-2}~10^{-3}，体外保毒期为 7 周。侵染马铃薯时，在叶片上产生坏死斑和环，被感染的植株所结的块茎，有时被感染，有时不被感染。传病介体为长线虫属（*Longidorus*）的两个种（*L. clongatus* 和 *L. attenuatus*）。

4. 昆虫和其他生物介体的传染

大多数马铃薯病毒是借蚜虫传染的。

1）叶蝉传染的马铃薯病毒

叶蝉是除蚜虫外最主要的病毒传染介体。由于叶蝉与所传染的病毒都有较密切的生物学关系，属于持久性传染的类型，这些病毒或在叶蝉体内繁殖或有较长的循回期，使传染的研究更为复杂。

（1）马铃薯黄矮病毒。这是一种弹装病毒，在马铃薯上引起两种类型的症状，在新接种的植株上引起生长点坏死，使植株严重矮化和叶片黄化。同时茎和块茎内部有坏死。然后症状转入慢性，叶片黄化，但无顶端坏死和矮化。传病介体主要是三叶草叶蝉（*Aceratagllia sanguinaenta*），另外两种叶蝉（*Agallia quadripunctata*、*Agallia constricta*）也可传病。三叶草叶蝉以成虫越冬，整个生长季节都可在三叶草和马铃薯田中生活，病毒也在越冬的成虫体内越冬，因此越冬成虫是活跃的带毒体。靠近三叶草的马铃薯田在病害的流行上是重要的。由于这个病毒也不能通过三叶草种子传病，所以三叶草的感病率是逐年增加的，因此 2~3 年的老的三叶草田是最危险的病害策源地。在有黄矮病发生的地方，留种田必须远离三叶草田块。用杀虫剂防治叶蝉对防病也有效果，对成虫和若虫用 50% 马拉松乳油喷射最有效。

（2）叶蝉传染的马铃薯菌原体病害。许多叶蝉传染的马铃薯病害过去都认为是病毒引起的。自从 1967 年日本的土居发现桑树萎缩病的病原是菌原体以来，相继证明许多植物黄化、萎缩和丛生病害是菌原体引起的。类菌原体（MLO）又称类菌原质，它是介于病毒和细菌之间的一种没有细胞壁的能独立生活的单细胞微生物，比细菌小，比病毒大，具有多型性，有圆形、椭圆等形状。根据目前的研究，这类微生物可分为三类：即螺形菌原体（*Spiroplasma*）、细菌状微生物（BLO）和类菌原体状微生物（MLO）。虽然《植物》上已经发表了几十种菌原体病，但只有少数几种在培养基上培养成功，并按"科赫法则"确证是病原体。叶蝉传染的菌原体病都有较广的寄主范围，而且都可在叶蝉体内繁殖。

开卷有益

科赫法则是伟大的德国细菌学家罗伯特·科赫（Robert Koch，1843—1910 年）提出的一套科学验证方法，用以验证了细菌与病害的关系，被后人奉为传染病病原鉴定的金科玉律。

科赫法则（Koch's postulates）包括：

1. 在每一病例中都出现相同的微生物，且在健康者体内不存在；

2. 要从寄主分离出这样的微生物并在培养基中得到纯培养（pure culture）；

3. 用这种微生物的纯培养接种健康而敏感的寄主，同样的疾病会重复发生；

4. 从试验发病的寄主中能再度分离培养出这种微生物来。

柯赫法则（Koch postulates）又称证病律，通常是用来确定侵染性病害病原物的操作程序，其具体步骤为：（1）在病植物上常伴随有一种病原生物的存在；（2）该生物可在离体的或人工培养基上分离纯化而得到纯培养；（3）所得到的纯培养物能接种到该种植物的健康植株上，并能在接种植株上表现出相同的病害症状；（4）从接种发病的植物上再分离到这种病原生物的纯培养，且其性状与原来分离的相同。如果进行了上述 4 个步骤，并得到确实的证明，就可以确认该生物即为该病害的病原物。

2）其他介体传染的马铃薯病毒病

除蚜虫和叶蝉外，还有其他一些昆虫和生物介体传染马铃薯病毒，主要的有：

（1）螨类传染马铃薯 Y 病毒。具有刺吸口器的螨类（包括四足叶螨和二足蜘蛛）可传染某些病毒，螨在取食时把细胞汁液和病毒一起吸入，再取食时病毒随唾液侵入植物细胞。据报道，蜘蛛（*Tetranychus telarius*）可传染马铃薯 Y 病毒。

（2）蓟马传染番茄斑萎病毒。番茄斑萎病毒是一种含有脂类的球状病毒，直径 70~90nm。它是第一个发现可由蓟马传染的植株病毒。侵染马铃薯时在茎和叶上引起坏死斑点和条斑，有时使顶端坏死。在干热的气候条件下，可在马铃薯上广泛传播。很少通过块茎传到下一代。带毒块茎长出的植株严重坏死，发育之前便死亡。烟草蓟马（*Thrips tabaci*）是最重要的介体，其他蓟马（如 *Frankliniella Lycopersici*、*F. Occidentalis* 和 *F. moultoni*）也可传病。蓟马传病并不是机械的传带，饲毒后需 5~7d 潜育期才能传病。幼虫和成虫都能传病，但只有幼虫能在病株上获毒，成虫不能获毒。带毒的蓟马可传毒几周，但不能通过卵传病。

（3）马铃薯纺锤形块茎类病毒的介体传播。马铃薯纺锤形块茎类病毒除了通过接触和种子传染外，还可通过多种昆虫传病。许多蝉虫是活跃传播者，包括叶蝉（*Disonycha triangularis*）和其他一些蝉虫（如 *Epitrix ocumeris*、*Ssyten taeniata*、*Leptinotasa dicemlineata*）。此外，椿蝼（*Lygus pratensis*）、桃蚜和大戟管蚜也可传病。这些昆虫都属于机械性传染。马铃薯纺锤形块茎类病毒传染途径如此之多，所以它是传染最迅速的病毒病，比卷叶病毒和花叶病毒都快。在一个留种对比试验中，纺锤形块茎类病毒感染率 42.4%，而卷叶病毒只有 9.7%，花叶病毒的感染率更低。可见类病毒的防治更为困难。

3.2.5 防治马铃薯种薯退化的途径

1. 防治病毒性退化的途径

马铃薯病毒型退化是由病毒引起的，因此必须根据病毒扩大为害的特点，确定防治途径。病毒性退化有三个不可缺的环节。第一，必须要有侵染源存在，即带病毒的植株，是指在健康马铃薯群体中感染病毒病的个体。第二，必须要有传毒媒介或传染途径，即病株上的毒源需经过一定的过程才能传染健株，如有的是通过接触或机械摩擦传播。第三，必须要有尚未感病的健壮马铃薯群体。通过这三个环节的有机联系，病毒不断扩大侵染健株，使群体内感病百分率逐年增加，最后使良种变为劣种，形成马铃薯退化而失去种用价值。

因此，必须根据病毒传播为害的特点来确定防治途径，即在上述三个环节中，只要控制住任何一个环节，如汰除毒源、减少病毒再侵染，或增强品种抗性，对防治退化都有一定的作用，即可减轻病毒病的危害，如能同时进行三个环节的综合防治，则效果更为显著。

20 世纪 70 年代以来，我国对马铃薯退化问题进行了深入的研究，取得了显著成效，除了加大抗病品种选育研究、用实生种子产生实生种薯等途径外，重点应搞好马铃薯良种繁育工作，特别要注意防治感染病毒病或其他病害，以保证种薯纯度和质量，确保种薯健康无病毒。实践证明，在实际生产中结合各地区马铃薯栽培特点，建立相应的留种田，采取适合当地的留种技术，能有效减缓优良品种的退化速度，延长品种的使用年限。在对马铃薯退化原因的认识上，明确病毒是导致马铃薯退化的主要因素，侵染源主要是马铃薯的块茎，温度、传播介质等条件可影响退化的速度。因此，采用无病毒种薯，创造低温环境条件等是防治退化的主要措施。

1）抗病毒育种

培育具有高度抗病毒遗传性，经济性状优良的马铃薯品种，是防治退化的最经济、最有效的途径，也是其他防治措施的基础。这样的品种可以在更广泛的生态条件下保持种性。由于马铃薯可被多种病毒感染，给育种工作造成很大困难，培育对多种病毒具有高度抗性的品种仍然是育种工作者奋斗的目标。根据我国马铃薯主要退化类型是皱缩花叶的情况，目前应以抗 Y 病毒为育种工作的重点，并兼顾其他病毒，如马铃薯卷叶病毒（PLRV）、X 病毒等。生产实践证明，在生产上能长期栽培的品种都对 Y 病毒具有一定的抗性，如早熟品种丰收白和白头翁，已有对 X 病毒具有免疫性的 S41956 和萨考品种；在马铃薯与野生种杂交的后代中也存在对 Y 病毒具有免疫性的类型，具有过敏性抗病性、田间抗病性和成株抗病性的品种已在生产上应用。

由于品种之间存在对病毒抗性的差异，综合防治退化措施的效果也不相同，如我国过去栽培的"男爵"早熟品种，易感皱缩花叶型病毒。因此，自北部引种到南部温暖地区种植二年，感病率即达 30%～50%，产量降低 30%～50%，三年即失去种用价值。实践证明，凡在生产上通过保种措施能够长期利用的品种，皆对于致病严重的马铃薯 Y 病毒或卷叶病毒有一定的抗性。马铃薯对病毒的抗性主要有以下四种类型。

（1）免疫抗性。具有免疫性的马铃薯能阻止病毒在植株体内增殖，不表现任何症状，是最抗病的类型。

（2）高度过敏抗性。具有过敏性的品种在遭到病毒侵染时，侵染点四周的组织迅速死亡，产生一种坏死反应，形成一个坏死斑点，将病毒局限于死亡的组织内而钝化，防止扩大侵染。

当坏死反应发生较缓慢时，病毒扩散进入韧皮部，产生严重系统侵染，全株很快死亡，植株几乎不结薯或产生很小块茎。这样，由于马铃薯病毒自身死亡而消灭了毒源，抑制了扩大再侵染。克新 4 号对马铃薯 Y 病毒的抗性即属这种过敏类型。具有过敏抗性的马铃薯品种，在田间条件下很少感病，故又称为"田间免疫"，是选用和引用马铃薯抗病品种最被重视的一种类型。

（3）田间抗侵染性。这种抗病性的作用是很复杂的，如有的品种在生理上提早达到成龄抗性，抑制了病毒在植株体内繁殖和扩展，向块茎中转移缓慢。具有这种抗性的品种在田间发病率很低。这种类型是育成及引种中常利用的一种类型，对大部分病毒来说，都可育成抗侵染的品种。

（4）耐病性。具有耐病性的品种，病毒虽然能在体内生长增殖，且能进行再侵染，但有时植物不表现症状而是潜隐感染或只产生轻微症状，对植物生长发育和产量影响较小。

对病毒的耐病性并非是一种好的抗病类型，因其常成为感染无病植株的侵染源，如再混合感染其他病毒往往产生严重病症而造成减产。

2）汰除毒源

马铃薯主要是以块茎无性繁殖作物，种薯内带病毒扩大侵染是它的特点，因此，生产上播种少毒或无毒种薯具有非常重要的意义。汰除种薯内病毒的方法很多，常用的方法有以下几种。

（1）选择优良健株扩大繁殖。在病毒感染未达到饱和的田块中，选优良健株是解决品种混杂退化，保持优良种性常用的有效方法。各地实践充分证明这一点，广东省农民通过选种可以较长期保持当地的鹅卵薯不降低生产力。黑龙江省克山农业科学研究所通过株系选种结合指示植物或抗血清鉴定，淘汰症状隐蔽的马铃薯 X 病毒株，使克新 2 号、3 号和 4 号品种由亩产 1 500kg 提高到 2 500kg。

（2）实生块茎繁殖。许多病毒（类病毒除外）在马铃薯种子形成的有性生殖过程中可以排除。因此，用马铃薯浆果中的种子生产种薯可以不带病毒。世界上有不少国家已把利用种子生产马铃薯种薯作为防治马铃薯种薯退化的一项重要增产措施，不过在生产上应用实生种子，都必须经过严格选择后才能利用，因为结浆果的品种很多，但并非所有种子都能利用。马铃薯的实生种子分离很严重，就是同一个浆果中的种子生长出来的植株也常常五花八门，有的成熟早，有的成熟晚；有的植株高，有的植株矮；有的产量高，有的产量很低等。所以未经选择的种子不能直接在生产上使用。目前在我国西南山区种植的实生种子，大部分是由科研单位提供的。因为在生产上利用的马铃薯种子，不仅要求整齐度高，还得有丰产性、抗病性、优质性等优良特性，不是随便采集的所有种子都能达到这个目标的。马铃薯的实生种子太小，直播保苗困难，因种子发芽后根系不发达，幼苗前期生长缓慢，而田间杂草生长往往比马铃薯实生苗生长快。直播时要求整地和播种的条件高，大田生产不易做到，因而大多用育苗移栽的方法，这样可在小块苗床播种，苗床可多施用一些腐熟的农家肥料，使表土疏松易于出苗，而且除草、浇水方便。此外，还可适当早育苗，以便移栽到田间有较长的生长时间，从而获得较多数量的种薯。用实生种子生产的块茎称实生薯，实生薯一般不带病毒，但不等于在种植期间不感染病毒，所以在种植期间要注意防毒。实践证明，用种子生产的实生薯，种植3年后就无增产优势，为了保持实生薯的增产作用，需3年后重新育苗生产种薯，及时更换实生薯。

（3）茎尖组织培养无毒种薯。利用病毒在马铃薯体内分布不均匀的原理，采用茎尖组织培养技术生产马铃薯脱毒种薯，是目前最有效、应用最普遍的防治马铃薯病毒性退化的根本性措施。通过病毒在马铃薯体内分布不均匀的原理，采用茎尖脱毒的办法，获得无毒苗，再通过无毒苗繁殖无毒种薯，进行马铃薯生产。采用脱毒技术保持种薯健康无病毒和优质高产，增产潜力显著，已成为世界各国发展马铃薯生产的根本途径。

许多优良品种在长期栽培中普遍感染了一种或多种病毒。通过茎尖组织培养可以汰除块茎中的病毒，恢复品种的全部优良特性。20世纪60年代中原地区栽培的早熟品种白头翁，由于病毒感染退化，亩产仅千斤左右，经茎尖培养脱毒后，春、秋两季产量皆稳定在1 500~1 750kg。这主要是排除了病毒对植株体代谢作用的干扰，表现出苗早，叶片平展肥大。据山东省农业科学院蔬菜研究所测定，单株叶面积比未脱毒的高90.3%，叶绿素含量高44%，光合生产率提高28%。决定马铃薯的三个产量因素即主茎数、结薯数和单株薯重显著高于未脱毒的白头翁，其中结薯数增产幅度最大。在马铃薯产量形成"库"与"源"的关系中，块茎数显著增多，为地上部光合产物的积累与分配提供了最大的"库"，使无毒薯有极大的增产潜力。

利用茎尖脱毒方法已成为世界上许多生产马铃薯的国家产生无毒种薯原种的主要方法。近年来在我国许多马铃薯产区如黑龙江、内蒙古、甘肃等省、区也都利用了这个方法生产无毒原种。

利用无毒种薯必须有一套完整的留种体系及采取防止病毒再侵染的相应措施，否则又会很快被病毒感染失去种用价值。白头翁无毒种薯如不采取保种措施，在山东济南生产田条件下，连续种植两年春、秋四季，其产量又降至千斤，即恢复到未脱毒前的低产水平。

我国马铃薯生产面积大而集中的一季作地区如黑龙江、内蒙古等地的无毒种薯留种体系，是以省级（或地区）为单位建立的四级留种体系。即省（或地区）建立一个一级无毒种薯原种场，这个原种场应建在高纬度或高海拔的风速最大、冷凉而又湿润的地区，且远离马铃薯的生产田（10km以上）。风速大不适于蚜虫降落，远离生产田则隔离了毒源。县建立二级原种场，公社建立三级原种场，大队建立四级原种场。层层供种，最后由大队供给生产队的生产用种，生产队不再留种。在各级原种场中都采用防止病毒再侵染的措施，如防蚜虫，选择适宜季节播种，拔除病株等。

中原二季作地区，马铃薯种植分散，很难利用高纬度或高海拔地区作为原种基地和建立一套完整的留种体系。实验证明,利用无毒种薯结合早春阳畦留种、秋繁是一项有效的保种措施(图 3-8),可以较长期保持种薯的高生产力和优良种性。具体作法如下。

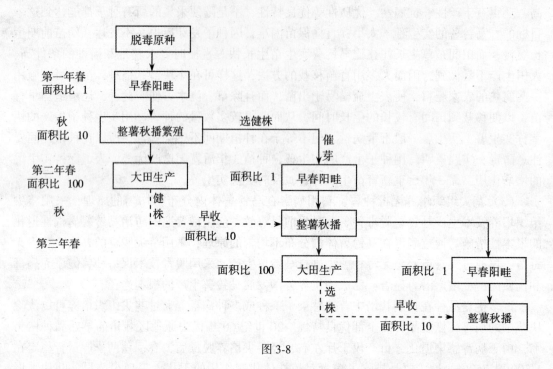

图 3-8

①早春催芽。将无毒种薯于播种前 1 个月(约在 1 月上旬)催芽。催芽前将种薯切块,休眠期长的品种应用赤霉素处理,催芽温度以 20℃左右为宜。

②播种期及密度。一般 2 月上旬播种于阳畦(温床或冷床),较正常春播提早一个月。播种不宜过迟,以免影响早期收获。宜高度密植,行距 60cm 双行,行距 10cm,每亩保苗 2 万~2.2 万株,以便获得大量小整薯,供秋繁大田整薯播种。播种后严密覆盖塑料薄膜,晚间盖草帘或苇毛保温。

③通风管理。3 月下旬天气转暖,应注意畦床的通风管理,使白天温床保持在 25℃左右,夜间温度在 10~14℃。4 月上旬逐渐加大通风,待植株锻炼好后,揭掉薄膜。土壤干燥,适当浇水。

④收获及贮藏。4 月底至 5 月初收获。自出苗至收获约 60~65d。收获后注意种薯的贮藏管理,如通风、翻堆及散光条件和控制幼芽徒长及黄花,准备秋播繁殖。

无毒种薯结合早春阳畦留种能防止病毒侵染、延缓退化的原因,一是使春薯处于低温条件下生长,增强了马铃薯的耐病力,尤其阳畦的昼夜温差大,试验证明低夜温不利于马铃薯 Y 病毒的增殖。二是不利于蚜虫的传毒。据研究证明,病毒侵染马铃薯植株后至少需 15d 至一个月才能积累至块茎。因病毒首先在被感染的细胞内增殖,并以极慢的速度在细胞之间运动,直到达到维管束的韧皮部后才能较快地向块茎运转,阳畦留种是在病毒未达到块茎之前收获。不利于蚜虫传毒的另一个根据是当有翅蚜出现时,阳畦薯植株已达到成株抗性。所谓成株抗性即植株到生育期后期,病毒在植株体内增殖运转速度迟缓,很难积累到块茎中。

3）切断传染途径

由于许多病毒都是通过蚜虫、叶蝉等传播，所以经常喷药灭虫对某些病毒性退化有防治作用。此外，春播早采收，夏播、秋播或与其他禾谷类作物间作等，都有防治病毒传播的效果。

4）减少病毒再侵染

通过株系选优或茎尖培养获得的少毒或无毒种薯，必须结合一系列防止或减少病毒在侵染的措施，才能长期保持其优良种性及高生产力。

（1）调节种薯播种期收获期。在退化地区通过播种期和收获期的改变，使种用马铃薯恰好在较冷凉的季节生长，可起到躲避病毒感染和增强对已感染病毒的马铃薯的抗病性的作用。

马铃薯在高温条件下栽培，易降低对某些病毒的耐病力，有利于马铃薯 X、Y、A 和 S 病毒的侵染、增殖与积累。为在冷凉条件下繁育优良种薯，我国各地皆可在当地自然条件下选择一个最适于马铃薯生育时期进行留种。如一季作区的夏播或秋播留种和一季作地区的二季作留种等。

①两季作。用两季栽培方法防止马铃薯退化已被许多地方的实践证明可行。两季作的作用可能主要在于秋播的低温条件下增强了马铃薯对花叶病毒的抵抗力。另外秋播用种薯的早收和选种也可能有减少病毒感染的作用。可见，在两季作中，提早春播期、延迟秋播期及提早两作的收获期，采用合适的早熟品种和催芽方法，加强选种工作是很重要的。

②夏播。夏播在一季作地区也是行之有效的方法。夏播的作用可能主要在于避免春季病毒传染的机会，并使块茎在冷凉季节形成，增强了对病毒的抗病性。因此，在夏播中选择合适的播种期和种薯贮藏方法是很重要的。

③早收。在一切种用栽培中，早期收获都有好处。因为病毒感染马铃薯叶片后，病毒到达块茎内需要一定时间，如果在病毒达到块茎之前，进行收获，可以得到健康的块茎。

（2）防止蚜虫。蚜虫能将多种马铃薯病毒传给健康马铃薯，导致马铃薯退化。防治蚜虫是防止种薯退化中的重要环节。一是拔除病毒株前灭蚜，可防止病毒扩散。二是按期施用杀蚜剂，防止病毒的田间扩散。治蚜防病对阻止卷叶病毒的传播有很好的效果，对 Y 病毒的传染无效。如果在杀虫剂中加入油，有一定阻止 Y 病毒传染的效果。

5）因地制宜避蚜留种

马铃薯退化主要是由病毒引起的，而传播病毒的主要途径是蚜虫。因此在马铃薯生产上采取防蚜、避蚜措施非常重要。国外早已在马铃薯种薯生产上采取了防蚜、避蚜措施。例如把种薯生产基地设在蚜虫少的高山或冷凉地区，或有翅蚜不易降落的海岛，或以森林为天然屏障的隔离地带等，由于防止了蚜虫传毒，收到了良好的保种效果。荷兰、加拿大等国出口种薯，均靠这类基地。这种方法在一季作地区主要是夏播留种，对留种的材料实行晚播，一般生产田播种马铃薯是在 4 月底或 5 月初。而为了避开蚜虫传毒高峰期，提高种薯质量，把种薯的播种时间推迟 2 个月左右，即种薯田在 6 月底至 7 月中下旬播种，所以称夏播留种。夏播留种把种薯田和一般生产商品薯分开，对马铃薯保种有重要作用。特别是利用脱毒种薯结合夏播对保种更为有利。长期采用脱毒种薯实行夏播留种，便可使一季作区马铃薯生产摆脱病毒威胁进入良性循环，实现高产、稳产。

6）利用冷凉气候生产种薯

通过改变马铃薯的播种期和收获期，使种用马铃薯结薯期恰好处在适宜块茎生长的冷凉季节，可起到躲避病毒感染和增强马铃薯抗病性的作用。北方一季作区采用夏播留种，结薯期处在良好的生态环境条件下，外界气温逐渐降低，气候凉爽，昼夜温差大，日照变短，满足了马铃薯性喜冷凉的要求，不仅对马铃薯结薯有利，还大大提高了马铃薯抵抗病毒的能力。

7）建立良种繁育体系

马铃薯良种繁育体系的任务，一是防止机械混杂、保持原种的纯度；二是在繁育各级种薯的过程中，采取防止病毒再度感染的措施，源源不断地为生产提供优质种薯，实现种薯生产专业化，确保农民生产用种薯的质量，才能达到连年高产稳产的效果。同时，要注意健全良种繁育制度，在高山建立留种基地，把选用良种和防毒保种结合起来，才能维持良种的生产力和延长其使用年限。

北方一季作区良种繁育体系一般为 5 年 5 级制。首先利用网棚进行脱毒苗检查生产微型薯，一般由育种单位繁殖；然后由原种繁殖场利用网棚生产原原种、原种；再通过相应的体系，逐级扩大繁殖合格种薯用于生产。在原种和各级良种生产过程中，采用种薯催芽、生育早期拔除病株、根据有翅蚜迁飞测报、早拉秧或早收等措施防治病毒的再侵染，以及密植结合早收生产小种薯，进行整薯播种，杜绝切刀传病和节省用种量，提高种薯利用率。

8）加强农业技术措施

改进和优化栽培技术措施，为马铃薯生产创造优良环境条件，促进植株健壮生长，减轻退化程度。

（1）轮作或休闲，中断侵染循环；

（2）改变播种期，避开蚜虫迁飞高峰期和结薯高温期，躲避病毒感染；

（3）马铃薯田远离毒源植物，例如，茄科蔬菜、感病马铃薯等，以减少传染。还要远离油菜等开黄花的作物，从而减少蚜虫的趋黄降落；

（4）收获前提早清除地上部分，减少病毒运转到种薯的机会；

（5）防治和控制传毒介体昆虫，可用药剂防除。

采用适宜的栽培措施如选砂壤土种植，高肥水，合理密植，加强田间管理，防治蚜虫和适时早收等都可促进植株健壮生长，增强抗退化能力，减少田间病毒，防止退化。贮藏中要避免薯块受高温影响或低温冻害以及失水皱缩，过早萌芽，损耗养分，病虫危害等现象，以防止种薯老衰，降低生活力，引起退化。

2. 防治生理性退化的措施

1）改善种薯的贮藏条件

最好的办法是建造低温贮藏库，防止种薯过早发芽和芽条生长。因为平原地区一般在 5 月下旬至 6 月上旬采收，采收后就地贮藏正值高温季节，所有品种在 8 月中、下旬都会发芽，发芽后还要贮藏 4 个月才播种，种薯养料严重消耗。如果降低贮藏温度，就可延迟发芽。温度在 20℃下两个月发芽的品种，贮藏在 1~3℃ 的低温下可保持 5 个月不发芽。所以，凡是能降低温度的贮藏场所，都有防止生理退化的作用。目前在没有冷藏库的情况下，可用散射光下薄摊架藏的方法贮藏种薯。

2）选用不闷生和不产生纤细芽的品种

有些品种在某地区多年就地留种，薄摊露光贮藏，作一季栽培也可不发生闷生和纤细芽，如米拉、金苹果等，而且这些品种杂交后代也大多不发生闷生和纤细芽，故可通过育种，选育出休眠期长而又不闷生、不发生纤细芽的新品种。

3）秋播留种

秋播留种对于防止种薯生理衰老和闷生型退化，可收到很好的效果。但两季栽培如收获太晚时，又有增加纤细芽的趋势。

4）年年调种

这对于离冷凉山区较近的地方还是较容易做到的，低山、河谷地带可以和马铃薯生产的社队签订合同。

第4章 马铃薯种薯繁育的组织培养技术

4.1 植物组织培养的基础知识

4.1.1 植物组织培养的概念及特点

1. 概念

植物组织培养（plant tissue culture）是指在无菌的条件下，将植物的离体器官（如根尖、茎尖、叶、花、果实、种子等）、组织（形成层、花药组织、胚乳、皮层等）、细胞（体细胞和生殖细胞）以及原生质体，培养在人工配制的培养基上，给予适当的培养条件，使其生长、分化、增殖，再生出完整植株的技术。由于培养物脱离植物母体，在玻璃或其他容器中进行培养，所以也叫离体培养。用于离体培养的器官、组织、细胞及原生质体等统称为外植体。由于培养过程不经过性细胞融合，所以属于无性繁殖技术或克隆技术。

2. 特点

组织培养是20世纪发展起来的一门新技术，由于科学技术的进步，尤其是外源激素的应用，使组织培养不仅从理论上为相关学科提出了可靠的实验证据，而且一跃成为一种大规模、大批量工厂化生产种苗的新方法，并在生产上越来越得到广泛的应用。植物组织培养之所以发展如此之快，并广泛应用于生物学研究、单倍体育种和快速繁殖种苗，主要是由于具备以下技术特点。

1）培养条件可以人为控制

组织培养采用的植物材料完全是在人为提供的培养基质和小气候环境条件下进行生长、分化等，摆脱了大自然中四季、昼夜的变化以及灾害性气候的不利影响，且培养条件均一，对植物生长极为有利，便于稳定地进行周年培养生产组培苗。

2）生长周期短，繁殖率高

植物组织培养是由人为控制培养条件，根据不同植物不同部位的不同要求而提供不同的培养条件，因此生长较快。另外，植株也比较小，往往20~30d为一个周期。所以，虽然植物组织培养需要一定设备及能源消耗，但由于植物材料能按几何级数繁殖生产，故总体来说成本低廉，且能及时提供规格一致的优质种苗或脱病毒种苗。

3）管理方便，利于工厂化生产和自动化控制

植物组织培养是在一定的场所和环境下，人为提供一定的温度、光照、湿度、营养、激素等条件，极利于高度集约化的工厂化生产，也为自动化控制创造了条件。它是未来农业工厂化育苗的发展方向。它与盆栽、田间栽培等相比省去了中耕除草、浇水施肥、防治

病虫害等一系列繁杂劳动，可以大大节省人力、物力及田间种植所需要的土地。

4）使用材料经济、保证遗传背景一致

植物组织培养材料仅使用植物体的单个细胞、小块组织、茎尖及茎段等离体材料，以培养获得再生植株。这就保证了材料的生物学来源单一和遗传背景一致，有利于试验的成功，而且在生产实践中，以茎尖、根、茎、叶等材料进行培养时，只需要几 mm 甚至不到 1mm 大小的材料，做到了材料经济使用。单靠常规的无性繁殖方法需要几年或几十年才能繁殖一定数量的苗木，通过采用植物组织培养技术可在 1～2 年内生产数万株。由于取材少，培养效果好，对于新品种的推广和良种复壮更新，尤其是名、优、特、新的品种保存、利用与开发都有很高的应用价值和重要的实践意义。

5）降低运输成本

将植物材料以组培形式保存在培养容器内运输，开展国家间或地区间的种质交换，能够节省时间、节省空间，降低运输成本，尤其能减少因从田间采集种子或其无性繁殖材料携带有害生物的危险性。

总之，正是由于植物组织培养技术具有以上特点，人们可以按照自己的意愿，通过组培方式去分化、生产自己所需要的植物产品，为人类造福。这里学习植物组织培养的原理和技术等是为了为马铃薯种薯繁育这门课程的生产实践服务，为发展区域经济服务。

4.1.2 植物组织培养的应用

1. 种苗快速繁殖

应用植物组织培养技术繁育种苗，具有繁殖速度快、繁殖系数高、繁殖周期短、能周年生产等特点，并且培养材料和所培养出的组培苗小型化，这就能够在有限的空间内短期培养出大量的种苗，远比常规嫁接、扦插、压条、分株等无性繁殖方法快得多。如在 1 年的时间内，1 个兰花梗腋芽能够繁殖 400 万个原球茎，1 个草莓芽能够繁殖 108 个新生芽。我们把这种利用植物组织培养方法快速繁殖种苗的技术（方法）称为组培快繁技术（方法）。这种快繁技术已在果树、花卉、蔬菜、林木、珍稀植物等几千种植物上得到成功的应用，而且这种应用越来越广泛；可选用的外植体已不仅限于茎尖，其他如侧芽、鳞片、花药、球茎等都可应用。在此技术支撑下，工厂化育苗已逐渐成为国内外种苗规模化生产的重要方式（如马铃薯工厂化生产等）。由于组织培养繁殖种苗的明显特点是"快速"，每年以数百万倍的速度繁殖，这对于一些繁殖系数低而不能用种子繁殖的"名、优、特、新、奇"的植物种类及品种在短期内实现快速繁殖的意义更大。

2. 苗木脱毒

植物在生长过程中几乎都可能遭受到病毒病不同程度的危害，许多原本优良的农作物，特别是无性繁殖的作物如马铃薯、甘薯、草莓、大蒜等，因生产管理不善等原因而感染某些病毒，会导致大面积的减产和品质下降，给生产造成重大经济损失。大量的生产实践证明，通过植物组织培养技术可有效去除植物体内的病毒。目前，茎尖脱毒技术已成功应用于果树、蔬菜、花卉等作物的脱毒苗培育；获得无病毒种苗的植物已超过 100 多种，越来越多的病毒被成功脱除；脱毒组培苗在国际市场上已形成产业化，茎尖培养脱毒与快速繁殖相结合，由此产生的经济效益非常可观。如欧美国家无病毒种苗的年产值已达千万元以上。今后农业、林业生产对无病毒种苗的需求量将不断增加。

3. 培育新品种

由于植物组织培养技术为育种提供了新的手段和方法，目前在国内外的作物育种上得到了普遍应用。其具体应用方法是：一是通过花药培养和花粉培养，进行单倍体育种；二是通过胚胎培养，使杂种胚发育成熟，实现远缘杂交，并且缩短育种年限；三是通过原生质体融合和体细胞杂交技术可部分克服有性杂交的不亲和性，获得体细胞杂种，从而创造新种或育成优良品种；四是在组织培养条件下开展基因工程育种；五是通过有用的细胞突变体的筛选和培养培育新品种。目前，采用这种方法已筛选到抗病、抗盐、高赖氨酸、高蛋白、矮秆高产的突变体，有些已用于生产。

4. 保存和交换植物种质资源

农业生产是在现有种质资源的基础上进行的，由于自然灾害和生物之间的竞争以及人类活动对大自然的影响，已有相当数量的植物物种在地球上消失或正在消失。利用植物组织培养技术和低温条件保存种质，可大大节约人力和土地，同时也便于种质资源的交换和转移，防止病虫害的人为传播，给保存和抢救有用的物种基因带来了希望。

5. 生产次生代谢产物的生产

结合发酵技术，利用组织或细胞的大规模培养，可提取出人类所需要的多种天然有机化合物，如蛋白质、脂肪、药物、香料、生物碱及其他活性化合物。目前，大约已发现有20 多种植物的培养组织中的有效物质高于原植物，国际上已获得这方面专利 100 多项。近年来，用单细胞培养生产蛋白质，将给饲料和食品工业提供广阔的原料生产前途；用组织培养方法生产微生物以及人工不能合成的药物或有效成分的研究正在不断深入，有些已投入工业化生产（如抗生素发酵生产）。

4.1.3　植物组织培养的基本原理和主要设施

1. 植物组织培养的基本理论

1）植物细胞全能性

植物细胞全能性是指植物体的每个具有完整细胞核的细胞，都具有该植物的全部遗传信息和发育成完整植株的潜在能力。植物体的每一个细胞都包含有该物种所特有的全套遗传物质，具有发育成完整个体所必需的全部基因。植物细胞潜在全能性的原因是基因表达的选择性。植物体的每一个活细胞都具有全能性。

植物细胞的全能性是潜在的，要实现植物细胞的全能性，必须与完整植株分离，脱离完整植株的控制，在适于细胞生长和分化的环境条件下细胞的全能性才能由潜在变为现实。而组织培养正是利用植物的离体器官、组织、细胞或原生质体在无菌、适宜的人工培养基和培养条件下培养，满足了细胞全能性表达的条件，因而能使离体培养材料发育成完整植株。这种植株再生的过程即为植物细胞全能性表达的过程，一般经过脱分化和再分化两个阶段。脱分化（或称去分化）与细胞分化过程正好相反，即通过组织培养，使已失去分裂能力的成熟细胞转变为分生状态并形成未分化的愈伤组织的过程。再分化是指由脱分化的组织或细胞转变为各种不同的细胞类型，由无结构和特定功能的细胞团转变为有结构和特定功能的组织和器官，最终再生成完整植株的过程。切取的植物组织、器官和细胞在人工培养条件下促进细胞脱分化产生分生组织，这些分生组织进一步分化形成新的生长点，新的生长点在适宜的条件下形成根、茎、叶、顶芽或原球茎，最后形成小植株（图

4-1)。在组培快繁中也可以不经过脱分化而是通过顶芽或腋芽的萌动分化成芽丛，经过继代繁殖后再剪取小芽，诱导生根形成植株。

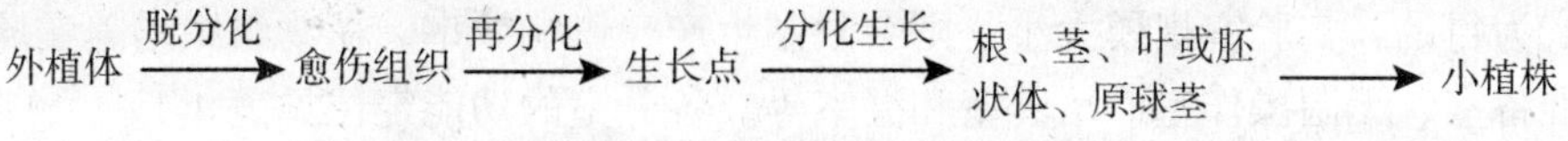

外植体 $\xrightarrow{\text{脱分化}}$ 愈伤组织 $\xrightarrow{\text{再分化}}$ 生长点 $\xrightarrow{\text{分化生长}}$ 根、茎、叶或胚状体、原球茎 $\longrightarrow$ 小植株

图 4-1　组织培养实现细胞全能性的大致过程

2）植物激素在形态建成中的作用——根芽激素理论

要实现植物细胞的全能性，在培养基的各成分中，植物激素是关键物质，是影响器官建成的主要因素。1955 年，Skoog 和 Miller 提出了有关植物激素控制器官形成的理论即根芽激素理论，该理论认为：根和芽的分化由生长素和细胞分裂素的比值所决定，二者比值高时促进根的生长；比值低时促进茎芽的分化；比值适中则组织倾向于以一种无结构的方式生长（愈伤组织）。通过改变培养基中这两类激素的相对浓度可以控制器官的分化（图4-2）。

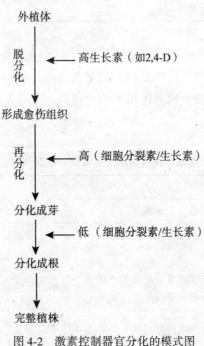

外植体

脱分化 ← 高生长素（如2,4-D）

形成愈伤组织

再分化 ← 高（细胞分裂素/生长素）

分化成芽

← 低（细胞分裂素/生长素）

分化成根

完整植株

图 4-2　激素控制器官分化的模式图

植物细胞分化是指导致细胞形成不同结构，引起功能改变或潜在发育方式改变的过程。细胞分化是组织分化和器官分化的基础，是离体培养再分化和植物再生得以实现的基础。细胞分裂、生长、分化是生物体发生的三个基本现象。

2. 植物组织培养的主要设施及设备

1）植物组织培养室的基本组成

植物组织培养是在无菌条件下对某一植物器官、组织或细胞进行培养，使其生长分化形成完整植株的一项要求很高的技术性工作。为了确保组织培养工作的成功，在进行植物组织培养工作之前，首先应对工作中需要哪些最基本的设备条件有个全面的了解，以便因地制宜地利用现有房屋新建或改建实验室。实验室的大小取决于工作的目的和规模。以工厂化生产为目的，实验室规模太小，则会限制生产，影响效率。植物组织培养实验室主要包括：准备室、无菌操作室、培养室和温室等。各分室的功能定位见表 4-1。

表 4-1　　　　　　　　　　植物组织培养实验室各分室的功能定位

分室名称	功　能　定　位
准备室	培养容器和实验用具等的洗涤、干燥和储存；培养材料的预处理；组培苗的出瓶、清洗与整理；培养基母液和培养基的配制；培养材料的预处理；培养基、接种工具与用品的消毒灭菌等。
无菌操作室	离体植物材料的表面灭菌、接种；培养物的转接等无菌操作。
缓冲室	防止带菌空气直接进入接种室和工作人员进出接种室时带进杂菌。
培养室	在适宜的环境下培养离体材料。
温室	组培苗的驯化移栽等。

2）设备与器械用品

植物组织培养技术含量高，操作复杂，除了需要建立组培无菌空间外，还需要一定的设备和器械用品作辅助，才能完成离体培养的全过程。组培室配置的仪器设备、玻璃器皿与器械用品见表 4-2。

表 4-2　　　　　　　植物组织培养实验室的仪器设备、器皿及器械用品

类别	仪器设备	器皿及器械用品
洗涤设备	洗瓶机、超声波清洗器、干燥箱等。	水槽、试管刷、晾干架、医用小推车等。
培养基配制设备	冰箱、天平、药品柜、电磁炉等。	试管、培养瓶、试剂瓶、烧杯、培养皿、移液器、容量瓶、玻璃棒等。
灭菌设备	高压灭菌锅、液体过滤装置、消毒柜、微波炉、臭氧发生机、喷雾消毒器等。	酒精灯、喷壶、紫外光灯等。
接种设备	超净工作台、解剖镜、接种器具等。	钻孔器、接种工具架、接种针、镊子、剪刀、实验服、实验帽等。
培养设备	空调机、加湿器、除湿机、摇床换气扇等。	培养瓶、光照培养架、荧光灯、LED 灯等。

4.1.4　组培室的设计

教学型植物组织培养实验、实训室是高等院校培养目标的重要教学环节，是培养生物类专业高技能应用型人才的重要场所，也是教师及学生组培科学研究的场所，同时还是一个具备一定组培苗生产能力的组培苗生产基地。

1. 设计原则

（1）防止微生物污染。控制住污染，就等于组织培养成功了一半。

（2）按照组培苗生产操作流程和技术工艺要求设计，经济、实用。

（3）结构和布局合理，节能、安全。

（4）规划设计与工作目的、生产规模和单位实际、当地条件等相适应。

2. 总体要求

（1）选址要求避开污染源，水电供应充足，交通便利。

（2）保证环境清洁。组培室洁净，可从根本上有效控制污染。这是植物组织培养的最基本要求，否则会使植物组织培养遭受不同程度甚至是不可挽回的损失。因此，过道、设备防尘与外来空气的过滤装置等设计是必要的。

（3）组培室建造时，应采用产生灰尘最少的建筑材料；墙壁和天花板、地面的交界处宜做成弧形，便于日常清洁；管道要尽量暗装，安排好暗敷管道的走向，便于日后的维修，并能确保在维修时不造成污染；水槽、下水道的位置要适宜，不得对培养带来污染，下水道开口位置应对组培室的洁净度影响最小，并有避免污染的措施；设置防止昆虫、鸟类、鼠类等动物进入的设施。

（4）接种室、培养室的装修材料须经得起消毒、清洁，并设置能确保与其洁净度相应的控温、控湿设施。

（5）电源应经专业部门设计、安装和验证合格之后，方可使用。应有备用电源，以便停电时能确保继续操作。

（6）组培室必须满足生产（或实验）、准备（器皿的洗涤与存放、培养基制备和无菌操作、用具的灭菌）、无菌操作和控制培养三项基本工作的需要。

（7）组培室各分室的大小、比例要合理。一般要求培养室与其他分室（除驯化室外）的面积之比为 3∶2；培养室的有效面积（即培养架所占面积，一般占培养室总面积的2/3）与生产规模相适应。

（8）明确组培室的采光、控温方式，应与气候条件相适应。组培室一般建成密封式或半地下式，人工照光、恒温控制。

☞拓展学习

组培工厂的设计

组培工厂是目前世界上应用组培技术进行组培苗工厂化生产的最先进设施，生产高度集约化、标准化，技术实力强，自动化控制水平高。在组成上一般分为组培苗生产车间和驯化栽培区，其中，组培苗生产车间主要包括洗涤车间、培养基配制车间、灭菌车间、接种车间、培养车间；驯化栽培区包括移栽驯化车间和育苗圃，可以单独设置。育苗圃可设计成原种圃、品种栽培示范区和繁殖圃。原种圃用于引进和保存育苗所需的无病毒或珍稀的优良种质资源，主要采用防虫网室保存（部分种类可用试管冷藏保存）；品种栽培示范区主要是栽培本厂生产的各种组培苗的成年植株，展示其优良的观赏性状及生产习性，也作为组织培养材料的采集地；繁殖圃包括育苗区、无性繁殖区和培育大苗区，直接向市场供应不同规格的商品苗木。此外，增设办公室、值班室、仓库、会议（培训）室、冷藏室、产品展示厅等附属用房。其中，冷藏室（1~5℃）主要用于暂存原种材料和待驯化移栽的组培苗、低温预处理离体植物材料、打破某些植物的休眠，以及种质资源的离体保存等，对于组培工厂按计划生产和按时供应大量种苗起着重要调节及贮备的作用。

在设计原则与总体要求上与组培室大体相同，不同之处主要有以下几点：①选址要远离交通干线 200m 以外，一般选择建在城市的近郊区，要求地下水位在 1.5m 以下；②组培工厂设计规模应根据市场需求、年预期产苗量、投资额、现有条件等因素综合确定，体现适用性；流水线式设计布局合理，体现系统性，利于提高生产效率；③各生产车间的设计与功能相适应，在车间的大小、相对比例和设备配置与摆放上科学合理；④为了节省用地，组培工厂设计也可以改成楼层设计，但必须增加电梯吊装设备，并考虑各作业间之间流水作业的便捷；⑤厂房的防水处理要求高标准，不能有雨水渗漏现象；地基最好高出地面 30cm 以上。

4.2　植物组织培养室的管理

4.2.1　组培常用设备的构造与原理

1. 超净工作台构造与工作原理

超净工作台（图 4-3）能将空气通过电机带动，鼓风机将空气通过特制的微孔泡沫塑料片层叠合组成的"超级滤清器"后吹送出来，在操作台面形成连续不断的无尘无菌的超净空气层流（除去了大于 0.3μm 的尘埃、真菌和幼苗孢子等）。工作人员在这样的无菌条件下操作，保持无菌材料在转移接种过程中不受污染。具体操作可以通过播放超净工作台使用过程的视频，让学生直观形象地掌握。一般设定 20~30m/min 的风速不会妨碍采用酒精灯对器械的灼烧灭菌。超净工作台主要有水平风和垂直风、单人和双人、单面和双面之分。

图 4-3　单人单面超净工作台

2. 高压蒸汽的构造与工作原理

高压灭菌锅是植物组织培养必备的设备，有多种型号，常用的小型高压灭菌锅由锅体、内锅、电热管、搁帘、锅盖、压力表、橡胶密封垫、放气阀、安全阀等构成（图4-4）。其工作原理是利用所产生的高压湿热水蒸气（温度为121℃，压力为0.10Mpa）来达到杀灭细菌和真菌的目的。

图 4-4　立式高压蒸汽灭菌锅

4.2.2　玻璃器皿的洗涤

植物组织培养需要大量的三角瓶、罐头瓶、果酱瓶等玻璃器皿。新购、用过或已污染的玻璃器皿需要清洗后才能使用或再利用。如果清洗不彻底，会给后期的培养基彻底灭菌带来压力，也可能造成材料在培养过程中发生污染，进而影响组织培养的进程，造成不必要的损失，甚至导致培养失败。因此，玻璃器皿的洗涤是植物组织培养一项重要的、经常性的工作。

对新购或使用过但未污染的玻璃器皿采用酸洗法或碱洗法进行清洗，被污染的玻璃器皿要及时灭菌清洗（图4-5、图4-6），否则长时间不处理，会引起环境不清洁，有可能引发大面积污染。污染较轻的培养器皿可用0.1% $KMnO_4$溶液或70%~75%酒精浸泡消毒后再清洗。污染较重的培养器经高压湿热灭菌后再用碱洗法清洗。如果玻璃器皿上粘有蛋白质或其他有机物时，要用酸洗法清洗。

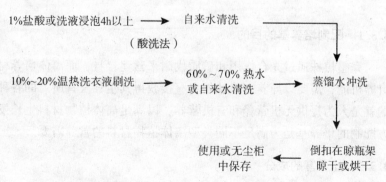

图 4-5　新购置玻璃器皿洗涤流程

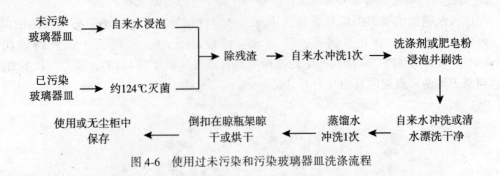

图 4-6　使用过未污染和污染玻璃器皿洗涤流程

玻璃器皿洗涤后要达到洗涤标准，即玻璃器皿透明锃亮，内外壁水膜均一，不挂水珠，无油污和有机物残留。

> **温馨提示**
>
> 　　洗液配方：40g 重铬酸钾加入 100mL 水中，加热溶解冷却后再加入浓硫酸 800mL，边加边搅拌。为了防止由于加入浓硫酸释放大量热量而导致烧杯破裂，可将烧杯放在塑料盆中。或用塑料杯代替烧杯，再将塑料杯放入装有凉水的塑料盆中，这样即使浓硫酸溶解过程释放出大量的热量也会很快被冷却，因而可以缩短配制洗液的时间。

4.2.3　组培空间的日常管理

　　组培空间是进行材料离体培养的场所，要求保持整洁和无菌。要做到这点，除了严格按照无菌级别要求设计建造组培空间之外，更重要的是加强组培空间的日常管理，从而为种苗组织快繁工作的顺利开展创造有利条件。

4.3　培养基配制

4.3.1　配制培养基的目的

　　完整植株通过光合作用和矿质代谢来营建自身，而离体培养材料缺乏完整植株那样的自养机能，需要以异养方式从外界直接获得其生长发育所需的各种养分。配制培养基的目的就是人为提供无机营养和有机营养，以满足离体植物材料生长发育的需要。按照不同配方配制的培养基是为满足不同类型离体植物材料的营养需要。

4.3.2　培养基的成分

　　培养基是离体植物材料生长分化的载体和介质。植物组织培养所需的各种营养物质主要从培养基中获得。其主要成分主要包括水、无机盐、有机物、植物激素、培养物的支持材料五大类物质。

1. 水分

水是植物原生质体的组成成分，也是一切代谢过程的介质和溶剂。配制培养基时选用蒸馏水或去离子水，不但可以确保培养基配制的准确性，也有利于减少发霉变质，延长培养基母液的贮藏时间。大规模生产时，配制培养基可用自来水代替蒸馏水。

2. 无机盐

无机盐是植物生长发育所必需的化学元素。根据植物对无机盐需求量的多少，分为大量元素和微量元素。无论是大量元素还是微量元素，都是离体材料生长发育必需的基本营养成分，如果离体材料体内含量不足时就会产生缺素症。

1）大量元素

大量元素是指植物生长发育所需浓度大于 0.5mmol/L 的营养元素，主要有 N、P、K、Ca、Mg、S 等。其中，N 是植物矿质营养中最重要的元素，分为硝态氮（NO_3^-）和铵态氮（NH_4^+），这两种状态的氮都是植物组织培养所需要的。当作为唯一的氮源时，硝态氮的作用效果明显好于铵态氮，但在单独使用硝态氮时，培养一定时间后培养基的 pH 值会向碱性方向转变，若在硝酸盐中加入少量铵盐，则会阻止这种转变。缺磷时，植物细胞的生长和分裂速度均会降低。K、Ca、Mg 等元素能影响植物细胞代谢中酶的活性。

2）微量元素

微量元素是植物生长发育所需的浓度小于 0.5mmol/L 的营养元素，主要有 Fe、Mn、Cu、Mo、Zn、Co、B 等。它们虽然用量少，但对植物细胞的生命活动却有着十分重要的作用。其中，Fe 是用量较多的一种微量元素，对叶绿素的合成和延长生长等发挥重要作用。Fe 元素不易被植物直接吸收，并且容易沉淀失效。因此，通常在培养基中加入由 $FeSO_4 \cdot 7H_2O$ 与 Na_2-EDTA（螯合剂）配成的螯合态铁（Fe-EDTA），以减轻沉淀及提高利用率。

温馨提示

用酒石酸钠钾和柠檬酸可以替代 Na_2-EDTA 作为 Fe^{2+} 的螯合剂，有时效果更佳，但螯合剂对某些酶系统和培养物的形成有一定的影响，使用时应慎重。

3. 有机化合物

1）糖类

糖类提供外植体生长发育所需的碳源、能量，维持培养基一定的渗透压。其中，蔗糖是最常用的糖类，可支持许多植物材料良好生长。其使用浓度一般为 2%~5%，常用 3%，但在胚培养时可高达 15%，因为蔗糖对胚状体的发育起着重要作用。在大规模生产时，可用食用白糖代替，以降低生产成本。

> **温馨提示**
>
> 蔗糖在高温高压下会发生水解，形成葡萄糖和果糖，更易被植物细胞吸收利用。若在酸性环境中，这种水解更加迅速。如果以葡萄糖或果糖为碳源配制成的培养基需要过滤除菌后才会有好的培养结果，否则培养基通过高温高压灭菌，会产生对细胞有害的糖与有机氮的复合物，从而妨碍细胞的生长。

2）维生素类

完整植物在生长过程中能自身合成各种维生素，可满足自身各种代谢活动的需要。而植物离体培养时不能合成足够的维生素，需要另加 1 至数种维生素，才能维持正常生长。常用的维生素有 V_{B1}、V_{B6}、V_{PP}、V_C 等，一般用量为 0.1~1.0 mg/L。除叶酸需要少量氨水先溶化外，其他维生素均能溶于水。V_{B1} 对愈伤组织的产生和生活力有重要作用；在低浓度的细胞分裂素下，特别需要添加 V_{B1}、V_{B6} 才能促进根的生长；V_{PP} 与植物代谢和胚的发育有一定关系；V_C 有防止组织褐变的作用。

3）肌醇

肌醇（环己六醇）能够促进糖类物质的相互转化，更好发挥活性物质的作用，促进愈伤组织的生长、胚状体和芽的形成，对组织和细胞的繁殖、分化也有促进作用。但肌醇用量过多，则会加速外植体的褐化。肌醇使用浓度一般为 100 mg/L。

4）氨基酸

氨基酸是良好的有机氮源，可直接被细胞吸收利用，在培养基中含有无机氮的情况下更能发挥作用。常用的氨基酸有甘氨酸、谷氨酸、半胱氨酸以及多种氨基酸的混合物（如水解乳蛋白和水解酪蛋白）等。

5）天然有机化合物

组织培养所用的天然有机复合物的成分比较复杂，大多含氨基酸、激素等一些活性物质，因而能明显促进细胞和组织的增殖与分化，并对一些难培养的材料有特殊作用。常用的天然有机复合物有椰乳、香蕉泥（汁）、番茄汁、苹果汁、马铃薯提取物和酵母提取液等。由于这些复合物营养非常丰富，所以培养基配制和接种时一定要十分小心，以免引起污染。

4. 植物激素

植物激素是培养基内添加的关键性物质，对植物组织培养起着决定性的作用。

1）生长素类

常用的生长素类激素有 IAA、IBA、NAA、2，4-D，其活性强弱为 2，4-D＞NAA＞IBA＞IAA，一般它们的活性比为：IAA：NAA：2，4-D = 1：10：100。

生长素主要用于诱导愈伤组织形成，促进根的生长。此外，与细胞分裂素协同促进细胞分裂和生长。

　　除了 IAA 见光受热易分解及受到植物体内酶的分解外，其他生长素激素对热和光均稳定。生长素类溶于酒精、丙酮等有机溶剂。在配制母液时多用 95% 酒精或稀 NaOH 溶液助溶。一般配成 1.0mg/ml 的母液贮于冰箱中备用。

　　2）细胞分裂素类

　　细胞分裂素是一类腺嘌呤的衍生物，常见的有 6-BA、KT、ZT、2-ip 等。其活性强弱为 2-ip>ZT>6-BA>KT。

　　细胞分类素的主要作用是抑制顶端优势，促进侧芽的生长，当组织内细胞分裂素/生长素的比值高时，有利于诱导愈伤组织或器官分化出不定芽；促进细胞分裂与扩大，延缓衰老；抑制根的分化。因此，细胞分裂素多用于诱导不定芽分化和茎、苗的增殖。

　　细胞分裂素对光、稀酸和热均稳定，但它的溶液常温保存时间延长会逐渐丧失活性。细胞分裂素能溶解于稀酸和稀碱中，在配制时常用稀盐酸助溶。有时购买的 6-BA 或其他细胞分裂素在稀酸中不能溶解，可用热蒸馏水助溶。通常配制成 1.0 mg/ml 的母液，储藏在低温环境中。

　　3）赤霉素类

　　赤霉素种类比较多，但是常用的是 GA_3，它主要用于刺激培养形成的不定芽发育成小植株，促进幼苗茎的伸长生长。赤霉素和生长素协同作用，对形成层的分化有影响，当生长素/赤霉素比值高时有利于木质化，比值低时有利于韧皮化。另外，赤霉素还用于打破休眠，促进种子、块茎、鳞茎等提前萌发。一般在器官形成后，添加赤霉素可促进器官或胚状体的生长。

　　赤霉素溶于酒精，配制时可用少量 95% 酒精助溶。它与 IAA 一样不耐热，需在低温条件下保存，使用时采用过滤灭菌法加入。如果采用高压湿热灭菌，将会有 70%~100% 的赤霉素失效。

　　5. 培养物的支持材料

　　1）琼脂

　　琼脂是一种由海藻中提取的高分子碳水化合物，琼脂给培养基不提供任何营养，有时还会释放不利于培养物生长的物质，琼脂是配制固体培养基时很好的固化剂。

　　2）其他

玻璃纤维、滤纸桥等也可替代琼脂。其中，滤纸桥法在解决生根难的问题上经常采用。其方法是将一张滤纸折叠成 M 形，放入液体培养基中，再将培养材料放在 M 形的中间凹陷处，这样培养物可通过滤纸的虹吸作用不断从液体培养基中吸收营养和水分，又可保持有足够的氧气。

 开卷有益

> 市售的琼脂有琼脂条和琼脂粉两种形式。前者价格便宜，但杂质含量高、凝固力差、用量大、煮化时间长；后者纯度高、凝固力强、煮化时间短，但价格高。进口琼脂粉的凝胶强度一般在 $128g/cm^2$ 以上，而国产琼脂粉的凝固强度只有 $65mg/cm^2$ 左右，进口琼脂粉的用量在理论上只有国产的一半，而两者价格却相差不多。
>
> 琼脂能溶解在热水中，成为溶胶，冷却至 40℃ 时即凝固，成为凝胶。
>
> 影响琼脂凝固的因素：一般琼脂以颜色浅、透明度好、洁净的为上品。储藏时间过久，琼脂变褐，会逐渐丧失凝固能力。琼脂的凝固能力除与原料、加工方式有关外，还与高压灭菌时的温度、时间、pH 值等因素有关。长时间的高温会使凝固能力下降，过酸过碱加之高温会使琼脂水解加速，丧失凝固能力。新购买的琼脂最好先试一下它的凝固力。

6. 活性炭

培养基中加入活性炭的目的主要是利用其吸附性，减少一些有害物质的不利影响，如通过吸附一些酚类物质来减轻组织的褐化。此外，创造暗环境，有利于生根。实验验证较低浓度活性炭能降低玻璃化苗的发生率。

活性炭的吸附性没有选择性，既能吸附有害物质也能吸附有益物质，尤其是活性物质，因此使用时应慎重。此外，高浓度活性炭会削弱琼脂的凝固能力。所以，添加活性炭要适当提高培养基中琼脂的用量。

7. 抗生素

在培养基中，抗生素的主要作用是防止外植体内生菌造成的污染，既可减少培养过程中材料的损失，又能节约人力、物力和节省时间。

4.3.3　培养基的种类及特点

1. 种类

培养基的分类方法有多种，根据态相不同，培养基分为固体培养基与液体培养基。固体培养基与液体培养基的主要区别在于培养基中是否添加了凝固剂；根据培养阶段不同，可分为初代培养基、继代培养基和生根培养基；根据培养进程和培养基的作用不同，分为诱导（启动）培养基、增殖（扩繁）培养基及壮苗生根培养基；根据其营养水平不同，分为基本培养基和完全培养基。基本培养基即平常所说的培养基，如 MS、White 培养基等。完全培养基由基本培养基和添加适宜的激素和有机附加物组成。对培养基的某些成分进行改良而成的培养基称为改良培养基。

2. 常用培养基的特点

虽然基本培养基有许多类型，但在组培试验和生产中应根据植物种类、培养部位和培养目的的不同而选用不同的基本培养基，因为不同的培养基具有不同的特点和适用范围。常用的基本培养基的配方及特点见表 4-3 和表 4-4。

表 4-3   几种常用的培养基配方

化合物名称	培养基含量/（mg/L）				
	MS	White	B_5	WPM	N_6
NH_4NO_3	1 650	80	2 527.5	400	—
KNO_3	1 900	—	134	—	—
$(NH_4)_2SO_4$	—	—	—	—	2 830
$NaNO_3$	—	—	—	—	463
KCl	—	65	—	—	—
$CaCl_2 \cdot 2H_2O$	440	—	150	96	166
$Ca(NO_3)_2 \cdot 4H_2O$	—	300	—	556	—
$MgSO_4 \cdot 7H_2O$	370	720	246.5	370	185
K_2SO_4	—	—	—	900	—
Na_2SO_4	—	200	—	—	—
KH_2PO_4	170	—	—	170	400
K_2HPO_4	—	—	—	27.8	27.8
$FeSO_4 \cdot 7H_2O$	27.8	—	—	37.3	37.3
Na_2-EDTA	37.3	—	—	—	—
Na_2-Fe-EDTA	—	—	28	—	—
$Fe_2(SO_4)_3$	—	2.5	—	—	—
$MnSO_4 \cdot H_2O$	—	—	—	22.3	—
$MnSO_4 \cdot 4H_2O$	22.3	7	10	—	4.4
$ZnSO_4 \cdot 7H_2O$	8.6	3	2	8.6	1.5
$CoCl_2 \cdot 6H_2O$	0.025	—	0.025	—	—
$CuSO_4 \cdot 5H_2O$	0.025	0.03	0.025	0.025	—
$Na_2MoO_4 \cdot 2H_2O$	0.25	—	0.25	0.25	—

续表

化合物名称	培养基含量/（mg/L）				
	MS	White	B_5	WPM	N_6
KI	0.83	0.75	0.75	—	0.8
H_3BO_3	6.2	1.5	3	6.2	1.6
$NaH_2PO_4 \cdot H_2O$	—	16.5	150		
烟酸（维生素 PP）	0.5	0.5	1	0.5	0.5
盐酸吡哆醇（V_{B6}）	0.5	0.1	1	0.5	0.5
盐酸硫胺素（V_{B1}）	0.1	0.1	10	0.5	1
肌醇	100	—	100	100	
甘氨酸	2	3	—	2	2
pH	5.8	5.6	5.5	5.8	5.8

表 4-4　　　　常用基本培养基的比较

基本培养基名称	培养基特点	主要适用范围
MS	无机盐和离子浓度较高，较稳定平衡。其中钾盐、铵盐和硝酸盐含量较高。	广泛用于植物的器官、花药、细胞和原生质体培养。
B_5	含量较高钾盐和烟酸硫胺素，但铵盐含量低，这可能对有些培养物生长有抑制作用。	木本植物及豆科、十字花科植物的培养，用于某些植物的生根。
White	无机盐含量较低，但提高了 $MgSO_4$ 的浓度和增加了硼素。	生根培养。
N_6	成分较简单，但 KNO_3 和（NH_4）$_2SO_4$ 含量高。	小麦、水稻及其他植物的花药培养等。
WPM	硝态氮和 Ca、K 含量高，不含碘和锰。	木本植物的茎尖培养。

4.3.4　培养基的配制方法

1. 母液的配制和保存

在植物组织培养工作中，配制培养基是日常必备的工作。为简便起见，通常先将各种药品配制成浓缩一定倍数的母液（又称浓缩储备液），即所谓母液是欲配制液的浓缩液。

1）配制母液的原因

（1）保证各物质成分的准确性及配制培养基时的快速移取；

（2）便于低温保存。

2）浓度

一般母液配成比所需浓度高 10~500 倍。

3）种类

母液配制时可分别配成大量元素、微量元素、铁盐、有机物和激素类等。

4）注意事项

（1）配制时注意一些离子之间易发生沉淀，如 Ca^{2+} 和 SO_4^{2-}、Ca^{2+}，Mg^{2+} 和 PO_4^{3-} 一起溶解后，会产生沉淀，一定要充分溶解再放入母液中；

（2）配制母液时要用蒸馏水或重蒸馏水；

（3）药品应选取等级较高的化学纯或分析纯；

（4）药品的称量及定容都要准确；

（5）各种药品先以少量水让其充分溶解，然后依次混合；

（6）母液配好后，贴标签，注明母液的名称，配制倍数，日期等；放入冰箱内低温保存，用时再按比例稀释。

母液保存的时间不能过长，尤其是有机母液在一个月之内用完，若发现有沉淀或霉菌，不再使用。

5）母液的配制方法（MS 培养基母液为例，概述其制备方法，配方见表 4-3）。

（1）大量元素母液。可配成浓度 10 倍母液。用分析天平按 4.3.3 中表 4-3 称取药品，分别加 100ml 左右蒸馏水溶解后，再用磁力搅拌器搅拌，促进溶解。注意 Ca^{2+} 和 PO_4^{3-} 易发生沉淀。然后倒入 1 000ml 定容瓶中，再加水定容至刻度，成为 10 倍母液。

（2）微量元素母液。可配成浓度配成比 100 倍的母液。用分析天平按表准确称取药品后，分别溶解，混合后加水定容至 1 000ml。

（3）铁盐母液。可配成 100 倍的母液，按表称取药品，可加热溶解，混合后加水定容至 1 000ml。

（4）有机物母液。可配成 50 倍的母液。按表分别称取药品，溶解，混合后加水定容至 1 000ml。

（5）激素母液的配制。每种激素必须单独配成母液，浓度一般配成 1mg/mL。用时根据需要取用。因为激素用量较少，一次可配成 50ml 或 100ml。另外，多数激素难溶于水，要先溶于可溶物质，然后才能加水定容。

2．培养基的配制

固体培养基配制流程见图 4-7 所示。如果大量配制培养基时，可用白砂糖替代蔗糖，并且用自来水配制。

1）准备工作

实验用具（各类天平、烧杯、容量瓶、量筒等）、试剂、母液（大量、微量、有机、铁盐）药品（NaOH、HCl、琼脂、蔗糖等）。

2）试验步骤

（1）计算：根据配方和配制量计算各种母液及糖、琼脂的用量；

（2）煮化琼脂：称取一定量的凝固剂琼脂置于烧杯或搪瓷锅等容器内（占培养基总量的 60%~70%），加蒸馏水至培养基最终体积的 3/4，在恒温水浴锅或电炉上加热至溶解，在加热过程中应不断搅拌以勉粘锅；

（3）量取母液、称取糖：在另一容器中根据计算所需量依次加入糖原、大量、微量、铁盐、有机等母液及其他附加物，搅拌均匀，吸取各种母液时使用专用的移液器，以免母液被污染；

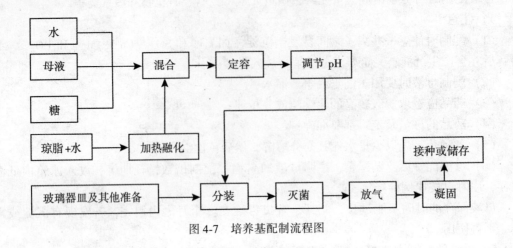

图 4-7　培养基配制流程图

量取母液量的计算公式：$V_0 = V_1/T$ 或 $V_0 = \rho_1 V_1/\rho_0$

式中：V_0——吸取母液的体积，mL；

　　　V_1——配制培养基的体积，mL；

　　　ρ_0——激素母液浓度，mg/L；

　　　ρ_1——配制培养基时所需激素的浓度，mg/L；

　　　T——母液扩大倍数。

对在高温高压下不稳定或容易分解的植物生长调节物质如 GA、IAA、ZT 及某些维生素等，必须在培养基进行高温高压灭菌后，用过滤灭菌的方法加入；

（4）混合定容：将两烧杯中的溶液混合在一起定容至规定的体积，搅拌均匀；

（5）调 pH 值：调整培养基的 pH 值，pH 值反映了培养基的酸碱度，直接影响外植体和培养材料对离子的吸收，过酸过碱对培养材料的生长都有很大的影响。在培养基配方变动不大的情况下可用经验法。可以将连续三次测定所加入的酸或碱液的平均值作为以后调整的用量值。调后注意一定要摇动均匀，还要注意酸或碱液不要放置时间太久。

培养基 pH 值还会影响固体培养基的凝固状况：pH 值过大，变硬；pH 值过小，太稀。大多数植物生长的最适 pH 值为 5.6~6.0（用酸度计或 pH 试纸），一般 pH＝5.8，用 0.1mol/L NaOH 或 0.1mol/L HCl 调节（搅拌均匀）。在高温高压灭菌过程中，培养基中的某些成分会发生分解或者氧化，pH 值下降。

温馨提示

配制 0.1mol/L NaOH 4g NaOH＋100mL 蒸馏水。

配制 0.1mol/L HCl 0.84ml 浓盐酸（12mol/L）＋100mL 蒸馏水

（6）分装。培养基合成后要趁热分装，琼脂凝固点 40℃，所以在 40℃以上分装到试管、锥形瓶或其他培养瓶中。

分装的培养基应占容器的 1/3 ~ 1/4 为宜，100ml 的容器装入 30 ~ 40ml 培养基，即 1L 培养基约装 35 瓶左右。太多则浪费培养基，太少不易接种和影响生长，但要根据培养对象来决定。如果培养时间较长时，应适当多装培养基，生根等短期培养时，可适当少加培养基。分装时不要把培养基弄到管壁上，以免日后污染。

（7）封口。装后用封口材料包上瓶口，扎口后，写上培养基种类，准备灭菌。注意不能放置时间过长，分装后，用封口膜将口封平，封口膜应具透光、透气性，但不透尘埃，微生物等杂质，以免污染。

3. 培养基的灭菌

培养基主要采用高压湿热灭菌方法灭菌。培养基高压湿热灭菌的最少时间与培养容器的体积有关，如果培养基配方中要求加入生长素（IAA）、赤霉素（GA）、玉米素（ZT）和某些维生素等不耐热的物质（包括抗生素），则需要采用过滤灭菌方法。其灭菌原理是通过直径为 $0.45\mu m$ 以下的微孔滤膜使溶液中的细菌和真菌的孢子等因大于滤膜直径而无法通过滤膜，从而达到灭菌的效果。溶液量大时，常使用抽滤装置；溶液量少时，可用无菌注射器。

高压湿热灭菌的原理：通过加热，在密闭的高压锅内随着水蒸气压力的不断上升，使水的沸点不断升高，从而国内温度也增加。

温馨提示

灭菌前一定要在灭菌锅内加水淹没电热丝（水位线），千万不能干烧，以免发生事故。把已装好培养基的三角瓶，连同蒸馏水及接种用具等放入锅筒内，装时不要过分倾斜培养基，以免弄到瓶口上或流出。然后盖上锅盖，对角旋紧螺丝，接通电源加热。

待压力升至 0.05MPa 时，打开放气阀放气，回 "0"，后关闭放气阀。当气压上升到 0.10MPa 时（121℃），保压灭菌20min，到时停止加热。当气压回 "0" 后打开锅盖，取出培养基，放于平台上冷凝。灭好的培养基不要放置时间太长，最多不能超过 1 周。

---

4. 培养基的保存

灭菌后的培养基待冷却和凝固后即可使用，暂时不用的最好置于低温（冰箱中）条件下保存，如缺乏设备条件的，需常温下保存的应：防尘，防污染避光及防分解。

☞拓展学习

螯合剂与螯合物

螯合剂是一类能与金属离子形成环状配合物的有机化合物，又称配体（如乙二胺四乙酸二钠盐）。它既能有选择性地捕捉某些金属离子，又能在必要时适量释放出这种金属离子来。螯合物是螯合剂的一个大分子配位体与一个中心金属原子连接所形成的环状结构。例如乙二胺四乙酸与金属离子的结合物就是一类螯合物，因乙二胺与金属离子结合的结构很像螃蟹用两只螯夹住食物一样，故起名为螯合物。所有的多价阳离子都能与相应的配体结合形成螯合物。其中螯合铁较其他任何植物生长所必需的金属螯合物都稳定。螯合物具有以下特性：①与螯合剂络合的阳离子不易被其他多价阳离子所置换和沉淀，又能被植物的根表所吸收和在体内运输与转移；②易溶于水，又具有抗水解的稳定性；③治疗缺素症的浓度不损伤植物。

4.4　外植体的接种与培养

接种和培养是组织培养最常规和关键的技术环节。只有熟练掌握接种与培养技术并进行操作，才能取得一定的成功。

4.4.1　接种

1. 无菌操作

外植体的接种是把经过消毒后的植物材料在无菌环境中切割或分离一定大小的器官、组织、细胞或原生质体等转入到无菌培养基上的过程。由于整个过程都是在无菌条件下进行的，所以又称为无菌操作。

2. 接种程序与方法

1) 接种室消毒

预先对接种室消毒：①气体熏蒸：先将 20%甲醛溶液（10mL/m^3）与高锰酸钾 3g/m^3 混合，并按甲醛、高锰酸钾的先后顺序倒入罐头瓶内，利用产生的烟雾密闭熏蒸接种室 1~2d，然后开启房门，排除甲醛气体。如果要尽快接种，可以用氨水中和甲醛，这种方法适合在开学初刚开始用接种室。②药剂喷洒：用 70%酒精或 0.2%苯扎溴铵溶液（新洁尔灭）喷洒接种室空间及四周，要求喷洒全面、均匀。此法在接种前进行操作。③紫外线照射：接种前 20~30min 打开紫外灯。本法接种前必须进行。

2) 超净工作台消毒

①药剂喷洒：分别配成 70%~75%酒精、0.2%新洁尔灭溶液，然后用手按式喷壶分别对培养瓶、超净工作台的台面、搁板及两侧的玻璃均匀喷洒消毒。②涂抹消毒：培养瓶及超净工作台面可用 70%~75%酒精浸泡过的酒精棉球，或用 0.2%新洁尔灭溶液浸泡过的毛巾擦拭。③紫外线照射：①②工作完成后，将空白培养基、无菌水、接种用具等放置在超净工作台上，打开紫外灯照射 20~30min。

3) 双手、培养器皿和用具的灭菌消毒

接种人员洗净双手，在缓冲间换上拖鞋和穿上工作服进入接种室，用 70%~75%酒精浸泡过的酒精棉球擦拭双手，接种时所用的器皿及用具采用擦拭消毒和灼烧灭菌的方法进行，接种前用 70%~75%酒精浸泡过的酒精棉球擦拭培养皿和接种工具，再在酒精灯火焰上灼烧或者在接种灭菌器上烘烤；用 95%酒精浸泡接种工具，再在酒精灯火焰上反复灼烧灭菌或在接种灭菌器上烘烤灭菌。

4) 培养材料消毒

将预先处理好的接种材料放入已经灭菌过的有盖子的瓶子或烧杯里，置入超净工作台面进行表面消毒。

5) 外植体接种

先将外植体插植或平放在培养基上，镊子剪刀在酒精灯上灼烧后放在培养皿或器械架上冷却，将打开的空白培养基和培养材料培养基开瓶后边转动瓶口边火焰灭菌，在酒精灯火焰附近进行接种，注意接种材料的上下端，接种后封口、标识。

4.4.2 培养

培养是指在人工控制的环境条件下，使离体材料生长、脱分化形成愈伤组织或进一步分化成再生植株的过程。

1. 培养条件

接种以后，外植体必须置于比较严格的控制条件下进行培养。一般而言，组培所需的条件包括：温度、湿度、光照；培养基组成、pH 值、渗透压等各种环境条件。这些环境条件都会影响组织培养育苗的生长和发育。

1) 温度

温度是植物组织培养中的重要因素，所以植物组织培养在最适宜的温度下生长分化才能表现良好，大多数植物组织培养都是在 23~27℃ 之间进行，一般采用 25±2℃。低于 15℃ 时培养，植物组织会表现生长停止，高于 35℃ 时对植物生长不利。用 35℃ 处理马铃薯的茎尖分生组织 3~5d，可得到无病毒苗。

2) 光照

组织培养中光照也是重要的条件之一，它对外植体的生长与分化有较大的影响。主要表现在光强、光质以及光照时间（光周期）等方面。

（1）光照强度。光照强度对培养细胞的增殖和器官的分化有重要影响，从目前的研究情况看，光照强度对外植体细胞的最初分裂有明显的影响。一般来说，光照强度较强，幼苗生长粗壮，而光照强度较弱幼苗容易徒长。但又不能一概而论，有些材料适合光照培养，有些材料则适合暗培养。

（2）光质。光质对愈伤组织诱导、培养组织的增殖以及器官的分化都有明显的影响。关于不同光质对不同植物组培苗增殖和分化的影响不一致现象可能与植物组织中的光美色素和隐花色素有关。

（3）光周期。研究发现光周期可以在一定程度上影响组培物的增殖与分化。因此，培养时要选用一定的光暗周期来进行组织培养，最常用的周期是 16h 的光照，8h 的黑暗。研究表明，对短日照敏感的品种的器官、组织在短日照下易分化。如对短日照敏感的葡萄品种的茎段组培时，只有在短日照条件下才能分化出根，而在长日照下产生愈伤组织。也有人发现非洲菊的增殖随光照时间的延长且加快，但超过 16h 则无作用。有时也需要暗培养，如红花、乌饭树等植物的愈伤组织在暗处比在光下生长更好。

3) 培养基的 pH 值

不同的植物对培养基最适 pH 值的要求也是不同。通常培养基的 pH 值在 5.6~6.0 之间，一般培养基皆要求 5.8。如果 pH 值不适则直接影响外植体对营养物质的吸收，进而影响其分化、增殖和器官的形成。pH 值对不同植物，甚至是同一种植物不同组织的影响存在有一定的差异，如玉米胚愈伤组织在 pH 值为 7.0 时鲜重增加最快，在 pH 值为 6.0 时干重增长最快。此外，培养基中含有 $Fe_2(SO_4)_3$ 或 $FeCl_3$ 时，pH 值应在 5.2 以下，否则铁盐会不溶于水而沉淀，进而引起组培苗缺铁而生长缓慢。

4）湿度

影响组织培养的湿度包括以下两个方面：培养容器内的湿度和培养室内环境的湿度。容器内湿度主要受培养基水分含量、封口材料、培养基内琼脂含量等因素的影响。在冬季应适当减少琼脂用量，否则，将使培养基过硬，以致不利于外植体接触或插进培养基，导致生长发育受阻。封口材料直接影响容器内湿度情况，但封闭性较高的封口材料易引起透气性受阻，也会导致植物生长发育受影响。培养室内环境的相对湿度可以影响培养基的水分蒸发，湿度过低会使培养基丧失大量水分，导致培养基各种成分浓度的改变和渗透压的升高，进而影响组织培养的正常进行。湿度过高时，易造成杂菌滋长，造成污染。一般要求培养室内要保持 70%~80% 的相对湿度，由于室内空气相对湿度随季节更替会发生较大幅度的变化，因此，常用加湿器或经常洒水、或使用去湿器等方法来进行调节。

5）渗透压

培养基中由于有添加的盐类、蔗糖等化合物，因此，会影响渗透压的变化。通常 1~2 个大气压对植物生长有促进作用，2 个大气压以上就对植物生长有阻碍作用，而 5~6 个大气压植物生长就会完全停止，6 个大气压植物细胞就不能生存。

6）气体

氧气是组织培养中必需的因素，瓶盖封闭时要考虑通气问题，可用附有滤气膜的封口材料。通气最好的是棉塞封闭瓶口，但棉塞易使培养基干燥，夏季易引起污染。固体培养基可加进活性炭来增加通气度，以利于发根；接种时应避免把外植体全部埋入培养基中，以免造成缺氧。静止液体培养时应考虑是用滤纸桥。液体振荡培养时，要考虑振荡的次数、振幅等，同时要考虑容器的类型、培养基、改善室内的通气状况等。

此外，培养过程中，培养物释放的微量乙烯和高浓度的二氧化碳，有时会有利于培养物的生长，但有时会阻碍其生长，甚至还有可能对培养物产生毒害。

2. 培养程序

1）初代培养

初代培养也叫启动培养，是指组培过程中，最初建立的外植体无菌培养阶段，即无菌接种完成后，外植体在适宜的光照、温度、湿度及气体等条件下被诱导成中间繁殖体的过程。所以初代培养也称为诱导培养，被诱导形成中间繁殖体均需要无菌。初代培养所用外植体带菌的可能性大，容易污染，培养比较困难。

2）继代培养

继代培养也叫增殖培养，是指经过初代培养所获得的中间繁殖体由于数量有限，需要将它们分割后转移到新的培养基中培养增殖，这个过程称为继代培养。继代培养是继初代培养之后的连续数代的培养过程，旨在扩繁中间繁殖体的数量，最后能达到边繁殖边生根的目的。由于培养物在接近最好的环境条件下生长，又排除了其他生物的竞争，所以中间繁殖体可按几何级数扩繁，扩繁公式如下。

$$y = ax^n \tag{1}$$

$$Y = ax^n (1-L) \times A \tag{2}$$

式中：Y——实际年增殖率；

　　　y——理论年增殖率；

　　　A——起始外植体数量；

　　　X——每周期增殖的倍数；

　　　n——全年可增殖的周期数（365/每一周期的天数）；

　　　L——快繁过程中的损耗率；

　　　A——移栽成活率。

式（1）表示，培养周期愈短，每次增殖的倍数愈高，年增殖总倍数就愈高。例如从 100（a）瓶开始，每瓶有 10 株继代苗，每次增殖 3（x）倍，每周期 45d，一年可增殖 8（n）次，$y=100 \times 3^8 = 656100$，年底即可达 6.5 万瓶，即 65 万株苗。实际上许多植物的系数都远远超过这一数值，不过这是一理论值，它会受到许多因素的制约，例如污染、管理不善、设备和人力的规模等。因此，这仅仅是个理论值，通常要考虑上述因素才能接近理论值。

中间繁殖体有多种增殖类型，对于具体的植物来说，采取哪种快繁增殖方式取决于培养目的及材料本身，大多数植物（如马铃薯）采用腋芽萌发或诱导不定芽产生，再以芽生芽的方式进行增殖。

3）壮苗与生根培养

通过增殖培养形成的大量无根芽苗，需要进一步诱导生根。试管芽苗生根的好坏是移栽成活的关键，而试管芽苗生根的好坏主要体现在根系质量（粗度、长度）和根系数量（条数）两个方面。不仅要求不定根比较粗壮，更重要的是要有较多的毛细根，以扩大根系的吸收面积，增强根系的吸收功能，提高移栽成活率。组培苗生根一般分为试管内生根和试管外生根两种方式。

（1）试管内生根。当丛生芽苗增殖到一定数量后要分离成单个芽苗或小芽丛转入生根培养基进行生根诱导。一般认为矿物元素浓度较高时有利于茎、叶的形成，而较低时有利于生根，所以多采用 1/2、1/3 或 1/4 量的 MS 培养基，去掉全部或仅用很低的细胞分裂素，加入适量的生长素（NAA0.1~1.0mg/L），一般 2~4 周即可生根，当长出洁白的正常短根（≤1cm）时即可出瓶驯化。实践中要选择好适宜的生长素及其浓度，否则在根原始体形成后较高浓度生长素的继续存在，则不利于幼根的生长发育。

生根阶段可以采取下列壮苗措施：①培养基中添加多效唑、比久、矮壮素等一定数量的生长延缓剂；②将培养基中的糖含量减半，提高光强为原来的 3~6 倍，一方面促进生根，促使组培苗的生活方式由异养型向自养型转变，另一方面对水分胁迫和疾病的抗性也会增强。

（2）试管外生根。试管外生根又叫活体生根。从形成的芽苗上切取插条，用生长素类的粉剂或适当浓度的溶液浸蘸处理（如浸入 50~100 mg/kg 的 IBA 溶液中处理 4~8 h）或在含有生长素的培养基中培养 4~10d，然后在温室中栽入培养基质中，经常喷雾，几天后芽苗即可生根。试管外生根不但降低成本，而且还减少了试管生根需要无菌操作的工时耗费，同时也减少了一次培养基制作的材料、能源与工时耗费，马铃薯组培苗常用这种方法。

4）组培苗的驯化移栽

组培苗驯化移栽是植物组织培养的重要环节，这个环节做不好，就会前功尽弃。生产实践中应根据组培苗与自然苗、组培苗的生存环境与自然环境的差异，人为创设从组培苗生态环境逐渐向室外环境转化的过渡条件，以确保组培苗的移栽成活率。

（1）组培苗驯化移栽的流程。组培苗驯化移栽的流程如图 4-8 所示。

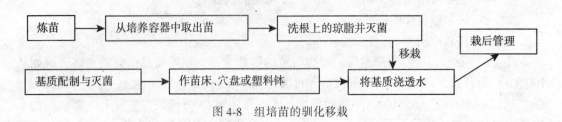

图 4-8　组培苗的驯化移栽

（2）组培苗的驯化。

①驯化目的。如果组培苗直接移栽到室外，由于生存环境发生了剧烈的变化，绝大多数组培苗会因为难以适应而死亡，驯化的目的是人为创设一种由组培苗生态环境逐渐向自然环境过渡的条件，促进组培苗在形态、结构、生理方面向正常苗转化，使之更适应外界环境，从而提高组培苗移栽的成活率。

②驯化原则。根据组培苗的特点及其生态环境与田间环境的差异，驯化原则应从营养、光、温、湿及有无杂菌等环境要素考虑，驯化前期应创设与组培苗原来生态环境相似的条件，后期则创设与自然环境相似的条件，以利组培苗在形态结构及生理功能方面顺利发生向适应外界环境的转化，从而有效提高移栽成活率。

（3）组培苗的移栽

①移栽时期。移栽时期最好选择该植物的自然出苗季节，这样容易成活。

②移栽设施。栽培容器可用软塑料钵或育苗盘。前者占地大，耗用大量基质，但幼苗不用再移，后者需要二次移苗，但省空间、省基质。此外，苗床也可作为组培苗移栽的场所，移栽后的栽培容器最好放在温室中培养。

③移栽基质。适合于移栽组培苗的基质要具备透气性、保湿性和保肥的特点，且容易灭菌处理，一般可选珍珠岩、蛭石、砂子等。为了增加一定的黏着力和一定的肥力可配合草炭土或腐殖土，珍珠岩、蛭石、草炭土或腐殖土的比例一般为 1∶1∶0.5。

（4）移栽后组培苗的管理

①组培苗移栽后容易死亡的原因。组培苗一般在无菌、有营养供给（异养生长）、适宜的光照、温度和 100% 的相对湿度环境中生长，并有适宜的植物激素以调节代谢等生理需要。这些人为控制的环境条件下生长的组培苗在生理功能和形态解剖上与温室和大田生长的植株不同：一是组培苗长期生长在培养瓶内，导致海绵细胞层增加而栅栏组织较差，造成叶结构发育不完全，叶表面的蜡质层减少，气孔发育差且关闭能力低下，易失水萎蔫；二是组培苗的叶绿体发育不良，叶片的光合作用能力弱；三是组培苗的根与茎的输导系统不相通，导致水分运输率低，且根上无根毛或根毛较少且发育较差，根系对移栽基质的附着和吸水能力较差；四是组培苗的抗病能力差，易感病死亡。组培苗出瓶移栽后，环境发生剧烈变化，而其生理和结构短时间内无法适应环

境的变化，从而容易引起苗的死亡。

②提高组培苗移栽成活率的关键措施。

a. 培育壮苗 。组培苗本身的质量是决定移栽成活率的关键因素，因此培育壮苗是提高移栽成活率的主要措施之一。具体做法是在生根培养之前转入不含激素的 MS 培养基中进行壮苗培养后再转入生根培养基进行生根，或在生根培养基中加入一些植物生长延缓剂（如多效唑、B_9 等）来达到壮苗和生根的目的。

b. 适时移栽。不同植物在生根培养基中培养的时间各不相同，要根据根的实际生长情况灵活掌握。一般来说，刚刚长出根原基的组培苗容易移栽，成活率高，又缩短生产周期。而根系较长的则不利于移栽成活，因为较长的根易在操作和运输时发生机械损伤，成活率低，另外根系在培养基中生长时间过长，变褐老化后也不易成活。

c. 加强移栽前炼苗（瓶炼）。组培苗的移栽就是从"异养"到"自养"，从弱光、高湿、相对恒温的环境下到较高光强、较低湿度及变温的环境下的转变，需要有一个逐步适应的过程。因此在移栽前必须对组培苗进行提高其适应能力的锻炼，使植株生长粗壮，增强小苗体质以提高移栽成活率。具体做法是将生根状态理想的组培苗从培养室移出到炼苗室，在自然散射光下逐步增强光照，进行光照适应性锻炼，然后再开启瓶盖，适应外界大气环境，使组培苗的叶片相对成熟后再移栽，瓶炼时间一般需 3~10 天。

> **温馨提示**
>
> 为了延长炼苗时间而又不至于遭受严重污染，培养瓶开口后可向瓶内注入少量水，使培养基表面与空气隔离。

d. 选择适宜的移栽基质。移栽组培苗的基质（营养土）是能否移栽成活和幼苗生长好坏的关键。常用的基质有粗砂、蛭石、珍珠岩、草炭、锯木屑等，或者将它们以一定的比例混合应用。对基质的基本要求是质地疏松，通透性和保水性好，容易灭菌处理，不利于杂菌的滋生，对多数植物来说，pH 值以中性略偏酸为好。为防止病害，在使用这些基质前必须进行灭菌处理。

e. 防止菌类滋生。组培苗从无菌异养培养转入到有菌自养环境，在温度高、湿度大的条件下，组培苗组织幼嫩，易于滋生杂菌，造成苗霉烂或根茎腐烂而死亡。因此在组培苗出瓶时，要仔细洗去附在其上的培养基，注意不要损伤根系和茎叶，避免病菌感染。另外小苗栽入基质后应立即用浓度为 1/800~1/1 000 的百菌清、多菌灵、托布津等杀菌剂喷淋，以后每隔 7~10 天喷一次。

f. 加强移栽后的管理，控制好光照、温度和水分。光照随苗的壮弱、喜光或喜阴而定，刚移栽后要有遮阴条件，根据苗的恢复和成活程度逐步增强光照；温度过高，蒸腾作用加强，水分失衡，易造成死苗，而过低则幼苗生长迟缓，或不易成活。因此组培苗移栽的温室最好配备有控温设备，以保持组培苗移栽后温度不要变化太大；保持水分平衡和控制好湿度是组培苗移栽管理技术的核心，空气湿度低，则组培苗容易萎蔫，而基质水分又不宜太多，基质水分过多，不仅透气不良，影响生根，而且容易导致烂苗致死。因此在保证空气湿度足够大的同时，尽量确保移栽基质良好的透气状况。可采用微喷技术控制空气湿度或采用塑料小拱棚的办法来提高空气湿度，使组培苗叶面的蒸腾减少，使小苗始终保持挺拔的姿态，从而提高成活率。

4.5 组培试验设计

在某种组培苗规模化生产前，必须通过反复试验研究，形成比较完善的技术体系，否则边生产边研究，很有可能会给生产带来非常大的市场风险和经济损失。因此，要高度重视组培技术的试验研究，做好组培试验设计。组培试验设计主要包括单因子试验、双因子试验、多因子试验 3 种方法。

4.5.1 组培试验的设计方法

1. 单因子试验

单因子试验是指整个试验中保证其他因素不变，只比较一个试验因素的不同水平的试验。其试验方案由该试验因素的所有水平构成。如不同浓度的 NAA 对马铃薯组培苗生根影响的试验就是一种单因子试验；如含糖量 2%、3%、4%、5% 的试验，pH5.6、6.0、6.2 等的试验等。这是最基本、最简单的试验方法。一般是在其他因子都选择好了的情况下，对某个因子进行的比较精细的选择。

2. 双因子试验

双因子试验是指在整个试验中其他因素不变，只比较两个试验因素不同水平的试验。常用于选择生长素与细胞分裂素的浓度配比。如研究两种因素对马铃薯腋芽增殖率的影响时，可以按表 4-5 设计试验。从表中可以看出，NAA、6-BA 各有 3 个水平的组合，A 组合表示向培养基中同时添加 NAA 0.1mg/L 与 6-BA 1.0mg/L，E 组合表示 NAA 0.5mg/L 与 6-BA 2.0mg/L，其余类推。自上而下，NAA 的浓度逐渐升高；自左至右，BA 的浓度逐渐升高；从左上到右下，二者的绝对含量逐渐升高；从左下到右上，NAA 的相对含量逐渐降低，而 BA 的相对含量逐渐升高。可见，这样的试验设计，已经包括了两种激素的所有可能组合。

表 4-5 　　　　　　　　　　　　　　双因子试验方法

NAA（mg/L） 6-BA（mg/L）	1.0	2.0	5.0
0.1	A	B	C
0.5	D	E	F
2.0	G	H	I

3. 多因子试验

多因子试验是指在同一试验中同时研究两个以上试验因素的试验。多因子试验设计由该试验所有试验因素的水平组合（即处理）构成。此方法可用于同时探讨培养基中多种成分的适宜用量,如 KT、糖类、NAA 的用量等。多因子试验方案分为完全方案和不完全方案两类,实际多采用不完全实施的正交试验设计。所谓正交试验是指利用正交表来安排与分析多因子试验的一种设计方法,目前用得最多,效率高。如采用 7 因素 2 水平 8 次试验的 $L_8(2^7)$ 正交试验,可以一次选择培养基、生长素、细胞分裂素、赤霉素等众多因素及其水平(表 4-6),表头中的"L"代表正交表;L 右下角的数字"8"表示有 8 行(即 8 种各种不同因素水平的组合或称处理)。表头括号内的底数"2"表示因素的水平只有 2 个,指数"7"表示有 7 列,用这张正交表最多可安排 7 个因子。

表 4-6   **$L_8(2^7)$ 正交表**

试验号 (处理)	列号(各种试验因素)						
	A	B	C	D	E	F	G
1	1	1	1	1	1	1	1
2	1	1	1	2	2	2	2
3	1	2	2	1	1	2	2
4	1	2	2	2	2	1	1
5	2	1	2	1	2	1	2
6	2	1	2	2	1	2	1
7	2	2	1	1	2	2	1
8	2	2	1	2	1	1	2

4.5.2 组培试验方案的制订

1. 试验设计的基本要点

1)确定试验因素

一般在研究的开始阶段,应作单因素试验。随着研究的深入,可采用多因素试验。

2)正确划分各试验因素的水平

试验因素分为两类,即数量化因素与质量化因素。质量化因素是指因素水平不能够用数量等级的形式来表现的因素,如光源种类、培养基类型等都是不能量化的。

数量化因素的水平在划分水平时应注意:①水平范围要符合生产实际并有一定的预见性。②水平间距(即相邻水平之间的差异)要适当且相等。③数量化因素通常可不设置对照或以 0 水平为对照。

2. 组培试验方案的体例与撰写要求

组培试验方案的一般体例见图 4-9 所示。撰写要求如下:

1)课题名称(题目)

课题名称(题目)要求能精练地概括试验内容,包括供试作物类型或品种名称、试验因素及主要指标,有时也可在课题名称中反映出试验的时间、负责试验的单位与地点。如"影响马铃薯组培苗褐化的因素研究"、"马铃薯试管微型薯的组培试验"等。

＿＿＿＿＿试验方案
1. 前言
2. 正文
（1）试验的基本条件
（2）试验设计
（3）操作与管理要求
（4）调查分析的指标与方法
3. 试验进度安排与经费预算
4. 落款
5. 附录

图 4-9　试验方案的撰写体例

2）前言

主要介绍试验的目的意义。试验目的要明确：①说明为什么要进行本试验，引出你要研究的问题——试验因素；②试验的理论依据，从理论上简要分析试验因素对问题解决的可行性；③他人的同类试验方法与结论，以突出自己试验的特色。

3）正文

（1）试验的基本条件。试验的基本条件能更好地反映试验的代表性和可行性。主要阐述实验室环境控制与有关仪器设备能否满足植物培养与分析测定的需要，并适当介绍科研人员构成。

（2）试验设计。一般应说明供试材料的种类与品种名称、试验因素与水平、处理的数量与名称，以及对照的设置情况。在此基础上介绍试验设计方法和试验单元的大小、重复次数、重复（区组）的排列方式等内容。室内试验的试验单元设计主要写明每个单元包含多少个培养瓶（或试管、袋子、三角瓶、盆等），每个培养瓶的苗数（器官数、组织数等）。组培试验一般设计 3 次重复，要求每个处理接种至少 30 瓶，每瓶接种 1 个培养物；或者每个处理 10 瓶，每瓶接种 3 个以上培养物。

（3）操作与管理要求。简要介绍对供试材料的培养条件设置与操作要求。组培试验主要介绍培养基的准备、消毒灭菌措施、接种方法要求、培养室温湿度与光照控制，以及责任分工等。

（4）调查分析的指标与方法。调查分析的指标设计关系到今后对试验结果的调查与分析是否合理、准确、完整、系统，因此科学设计要调查的技术指标，明确实施方法，从定性和定量两个方面进行设计与观察。一般以一个试验单元为一个观察记载单位，如试验单元要调查的工作量太大，也可以在一个试验单元内进行抽样调查。

4）试验进度安排及经费预算

试验进度安排说明试验的起止时间和各阶段工作任务安排。经费预算要在不影响课题完成的前提下，充分利用现有设备，节约各种物资材料。如果必须增添设备、人力、材料，应当将需要开支项目的名称、数量、单价、预算金额等详细写在计划书上（若开支项目太多，最好能列表），以便早做准备如期解决，防止影响试验的顺利进行。

5）落款与附录

写明试验主持人（课题负责人）、执行人（课题成员）的姓名和单位（部门）。附录主要是便于自己今后实施的需要，包括绘制试验环境规划图、制作观察记载表。

4.6 数据调查与分析

在植物组织培养中，常见的技术问题主要有外植体污染、褐化、玻璃化及黄化等，这些问题会造成组培苗的损失，所以需要生产者对这些问题进行认真对待并不断优化组培体系。

4.6.1 组培快繁的易发问题

1. 污染

植物组织培养过程中的污染是指微生物进入培养体系，并迅速滋生危害培养物。污染可发生在外植体上，更多的是使外植体周围的培养基甚至整个培养基被侵染，产生有害物质，最终导致植物材料发生病害或死亡，造成组培的失败。

造成污染最常见的微生物是细菌和真菌两大类。细菌性污染症状是菌落呈黏液状，颜色多为白色，与培养基表面界限清楚，一般接种后 1~2d 就能发现；真菌性污染的症状是所形成的菌落多为黑色、绿色、白色的绒毛状、棉絮状，与培养基和培养物的界限不清，一般接种后 3~10d 后才能发现。实际培养中要明确辨别污染类型，以便有针对性地采取防治措施，从而提高组培效率。

组培中的污染是可以控制的，防止污染的主要措施是对外植体的消毒和环境的洁净。

2. 褐变

褐变又称褐化，是指培养材料向培养基释放褐色物质，致使培养基逐渐变褐，培养材料也随之变褐甚至死亡的现象。其机理是由于培养材料中的多酚氧化酶被激活，使细胞内的酚类化合物氧化成棕褐色的醌类物质，并抑制其他酶的活性，导致代谢紊乱；这些醌类物质扩散到培养基后，毒害外植体，造成生长不良甚至死亡。

影响外植体褐变的因素主要有①植物种类和品种：在不同植物或同种植物不同品种的组培过程中，褐化发生的频率和严重程度存在较大差异，这是由于不同植物种类和品种所含的单宁及其他酚类化合物的数量、多酚氧化酶活性上的差异造成的。因此，在培养过程中应根据组培对象采取相应的褐化预防措施，特别对容易褐变的材料（如马铃薯块茎），应考虑对其他部分作为培养对象。②外植体的生理状态、取材季节与部位：由于外植体的生理状态不同，在接种后褐化程度也有所不同。一般来说，处于幼龄期的植物材料较从成年植株采集的植物材料褐变程度轻；老熟组织较幼嫩组织褐变程度严重。③培养基成分：无机盐浓度过高会使某些材料褐化程度增加；细胞分裂素水平过高也会刺激某些外植体的多酚氧化酶的活性，从而使褐化现象加重。如果外植体在最适宜的脱分化条件下，细胞大量增殖，会在一定程度上抑制褐化发生。④培养条件：培养过程中光照过强、温度过高、培养时间过长等，均可使多酚氧化酶的活性提高，从而加速外植体的褐变。因此，采集外植体前，将材料或母株枝条作遮光处理后再切取外植体培养，能够有效抑制褐变的发生。初代培养的材料暗培养，对抑制褐化发生也有一定的效果，但应通过试验摸索出适宜的时间，否则暗培养时间过长，会降低外植体的生活力，甚至引起死亡。⑤材料转移时间：培养过程中材料长期不转移，会导致培养材料褐变，最终材料全部死亡。⑥外植体大小及受损程度：切取的材料大小、植物组织受伤的程度也影响褐变。一般来说，材料太小，容易褐变；外植体受伤越重，越容易褐变。因此，化学灭菌剂在杀死外植体表面菌类的同时，也可能会在一定程度上杀死外植体的组织细胞，导致褐变。

褐变的预防措施主要是尽量冬春季节采集幼嫩的外植体；选择适宜的培养基，调整激素用量，在不影响外植体正常生长和分化的前提下，尽量降低温度，减少光照，及时更新培养基也是有效降低褐化的重要措施之一；使用抗氧化剂；加快继代转瓶速度；合理使用灭菌剂，并做到材料剪切时尽量减少外植体的受损面积，而且创伤面尽量平整。

3. 玻璃化

当植物材料不断地进行离体繁殖时，有些培养物的嫩茎、叶片往往会呈半透明水渍状，这种现象通常称为玻璃化，也称为超水化现象。发生玻璃化的试管苗称为玻璃化苗。玻璃化苗矮小肿胀，失绿，茎叶表皮无蜡质层，无功能性气孔，叶、嫩梢呈水晶透明或半透明；叶色浅，叶片皱缩并纵向卷曲，脆弱易碎；组织发育不全或畸形；体内含水量高，干物质含量低；试管苗生长缓慢，分化能力降低。一旦形成玻璃苗，就很难恢复成正常苗，严重影响繁殖率，因此，不能作为继代培养和扩繁的材料，加上生根困难，移栽成活率极低，会给生产造成很大损失。

试管苗玻璃化是在芽分化启动后的生长过程中，碳水化合物、氮代谢和水分状态等发生生理性异常引起，它受多种因素影响和控制。因此，玻璃化是试管苗的一种生理失调症状。试管苗为了适应变化了的环境而呈玻璃状。引起试管苗玻璃化的因素主要有激素浓度、琼脂用量、温光条件、通风状况、培养基成分等。

防止玻璃化苗发生的措施主要有利用固体培养，适当增加琼脂的浓度，提高琼脂的纯度，都可增加培养基的硬度，造成细胞吸水阻遏，可降低试管苗玻璃化；适当提高培养基中蔗糖含量或加入渗透剂，降低培养基的渗透势，减少培养基中植物材料可获得的水分，造成水分胁迫；使用透气性好的封口材料，如牛皮纸、棉塞、滤纸、封口纸等，尽可能降低培养瓶内的空气湿度，加强气体交换，从而改善培养瓶的通气条件；适当提高培养基中的无机盐的含量，减少铵态氮而提高硝态氮的用量；选择合适的激素种类与浓度，适当降低培养基中细胞分裂素和赤霉素的浓度；在培养基中适当添加活性炭、间苯三酚、根皮苷、聚乙烯醇（PVA）均可有效控制玻璃化苗的发生；尽量选用玻璃化轻或无玻璃化的植物材料；适当延长光照时间或增加自然光照，提高光强，可抑制试管苗玻璃化；适当控制培养瓶的温度。需要时可适当低温处理，避免温度过高，防止温度突然变化，可抑制试管苗玻璃化。但昼夜有一定的温差较恒温效果好；发现培养材料有玻璃化倾向时，应立即将未玻璃化的苗转入生根培养基上诱导生根，只要生根就不会再玻璃化了。

4. 其他问题

组织培养过程中除了污染、褐变和玻璃化三大技术难题之外，还有黄化、变异、瘦弱或徒长、不生根或生根率低、移栽成活率低、材料死亡、增殖率低下或过盛等问题。

4.6.2 组培数据调查与结果分析

组培试验效果如何，需要依据数据调查与结果分析来衡量。组培数据调查与结果分析是组培试验研究的重要内容。在调查的组培数据中，主要是出愈率、污染率、分化率、增殖率、生根率、成活率等需要计算的技术指标，也包括能够直接观察和测量的数据，如长势、长相、叶色、不定芽高度、愈伤组织大小与生长状况等。上述数据均为非破坏性的测量，即在测量之后，离体培养物仍能正常生长。有些数据需要在条件允许的情况下进行破坏性测量（如愈伤组织的质地判定等），那就与活体生长差不多。在组培过程中，一定要充分利用转接、出瓶等时机，直接调查，采集数据。组培主要技术指标的含义及计算方法见表4-7，组培苗观察与计算的主要内容见表4-8。

表4-7　　　　　　　　　　　　　　　　　组培主要技术指标

指标名称	含　义	计　算　公　式
出愈率	反映无菌材料愈伤组织诱导的效果	愈伤组织诱导率=形成愈伤组织的材料数/培养材料总数×100%
分化率	反映无菌材料的分化能力与再分化的效果	分化率=分化的材料数/培养材料总数×100%
污染率	大致反映杂菌侵染程度和接种质量	污染率=污染的材料数/培养材料总数×100%
增殖率	反映中间繁殖体的生长速度和增殖数量的变化	$Y=mx^n$　　Y：年生长量；m：每瓶苗数；x：每周期增殖倍数；n：年增殖周期数
生根率	大致反映无根芽苗根原基发生的快慢和生根效果	生根率=生根总数/生根培养总苗数×100%
成活率	反映组培苗的适应性与移栽效果，一定程度上说明组培与快繁成功率的高低	成活率=一定天数成活总数/移栽植物总数×100%

表4-8　　　　　　　　　　　　　　　　　组培苗观察的内容与方法

观察阶段	观察的内容要点	观察方法
初代培养	外植体变化（形态、结构、颜色）；愈伤组织、胚状体或芽萌动时间与数量；出愈率、分化率、诱导率、污染率、褐变率等	目测观察；照相；计算
继代培养	中间繁殖体的长势（生长量、健壮程度等）；长相（形态、结构、质地、大小、高度、颜色、位置等）；增殖率和污染率、褐变率、玻璃化苗发生率、变异率等	目测观察；照相；显微观察；计算
生根培养	根发生时间；长势（根生长量、根发达程度等）；长相（根长、根数、根粗、根色、位置等）；生根率和污染率、畸形根发生率等	目测观察；照相；显微观察；计算
驯化移栽	组培苗长势（生长量、健壮程度等）、长相（株高、根数、根长、根色、叶厚、叶色、叶数等）；驯化移栽成活率；壮苗指数；变异率等	目测；计算；试验

组培试验的结果分析，没有特殊的要求。一般可直接比较大小、高低；在差异不明显时，需要进行显著性检验。多因子试验需要进行方差分析，以确定主要影响因素。

☞拓展学习

案 例 分 析

采用随机区组设计，3 次重复，实施 $L_9(3^4)$ 正交试验方案。将马铃薯脱毒苗培养苗，切取茎段转入继代培养基中进行继代增殖培养。每个试验单元 10 瓶，每瓶培养 4 个茎段。30d 后按试验单元统计各处理的增殖率（表 4-9）。

表 4-9   继代增殖培养基配方的正交设计试验结果

处理编号	列号（因素）				增殖率（%）				
	A	B	C	空列	I	II	III	T_t	$n\ (x_n)$
1	1（0.5）	1（0.05）	1（20）	1	136	159	149	444	148（x_1）
2	1（0.5）	2（0.10）	2（30）	2	151	169	190	510	170（x_2）
3	1（0.5）	3（0.15）	3（40）	3	113	132	130	375	125（x_3）
4	2（1.5）	1（0.05）	2（30）	1	250	280	277	807	269（x_4）
5	2（1.5）	2（0.10）	3（40）	2	225	247	197	669	223（x_5）
6	2（1.5）	3（0.15）	1（20）	3	201	241	221	663	221（x_6）
7	3（2.5）	1（0.05）	3（40）	1	289	319	310	918	306（x_7）
8	3（2.5）	2（0.10）	1（20）	2	245	274	264	783	261（x_8）
9	3（2.5）	3（0.15）	2（30）	3	318	342	300	960	320（x_9）
T_r					1928	2163	2038	6129（T）	

注：A、B、C 分别代表细胞分裂素（6-BA 浓度）、生长素（NAA）浓度和蔗糖浓度 3 个试验因素。

统计分析：

1. 确定试验因素的优水平和最优水平组合

表 4-9 的试验结果中，A 因素（6-BA 浓度）各水平所对应的增殖率之和 T_{1j} 及其平均值 X_{1j} 分别为：

A_1 水平（0.5 mg/L）：$K_{11}=X_1+X_2+X_3=148+170+125=443$；

A_2 水平（1.5 mg/L）：$K_{12}=X_4+X_5+X_6=269+223+221=713$；

A_3 水平（2.5 mg/L）：$K_{13}=X_7+X_8+X_9=306+261+320=887$。

分析结果表明，A_3 的增殖率最高，且 $K_{13}>K_{12}>K_{11}$，所以可以判断 6-BA 浓度在 2.5 mg/L 时为优水平。

同理，可以计算并确定 B 因素（NAA 浓度）的优水平为 B_1（0.05 mg/L），C 因素（蔗糖浓度）的优水平为 C_2（30 g/L），计算结果详见表 4-10。

分析项目	试验因素		
	6-BA（mg/L）	NAA（mg/L）	蔗糖（g/L）
K_{i1}	443	723	630
K_{i2}	713	654	759
K_{i3}	887	666	654
x_{i1}	147.7	241.0	210.0
X_{i2}	237.7	218.0	253.0
X_{i3}	295.7	222.0	218.0
优水平	水平 3	水平 1	水平 2
极差 R_i	148.0	23.0	43.0

表 4-10　　　　　　　　　　继代增殖培养基配方的正交设计试验结果

不考虑因素间的交互作用，则 3 个因素的最优水平组合为各因素优水平的搭配，即本试验中，继代增殖培养基的最佳配方为 2.5 mg/L 的 6-BA，0.05 mg/L 的 NAA 与 30 g/L 的蔗糖。

2. 确定因素的主次顺序

上例极差 R_i 的计算结果见表 4-10。比较各 R_i 值大小，可见 $R_1 > R_3 > R_2$。所以，试验因素对指标影响的主次顺序是 A > C > B。即 6-BA 浓度对继代增殖培养影响最大，其次是蔗糖浓度，而 NAA 浓度的影响较小。

3. 绘制因素与指标趋势图（略）

 信息链接

植物无糖培养技术

植物无糖组织培养技术由日本专家古在丰树在 20 世纪 80 年代末期发明。它是指在封闭系统中人工控制营养、光照、温度、湿度、气体成分，为植物生长创造最佳的环境条件，所产种苗健壮、整齐、品质好、周期短，无需驯化就可直接移栽到大田的技术。这种技术与常规组培技术的差异在于：①改变了碳源的供给途径，即培养基中不添加糖，而是增加 CO_2，配合强光照来提高植物的光合作用，极大地降低了污染率；②组培苗由原来的小容器改为大容器培养，简化了工艺流程，节约了大量劳力、物力，极大提高了经济效益；③通过控制离体材料生长的环境因子，促进植物光合作用，使之快速由异养型转变为自养型，形成的苗整齐、粗壮、根系发达；④用多孔低廉的无机材料取代了琼脂，克服了组培苗根系生长纤细而在移栽时根易折断的问题，提高了移栽成活率。需要注意的是植物无糖培养技术只适合组培切段扩繁的植物，应用范围较常规组培技术窄。

第5章 马铃薯种薯繁育的无土栽培技术

5.1 无土栽培概述

5.1.1 无土栽培的含义与类型

1. 无土栽培的含义

无土栽培是指不用天然土壤而用营养液或固体基质加营养液栽培作物的种植技术。国际无土栽培学会（ISOSC）为无土栽培下了一个较为严格的定义，即凡是用除天然土壤之外的基质（或仅育苗时用基质，定植后不再用基质）为作物提供水分、养分、氧气的栽培方式均可称为无土栽培。其核心和实质是营养液代替土壤向作物提供营养，独立或与固体基质共同创造良好的根际环境，使作物完成自苗期开始的整个生命周期，并充分发挥作物的生产潜力，从而获得最大的经济效益或其他价值。

目前，我国广泛推广应用的以有机质作载体，栽培过程中全程或阶段性浇灌营养液的有机基质栽培技术，特别是在固体基质中只施用有机固体肥料并进行合理灌水的有机生态型无土栽培技术，大大降低了一次性投资和生产成本，简化了操作技术，同时也丰富了传统无土栽培的内涵。

2. 无土栽培的类型

无土栽培的类型很多，国际上，通常将无土栽培分为两类：一是营养液栽培，即不管是否使用基质，但都是用水和化学肥料配制的营养液的无土栽培方式，国外一般称作"水培、水耕"；二是有机无土栽培，即不使用营养液，而是用洁净的有机基质如草炭、有机堆肥、有机浸提物质的栽培方式。

1）无基质栽培

这种栽培法指的是除了育苗时采用基质外，定植后不用基质，它又可分为水培和喷雾栽培两大类。

（1）水培。水培是指植物根系直接与营养液接触，不用基质的栽培方法。最早的水培是将植物根系浸入营养液中生长，这种方式会出现缺氧现象，影响根系呼吸，严重时造成料根死亡。为了解决供氧问题，英国 Cooper 在 1973 年提出了营养液膜法的水培方式，简称"NFT"（nutrient film technique）。它的原理是使一层很薄的营养液（0.5~1.0cm）层，不断循环流经作物根系，既保证不断供给作物水分和养分，又不断供给根系新鲜 O_2（图 5-1）。

（2）雾培。又称气增或雾气培。它是将营养液压缩成气雾状而直接喷到作物的根系上，根系悬挂于容器的空间内部。通常是用聚丙烯泡沫塑料板，其上按一定距离钻孔，于

图 5-1　简易水培示意图

孔中栽培作物。两块泡沫板斜搭成三角形，形成空间，供液管道在三角形空间内通过，向悬垂下来的根系上喷雾。一般每间隔 2~3min 喷雾几秒钟，营养液循环利用，同时保证作物根系有充足的氧气。

2）基质栽培

基质栽培是无土栽培中推广面积最大的一种方式。它是将作物的根系固定在有机或无机的基质中，通过滴灌或细流灌溉的方法，供给作物营养液。栽培基质可以装入塑料袋内，或铺于栽培沟或槽内。基质栽培的营养液是不循环的，称为开路系统，这可以避免病害通过营养液的循环而传播。依据基质种类不同，又可将其分为有机基质栽培、无机基质栽培和复合基质栽培三类。

（1）有机基质栽培。指用草炭、锯末、树皮、刨花、稻壳、菇渣、蔗渣和椰子壳纤维等有机物作为无土栽培基质栽培马铃薯的方法。

（2）无机基质栽培。指以岩棉、砾石、沙等无机物作基质的栽培形式。其中以岩棉应用最广，岩棉培在西欧北美基质栽培中占绝大多数。沙是应用最早的无土栽培基质之一，现在仍有不少地区还在采用砂培方式。煤渣在我国北方无土栽培中的应用与日俱增。此外，珍珠岩和蛭石也是我国无土栽培常用的基质。

（3）复合基质栽培。基质可以单独使用，也可以混合使用。把有机、无机基质按适当比例混合后，就形成了复合基质，复合基质可使有机和无机基质相互取长补短，改善两类基质的理化性质，增进使用效果。

此外，根据栽培的空间状态，可将无土栽培分为立体栽培和平面栽培两类。立体栽培又可分为多层槽式、立柱式、袋式等多种形式。平面栽培有槽（盆）培、沟培、管道培等。

5.1.2　无土栽培的特点

1. 优点

1）产量高、效益大、品质好、价值高

由于无土栽培所使用的营养液是根据马铃薯生长发育需要精心配制的，有利于马铃薯迅速生长，所以无土栽培更有利于充分发挥马铃薯的生长潜能，从而实现高产，马铃薯土壤栽培的产量是 1 212kg/667m²，而用无土栽培的产量是 11 667 kg/667m²，相差 9.6 倍。

2）节省肥料，节约用水

无土栽培由于有固定容器。所以肥、水损失很少。而土壤栽培约有一半养分和大部分的水分流失。

3）病虫害少，生产过程中可实现无公害化

无土栽培属于设施农业，所用的肥料是用无机元素配制的营养液，基质是经过消毒的，既清洁卫生，又可大大减少病虫害。

4）不受诸多因素限制，适合室内或网棚内使用

无土栽培比较灵活，一般场地只要有空气和水、光照、温度等条件，就可采用此法栽培马铃薯。

5）避免土壤连作障碍

无土栽培可以从根本上避免和解决土壤连作障碍的问题，每收获一茬后，只要对栽培设施进行必要的清洗和消毒就可以马上种植下茬作物。

2. 缺点

1）一次性投资较大，运行成本高

无论采用哪种方式进行无土栽培，都需要栽培设施、肥料和水等材料，与土培相比较而言投资是很大的。

2）无土栽培的管理需要较高的水平

无土栽培是一门崭新的科学，其栽培技术完全不同于土壤栽培，特别是营养液的配制及防止病害侵染等技术，均需要一定的水平才能掌握，这也是推广普及无土栽培技术的一个限制因素。

3）无土栽培受外界因素影响较大

由于无土栽培作物在营养液中生长，其缓冲力小，同土壤栽培相比，容易受温度、氧气、二氧化碳和矿质养分多少等外界因素的影响。

5.1.3 营养液的配制

1. 营养液的基本组成

营养液的基本成分包括水、肥料（无机盐类化合物）和辅助物质。经典或被认为合适的营养液配方必须结合当地水质、气候条件及栽培的作物种类，对配制营养液的肥料的种类、用量和比例做适当调整，才能最大限度地发挥营养液的使用效果。

1）营养液的组成原则

营养液的组成不仅直接影响作物的生长发育，而且也涉及经济、有效利用养分的问题。根据植物种类、水源和气候条件等具体情况，有针对性地确定和调整营养液的组成成分，能够充分发挥营养液的使用功效，以适应作物栽培的要求。

（1）营养元素齐全。植物生长发育必需的营养元素有 16 种，其中 C、H、O 三种营养元素由空气和水提供，其余 13 种营养元素（N、P、K、Ca、Mg、S、Fe、Mn、B、Zn、Cu、Mu、Cl）从根基环境中吸收。因此，所配制的营养液应含有这 13 种营养元素。因为在水源、固体基质或肥料中已含有植物所需的某些微量元素，所以配制营养液时一般不需另外添加。

（2）营养元素可以被植物吸收。配制营养液的肥料应以化学态为主，在水中有良好

的溶解性，同时能被作物有效利用。通常都是无机盐类，也有一些有机螯合物。不能被植物直接吸收利用的有机肥不宜作为营养液的肥源。

（3）营养均衡。营养液中各营养元素的数量比例应符合植物生长发育的要求、生理均衡，可以保证各种营养元素有效地充分发挥和植物吸收的平衡。在保证元素种类齐全并且符合配方要求的前提下，所用肥料的种类力求要少（一般不超过 4 种），以防止化合物带入植物不需要和引起过剩的离子或其他有害杂质（表 5-1）。

表 5-1　　　　　　　　　营养液中各元素浓度范围

元素	浓度（mg/L）			浓度（mmol/L）		
	最低	适中	最高	最低	适中	最高
硝态氮（NO_3^-）	56	224	350	4	16	25
铵态氮（NH_4^+）	—	—	56	—	—	4.0
磷（K）	20	40	120	0.7	1.4	4.0
钾（K）	78	312	585	2.0	8.0	15
钙（Ca）	60	160	720	1.5	4.0	18
镁（Mg）	12	48	96	0.5	2.0	4.0
硫（S）	16	64	1 440	0.5	2.0	45
钠（Na）	—	—	230	—	—	10
氯（Cl）	—	—	350	—	—	10
铁（Fe）	2.0		10	—	—	—
锰（Mn）	0.5		5.0	—	—	—
硼（B）	0.5		5.0	—	—	—
锌（Zn）	0.5		1.0	—	—	—
铜（Cu）	0.1		0.5	—	—	—
钼（Mo）	0.001		0.002	—	—	—

（4）总盐度和酸碱度适宜。营养液中总浓度应符合植物生长的要求（表 5-2）。不可因浓度太低，造成作物缺素；也不可因浓度过高，造成作物发生盐害。尽管某些肥料溶解后因为根系的选择性吸收而表现出生理酸性或生理碱性，甚至其生理酸性较强，但营养液的酸碱度及其总体表现出来的生理酸碱反应是较为平稳的，不超出植物正常生长所要求的酸碱度变化范围。

表 5-2　　　　　　　　　营养液总浓度范围

浓度表示方法	范围		
	最低	适中	最高
渗透压/Pa	0.3×10^5	0.5×10^5	1.5×10^5
正负离子合计数/（mmol/L）	12	37	62

浓度表示方法	范　围		
	最低	适中	最高
在 20℃时的理论值电导率/（mS/cm）	0.83	2.5	4.2
总盐分含量/（g/L）	0.83	2.5	4.2

（5）营养元素有效期长。营养液中的各种营养元素在栽培过程中应长时间保持其有效态，并且有效性不因氧化、根的吸收以及离子间的相互作用而在短时间内降低。

2）营养液配方

在规定体积的营养液中，规定含有各种必需营养元素的盐类数量为营养液配方（见附录），配方中列出的规定用量，称为这个配方的一个剂量。如果使用时将各种盐类的规定用量都只使用其一半，则称为某配方的 1/2 剂量，余类推。一个生理平衡的营养液配方可能适用于某一类或几类作物，也可能适用于几类作物中的几个品种。营养液中的微量元素可按表 5-3 添加，对多数作物都适用。

表 5-3　　　　　　　　　　　　　通用微量元素配方

化合物名称（分子式）	每升水中含有的化合物的量	每升水中含有的元素的量
乙二胺四乙酸二钠铁（EDTA-NaFe）	20~40 *	2.8~5.6
硼酸（H_3BO_4）	2.86	0.5
硫酸锰（$MnSO_4 \cdot 4H_2O$）	2.13	0.5
硫酸锌（$ZnSO_4 \cdot 7H_2O$）	0.22	0.05
硫酸铜（$CuSO_4 \cdot 5H_2O$）	0.08	0.02
钼酸铵［$(NH_4)_6Mo_7O_{24} \cdot 4H_2O$］	0.02	0.01

* 易缺铁的植物选用高用量。

3）营养液的种类

（1）原液。原液是指按配方配成的一个剂量的标准溶液。

（2）母液。母液又称浓缩储备液，是为了储存和方便使用而把原液浓缩一定倍数的营养液。其浓缩倍数是根据营养液配方规定的用量、盐类化合物在水中的溶解度及储存需要配制的，以不致过饱和而沉淀析出为准。母液配制见第 4 章。

（3）工作液。工作液是指直接为作物提供营养的栽培液。一般根据栽培作物的种类和生育期的不同，由母液稀释而成一定倍数的稀释液，但是稀释成的工作液不一定是原液。

2. 营养液的配制技术

1）营养液配制的原则

营养液配制总的原则是确保在配制后和使用营养液时都不会产生难溶性的物质沉淀，

每一种营养液配方都潜伏着产生难溶物质沉淀的可能性，这与营养液的组成是分不开的，营养液是否会产生沉淀主要取决于营养液的浓度。几乎任何均衡的营养液中都含有可能产生 Ca^{2+}、Fe^{3+}、Mn^{2+}、Mg^{2+} 等和 SO_4^{2-}、PO_4^{3-} 或 HPO_4^{2-} 等，当这些离子在浓度较高时会相互作用而产生沉淀。实践中运用难溶性的物质溶度积法则作指导，采取以下 2 种方法可避免营养液中产生沉淀：一是对容易产生沉淀的两种盐类化合物分别溶解，分灌配制与保存，使用前稀释、混合；二是向营养液中加酸，降低 pH 值，使用前再加碱调整至正常水平。

2）营养液配制的准备工作

（1）正确选用和调整营养液配方。不同地区的水质和肥料纯度存在差异，会直接影响营养液的组成，栽培作物的品种和生育期不同，要求的营养元素比例也不同，特别是 N、P、K 营养三要素的比例；栽培方式特别是基质栽培时，基质的吸附性和本身的营养成分都会改变营养液的组成；不同营养液配方的使用还涉及栽培成本问题。因此，营养液配制前应根据植物种类、生育期、当地水质、气候条件、肥料纯度、栽培方式以及成本大小，正确选用和灵活调整营养液配方，在证明其确实可行之后再大面积应用。

（2）选好适当的肥料。所选肥料中既要考虑肥料中可供使用的营养元素的浓度和比例，又要注意选择溶解度高、纯度高、杂质少、价格低的肥料。

（3）阅读有关资料。在配制营养液之前，先仔细阅读有关肥料或化学品的说明书或包装说明，注意肥料的分子式、纯度、含有结晶水等。

（4）选择水源并进行水质化验。配制营养液时供参考。

（5）准备好贮液罐及其他必要物件。营养液一般配成浓缩 100~1 000 倍的母液，需要 2~3 个母液罐。小型母液罐的容积以 25L 或 50L 为宜，以深色不透光的为宜。此外，还需准备好相关的检测设备和溶解、搅拌用具等。

3）营养液的配制方法

生产上配制的营养液一般分为母液（浓缩贮备液）和工作液 2 种。母液配制时，不能将所有肥料都溶解在一起，因为浓缩后某些阴阳离子间会发生反应而沉淀。所以一般配成 A、B、C 三种母液。A 母液以钙盐为中心，凡不与钙作用而产生沉淀的盐都可溶在一起，一般配成 100~200 倍的浓缩液；C 母液时由铁盐和微量元素化合物混配而成，因其用量小，一般配成 1 000~3 000 倍的浓缩液。

工作液的配制方法有母液稀释法和直接配制法，其中，母液稀释法是生产上常用的工作液配制方法。

3. 营养液的管理

作物生长过程中，由于作物根系生长在营养液中，通过它吸收水分、养分来供给作物所需的水分和矿物质。由于根系的生命活动改变了营养液中各种化合物或离子的数量和比例，浓度、酸碱度和溶解氧含量等也随之改变，同时根系也会分泌出一些有机物以及根表皮细胞脱落、死亡甚至部分根系的衰老而残存于营养液中，并诱使微生物在营养液中繁殖，从而或多或少地改变了营养液的性质。环境温度的改变也影响营养液的液温变化。因此，要对营养液的这些性质有所了解，才能够有针对性地对影响营养液性质的诸多因素进行监测和有效地控制，以使其处于作物生长所需的最适范围内。

1）溶存氧的调整

无土栽培尤其是水培，氧气供应是否充分和及时往往成为测定植物能否正常生长的限制因素。生长在营养液中的根系，其呼吸所用的氧主要依靠根系对营养液中溶存氧的吸收。若营养液的溶解氧含量低于正常水平，就会影响根系呼吸和吸收营养，植物就表现出各种异常，甚至死亡。

（1）溶存氧的概念。溶存氧是指在一定温度、一定压力下单位体积营养液中溶解的氧气含量，单位常以 mg/L 表示。在一定温度和压力条件下单位营养液中能够溶解的氧气达到饱和时的溶存氧含量称为氧的饱和溶解度。由于在一定温度和压力条件下，溶解于溶液中的空气，其氧气占空气的比例是一定的，因此也可以用氧气占饱和空气的百分数（%）来表示此时溶液中的氧气含量，相当于饱和溶解度的百分比。

（2）水培植物对溶存氧的要求。不同的作物种类对营养液中溶氧浓度的要求不一样。对水培不耐淹浸的大多数植物而言，营养液的溶存氧浓度一般要求保持在饱和溶解度50%以上，相当于在适合多数植物生长的液温范围（15~18℃）内，4~5mg/L 的含氧量，而对耐淹浸的植物（即体内可以形成氧气输导组织的植物）这个要求可以降低。

（3）增氧措施。营养液中溶存氧的补充来源，一是从空气中自然向溶液中扩散，二是人工增氧。自然扩散的速度较慢，增量少，只适宜苗期使用，水培及多数基质培中都采用人工增氧的方法。人工增氧措施主要是利用机械和物理的方法来增加营养液与空气的接触机会，增加氧在营养液中的扩散能力，从而提高营养液中氧气的含量。常用的增氧方法有喷雾、搅拌、压缩空气、循环流动、间歇供液、夏季降低液温和营养液浓度、使用增氧器和化学增氧剂等。多种增氧方法结合使用，增氧效果更明显。其中，营养液循环流动通过水流的冲击和流动来提高营养液的溶氧量。这种方法增氧效果不错，可在大规模生产中使用；其他几种方法在大规模生产中的使用都有一定的局限性。

2）营养液浓度的调整

由于作物生长过程中不断吸收养分和水分，加之营养液中的水分蒸发，从而引起营养液浓度、组成发生变化。因此，需要监测和定期补充营养液的养分和水分。

（1）补充水分。水分的补充应每天进行，一天之内应补充多少次，视作物长势、每株占液量和耗水快慢而定，一般以不影响营养液的正常循环流动为准。在贮藏池内画上刻度，定时使水泵关闭，让营养液全部回到贮液池中，如其水位下降到加水的刻度线，即要加水恢复到原来的水位线。

（2）补充养分。向营养液中补充养分有以下三种方法：①根据化验了解营养液的浓度和水平。先化验营养液中 NO_3^--N 的减少量，按比例推算其他元素的减少量，然后加以补充，使营养液保持应有的浓度和营养水平。②根据减少的水量来推算。先调查不同作物在无土栽培中水分消耗量和养分吸收量之间的关系，再根据水分减少量推算出养分的补充量，加以补充调整。例如：已知硝态氮的吸收与水分的消耗的比例，黄瓜为 70∶100 左右；番茄、甜椒为 50∶100 左右；芹菜为 130∶100 左右。据此，当总液量 10 000L 消耗5000L 时，黄瓜需另追加 3 500L（5000×0.7）营养液，番茄、辣椒需追加 2 500L（5 000×0.5）营养液，然后再加水到总量 10 000L。其他作物也依次类推。作物的不同生育阶段，吸收水分和消耗养分的比例有一定差异，在调整时应加以注意。③根据实际测定的营养液的电导率值变化来调整。

3）营养液的 pH 值的控制

（1）营养液 pH 值对植物生长的影响。营养液的 pH 值对植物生长的影响有直接的和间接的两方面。直接的影响是营养液 pH 值过高或过低时都会伤害植物的根系。据 Hewitt 概括历史资料认为，明显的伤害范围在 pH 值 4~9 之外。有些特别耐碱或耐酸的植物可以在这范围之外正常生长。

（2）pH 值发生变化的原因。营养液的 pH 值变化主要受营养液配方中生理酸性盐和生理碱性盐的用量和比例、作物种类、每株植物根系占有的营养液体积大小、营养液的更换速率等多种因素的影响。生产上选用生理酸碱变化平衡的营养液配方，可减少调节 pH 值的次数；植株根系占有营养液的体积越大，则其 pH 值变化速率就越慢、变化幅度越小；营养液更换频率越高，则 pH 值变化速度延缓、变化幅度也小。但更换营养液而不控制 pH 值变化不经济，费力费时，也不实际。生产上一般采取酸度计监测营养液 pH 值的变化，方法简便、快速、准确、精度较高。pH 试验检测粗放、精度低。

（3）营养液 pH 值的控制。营养液 pH 值的控制有两种含义：一是治标，即采取酸碱中和的方法调节营养液的 pH 值。pH 值上升时，用 1~2mol/L 的稀酸溶液如 H_2SO_4 或 HNO_4 溶液中和；pH 值下降时，用用 1~2mol/L 的稀碱溶液如 NaOH 或 KOH 中和。加入的酸或碱液慢慢注入贮藏池中，随注随搅拌或开启水泵进行循环，避免加入速度过快或溶液过浓而造成的局部过酸而产生 $CaSO_4$ 的沉淀。二是治本，即在营养液配方的组成上，使用适当比例的生理酸性盐和生理碱性盐，达到生理平衡，从而使营养液的 pH 值变化比较平稳，且稳定在一定范围内。

4）光照与液温管理

（1）光照。营养液受阳光直照时这对无土栽培是不利的。因为阳光直射容易促使营养液中的铁产生沉淀。另外，阳光下的营养液表面会产生藻类，与栽培作物竞争养分和氧气。因此，营养液应避免阳光照射。

（2）营养液温度。营养液温度即液温直接影响根系对养分的吸收、呼吸和作物生长，以及微生物活动。植物对低液温的适宜范围都是比较窄的。温度的波动会引起病原菌的滋生和生理障碍的产生，同时会降低营养液中氧的溶解度。稳定的液温可以减少过低或过高的气温对植物造成的不良影响。例如，冬季气温降到10℃以下，如果液温仍保持在16℃，则对番茄的果实发育没有影响，在夏季气温升到 32~35℃ 时，如果液温仍保持不超过28℃，则黄瓜的产量不受影响，而且显著减少劣果数。即使是喜低温的鸭儿芹，如能保持液温在25℃以下，也能使夏季栽培的产量正常。一般来说，夏季的液温保持不超过 28℃，冬季的液温保持不低于15℃，对大多数作物的栽培都是适合的。

（3）营养液温度的调整。除大规模的现代化无土栽培基地外，我国多数无土栽培设施中没有专门的营养液温度调控设备，多数是在建造时采用各种保温措施。营养液加温可采取在贮液池中安装不锈钢螺旋管，通过循环于其中的热水加温或用电热管加温。热水来源于锅炉加热、地热或厂矿余热加温。最经济的降温方法是用井水或冷泉水通过贮液池中的螺旋管进行循环降温。

需要注意的是，营养液的光照、温度调控要综合考虑。光照强度高，温度也应该高；光照强度低，温度也要低。强光低温不好，弱光高温也不好。

5）供液时间与供液次数

营养液的供液时间与供液次数，主要依据栽培形式、环境条件、作物的长势和长相而定。总的供液原则是：营养供应充分和及时，经济用液和节约能源。为此，在无土栽培过程中应做到适时供液和定时供液。基质培时一般每天供液 2~4 次即可。如果基质层较厚，供液次数可少些；反之则供液次数多些。NFT 水培每日要多次供液，间歇供液，果菜每分钟供液量为 2L，而叶菜仅需 1L。作物生长盛期，对养分和水分的需要量大，供液次数应多，每次供液的时间也应长。供液主要集中在白天进行，夜间不供液或少供液。晴天供液次数多些，阴雨天可少些；气温高、光线强时供液多些；反之则供液少些。总之，供液时间与次数应因时因地制宜，灵活把握。

6）营养液的更换

循环使用的营养液在使用一段时间以后，需要更换营养液。更换的时间主要决定于有碍作物正常生长的物质在营养液中积累的程度。这些物质主要来源于营养液配方所带的非营养成分（NaNO$_3$中的 Na$^+$、CaCl$_2$中的 Cl$^-$等），中和生理酸碱性所产生的盐，使用硬水作水源时所带的盐分，根系是分泌物和脱落物以及由此而引起的微生物大量滋生、相关分解产物等。这些物质积累较多，就会造成总盐浓度过高而抑制作物生长，也干扰了对营养液养分浓度的准确测量。

5.2 马铃薯的无土栽培技术

5.2.1 马铃薯营养液的研究

营养液是无土栽培的核心，而营养液合理与否的一个重要衡量指标为产量，即植株只有处在比较适宜的营养液条件下才能获得较高的产量和品质，这里所说的适宜的营养液条件主要包括营养液组分、电导率（electric conductivity，EC）和 pH 值等方面。关于马铃薯营养液配方的研究很多，大多是以 MS 为基础，而改变其中的 N 与 K 的比例，其他元素含量则与 MS 相同或相近。短时间改变营养液的 pH 值对水培马铃薯块茎形成及膨大有一定的影响，在定植后 30d、35d、40d 改变营养液的 pH 值的处理，将 pH 值调整至 3、5，在此期间停止供液以维持 pH 值的恒定，10h 后恢复至原来的 pH 值（5.5）的状态，结果表明暂时的酸胁迫可以诱导马铃薯块茎的形成。营养液中适宜的矿质营养比例和离子浓度是无土栽培的关键性技术。

5.2.2 马铃薯种薯的无土栽培概述

无土栽培作为一种比较新兴的栽培技术，最早将无土栽培用于商业化生产是在 1929 年，由美国加州大学的克里克教授应用营养液栽培番茄获得成功开始，而应用于马铃薯则是在 1987 年。

目前生产脱毒小薯主要有水培和基质培两种方式，基质培以草炭、蛭石、珍珠岩及混合基质加营养液等有机质栽培为主。传统的基质栽培易受病原菌的侵染，脱毒微型薯的繁殖系数较低，同时需要栽植大量的脱毒组培苗，劳动强度大，使得基质培的微型薯生产成本较高。水培又可以划分为营养液膜技术（nutirent film technique，NFT）；深液流技术（deep flow technique，DFT）和雾化栽培等几种栽培形式。

雾培的概念是在 1968 年提出的，Lemmen 在 1995 年采用两种方式生产微型薯，其中一种为将马铃薯植株从栽培基质中提起，收获一定大小的小薯后再将植株根植于基质中，利用此种方式生产的小薯大小均匀一致，且提高了小薯的结薯数量，但由于根系受到损伤而使总产量下降。而用于雾化栽培的试验结果证明，雾培特别适用于以地下块茎为产品器官的马铃薯生产。1996 年韩国首先取得雾培马铃薯栽培试验的成功。

利用 NFT、DFT 方式生产的马铃薯，其根系、匍匐茎浸于营养液中，使块茎形成受到抑制，而且由于根周围 O_2 供应不足，致使生产出的块茎表皮容易腐烂，造成品质低劣。而喷雾式栽培根周围有充足的 O_2 供应，克服了 NFT 系统的不足，利用雾培法生产的微型薯其匍匐茎的生长发育情况要好于 DFT、NFT 下生长的植株，且匍匐茎形成的数量多，块茎形成也快。

气雾法生产马铃薯微型薯可避免病虫害的发生及传播，肥料利用率高，节约水资源，环境条件容易控制，单株结薯粒数多，可充分发挥马铃薯微型薯的生产潜力，生产效益高。雾培生产方式为马铃薯脱毒小薯生产的专业化、自动化、连续化提供了一种新的思维方式。

马铃薯无基质气雾栽培（简称雾培）技术是国内比较新型的快速繁育微型薯的一种方法，应用雾化法生产微型薯与普通的基质栽培相比具有很大的优势，可以人为控制马铃薯生长发育所需要的环境条件，使植株生长在较为适宜的条件下，能最大限度地挖掘其生产潜力。近年来，国内外对微型薯繁育技术、雾化设施的改进、基质苗的选择、营养液的浓度及供给间隔时间、薯苗的管理等有关方面做了一定的研究。

5.2.3　营养液膜技术

1. 栽培管理

1）种植槽处理

对于新槽主要检查各部件是否合乎要求，特别是槽底是否平顺，塑料薄膜有无破损。对于换茬后重新使用的种植槽，在使用前注意检查有无渗漏，并要彻底地清洗和消毒。

2）育苗与定植

（1）大株型种植槽的育苗与定植。因 NFT 的营养液层较浅，定植时作物的根系直接置于槽底，所以秧苗需要带有固体基质坨或有孔的塑料钵，才能锚定植株。与之相应的育苗方式最好选择固体基质块（一般用岩棉块）或多孔塑料钵育苗。大株型种植槽的三角形槽体封闭较高，故所育成的苗应有足够的高度才能定植，以便置于槽内时苗的茎叶能伸出三角形槽顶的缝以上。

（2）小株型种植槽的育苗与定植。可用岩棉块或海绵块育苗。岩棉块的规格大小以可旋转放入定植孔、不倒卧于槽底即可。也可用无纺布卷成活岩棉并切成方条块育苗。在育苗条块的上端切一小缝，将催芽的种子置于其中，密集育成具 2～3 叶的苗，然后移入板盖的定植孔中。定植后要使育苗条块触及槽底而幼叶伸出板面之上。

3）营养液的管理

（1）营养液配方的选择。由于 NFT 系统营养液的浓度和组成变化较快，因此要选择一些稳定性较好的营养液配方。

（2）供液方法。NFT 的供液方法有连续供液和间歇供液两种方法。

①连续供液法。NFT 吸收氧气的情况可分为两个阶段，即从定植后到根垫开始形成，

根系浸渍于营养液中，主要从营养液中吸收溶存氧，这是第一阶段。随着根量的增加，根垫形成后有一部分根露在空气中，这样就从营养液和空气两方面吸收氧，这是第二阶段。第二阶段出现的快慢，与供液量多少有关。供液量多，根垫要达到较厚的程度才能露于空气中，从而进入第二阶段较迟；供液量少，则很快就进入第二阶段。第二阶段是根系获得较充分氧源的阶段，应促其及早出现。

每条种植槽的连续供液量可控制在 2~4L/min 的范围内，并可随作物的长势和天气状况作适当的调整。植株较大、天气晴朗炎热的白天，每槽内的供液量适当增大；反之，则供液量适当减少。原则上白天、黑夜均需供液。如夜间停止供液，则抑制了作物对养分和水分的吸收（减少吸收 15%~30%），可导致作物减产。

②间歇供液法。间歇供液的优点主要表现在以下两方面：一方面是能够有效克服 NFT 系统中因槽过长，植株过多而导致根系缺氧的问题。间歇供液在供液停止时，根垫中大孔隙里的营养液随之流出，通入空气，使根垫里直至根底部都吸到空气中的氧，这样就增加了整个根系的吸氧量。二是减少水泵的工作时间，延长其使用寿命和降低能耗。但是要求贮液池的容积要大，停止供液后，以能够储存槽内回流的营养液为最低要求。

在正常的槽长与株数情况下，间歇供液与连续供液相比，更能促进植物的生长发育。但在根垫形成初期及根垫未形成时，间歇供液没有效果。至于间歇供液的时间和频度要根据槽长、种植密度、植株长势和气候条件来综合确定。如果槽较长、种植密度较高、植株较大、空气干燥炎热，而供液时间又过短，间歇时间过长，则注入槽内的营养液量过少，会影响到出口附近植株水肥的供应，甚至出现作物缺水凋萎的现象。

国外已将作物的生长情况和光照、温度等设施环境因素及间歇供液结合起来，并通过计算机实现供液与停液的最适控制。如英国研究出将营养液的循环供液与太阳辐射结合起来的控制方法，即当短波辐射能量累计达到 0.3MJ（m²/h）时，水泵开启 15min，而在夜间就采用定时器进行简单的控制。

③液温的管理。由于 NFT 的种植槽（特别是塑料薄膜构成的三角形沟槽）隔热性能差，再加上用液量少，因此液温的稳定性也差，容易造成槽头与槽尾的液温有明显差别。尤其是冬春季节，槽的进液口与出液口之间的温差可达 6℃，使本来已经调整到适合作物要求的液温，到了槽的末端就变成明显低于作物要求的水平。由此可见，NFT 水培要特别注意液温的管理。虽然各种作物对液温的要求有差异，但为了管理上的方便，液温的控制范围是夏季以不超过 28~30℃、冬季不低于 12~15℃为宜。

2. 技术特征

1）优点

（1）设施投资少，施工容易、方便。NFT 的种植槽是用轻质的塑料薄膜制成或用波纹瓦拼接而成，设施结构轻便、简单，安装容易，便于拆卸，投资成本少。

（2）液层浅且流动。营养液浅层较浅，作物根系部分浸在浅层营养液中，部分暴露于种植槽内的湿气中，并且浅层的营养液循环流动，可以较好地解决根系呼吸对氧的需求。

（3）易于实现生产过程的自动化管理。

2）缺点

（1）种植槽的耐用性差，维修工作频繁，后续的投资较多。

（2）槽内营养液总量少，浅层浅，并且间歇供液，造成根际环境稳定性差，对管理人员的技术水平和设备的性能要求较高。

（3）要使管理工作既精细又不繁重，势必要采用自动化控制装置，从而需增加设备和投资，推广受到限制。

（4）NFT为封闭的循环系统，一旦发生根系病害，容易在整个系统中传播、蔓延。因此，在使用前对设施的清洗和消毒的要求较高。

5.2.4 雾培技术

1. 栽培管理

1）育苗与定植

雾培的育苗与定植方法与DFT水培类似。但如果定植板是倾斜的，则不能够用小石砾来固定植株，而用岩棉纤维或聚氨酯纤维或海绵块裹住幼苗的根颈部，直接塞入定植板的定植孔或先放入定植杯，再将定植杯放入定植板中的定植孔内。包裹幼苗的岩棉、聚氨酯纤维或海绵的量以塞入定植孔后幼苗不会从定植孔中脱落为宜，但也不要塞得过紧，以防影响作物生长。

2）营养液管理

雾培的营养液浓度可比其他水培高一些，一般要高 20%~30%。这主要是由于营养液以喷雾的形式来供应时，附着在根系表面的营养液只是一层薄薄的水膜，因此总量较少，而为了防止在停止供液时植株吸收不到足够的养分，就要把营养液的浓度稍微提高。如果是半雾培，则不需提高营养液浓度，而与DFT水培一样。

雾培采用间歇供液的方式供液。供液及间歇的时间应视植株的大小及气体条件而定。植株较大、阳光充沛、空气湿度较小时，供液时间应较长，间歇时间可较短一些。如果是半喷雾培，供液的间歇时间还可稍延长，而供液时间可较短，白天的供液时间应比夜晚长，间歇时间应较短。也有人为了省却每天调节供液时间的麻烦，将供液时间和间歇时间都缩短，每供液 5~10min，间歇 5~10min，即供液的频度增加了，这样解决了营养液供液不及时的问题，但水泵需频繁启动，其使用寿命将缩短。

 开卷有益

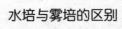

水培与雾培的区别

水培和雾培的主要区别是植物根系所处营养液环境不同。水培的根系处于液态营养液中，连续或间歇供液；而雾培的根系处于雾状营养液中，间歇供液。

2. 技术特征

1) 优点

(1) 能够有效解决水气矛盾，几乎不会出现由于根系缺氧而生长不良的现象。

(2) 养分及水分的利用率高，养分供应快速而有效。

(3) 可充分利用温室内的空间，提高单位面积的种植数量和产量。温室空间的利用要比传统的平面栽培提高 2~3 倍。

(4) 容易实现栽培管理的自动化。

2) 缺点

(1) 生产设备投资较大，设备的可靠性要求高，否则易造成喷头堵塞、喷雾不均匀、雾滴过大等问题。

(2) 在种植过程中营养液的浓度和组成容易产生较大幅度的变化，因此管理技术要求较高。

(3) 在短时间停电的情况下，喷雾装置就不能运转，很容易造成对植物的伤害。

(4) 作为一个封闭的系统，如控制不当，根系病害易于传播、蔓延。

5.2.5 马铃薯无土栽培的关键技术——扦插苗繁殖微型薯

微型薯是利用脱毒苗或试管薯在防蚜温室或网棚中繁育的小型种薯（即原原种），微型薯是种薯繁育的核心种，生产多少、质量优劣都关系到合格种薯生产的数量和质量。

1. 脱毒种苗选择

生产微型薯种苗要求叶片 3 叶以上，长度 5cm，健壮、无污染，在自然光照下打开器具盖锻炼 4~6d 后移栽。

2. 生产措施

1) 基质栽培——防虫网隔离栽培法

(1) 基质。蛭石、泥岩土、珍珠岩、森林土、无菌细砂，通过多年的实践，大规模使用蛭石。蛭石要求 pH 值小于 8.20，颗粒直径 2~4mm，膨松剂杂质少。

(2) 使用方法。将蛭石平铺在整好的池内，和土壤隔离。厚度为 8~10cm，用水浇透，以有些水从蛭石中渗出为宜。

(3) 栽培环境及土壤处理技术。有基质栽培最好采用日光节能温室，以便于生产间隙进行高温处理，并预防病毒病源。将日光温室中的土壤除去杂草整平，然后在地表每公顷施纯 N60~70kg，$P_2O_5$45~60kg，K_2O 60~70kg。同时喷施杀伤力强的农药甲基异硫磷和防治细菌性病害的农用链霉素，并适当施用一些腐熟好、无病害的农家肥。将化肥、农药及农家肥同时翻埋于土壤 15~20cm，最后地表整平夯实。

(4) 设施安排。在整理过的地表上，平铺尼纶网与土壤隔离且透水的隔离层，在隔离层上用无菌新砖分成 1~1.20m 宽且与棚长等长的小区，基质（蛭石）直接倒入小区中，然后安装防虫网棚及备用的遮阳设施。

(5) 种苗移栽。自然光照锻炼的脱毒苗，从试管中取出，洗去培养基质，用生根剂（萘乙酸）浸泡 10~20min，然后移栽于蛭石中，脱毒苗以 2 叶露出蛭石最好，栽苗 180~220 株/m^2。

(6) 移栽后管理。保湿：将移栽于蛭石的脱毒苗用小拱棚覆盖，苗成活后去掉小拱棚（5~8d）。保湿阶段不能使蛭石干涸，湿度应达到100%，温度25~28℃，若温度高于30℃则会产生烧苗现象。

浇水：保湿阶段结束后要及时浇水，整个生育期含水以50%~60%为宜（将蛭石用手捏，蛭石不能成块但不出水）。

浇营养液：无土栽培的有基质栽培生产微型薯，通常使用的每升营养液的成分为：KH_2PO_4 0.50g，NH_4NO_3 0.31g，$MgSO_4 \cdot 2H_2O$ 0.50g，Fe盐0.03g，6~7d浇1次，每次浇量以1.50~2L/m^2为宜。

喷农药：微型薯整个生育期要及时防治病害，特别是真菌病害。农药每周喷1次，多种农药交替使用。对已生产过一次微型薯的地块和再次利用的蛭石必须注意细菌性病害的防治。其防治措施是将1 280万~1 300万单位的医用青霉素对水10~15kg，并与1%的高锰酸钾混合，喷洒于铺平的蛭石中，然后用水浇透，使一部分药剂进入土壤，并在苗子保湿期再用医用青霉素喷1次。

管理：待幼苗长到7~8叶时，培蛭石1次（厚5~6cm），注意防止病原的侵入，特别是病毒的侵入，严格控制带病植物带病虫进入温棚；棚内禁止吸烟。

（7）收获及保存。待80%的薯块长至1.50g以上时及时收获。微型薯收获后应及时晾晒，并喷洒真菌和细菌农药1次，待表皮无水分后入窖储藏。窖温以1~10℃为宜，湿度以50%~80%为佳。

2）无基质栽培——雾培法

马铃薯雾培是近几年发展起来的一种新型的无土栽培技术，主要用于脱毒马铃薯微型种薯的生产（图5-2）。

图5-2 马铃薯雾培示意图

（1）营养池构造。约20m^2隔离的玻璃温室，室内安装5个规格为2m×0.5m×0.44m的栽培槽。每个栽培槽的底部安有双排进水管及一个出水孔，进水管每隔一定距离有一个喷头，栽培槽上部由木板作为支持物，幼苗苗床的株行距为10cm×10cm，成苗苗床的株行距为20cm×25cm。实验室地上安装有较大容量的储液容器，营养液循环使用。进水及喷水的动力由单相自吸水泵带动。

（2）定植前的准备。为使组培苗生长得更壮，能更好地适应喷雾环境，在定植前要对组培苗进行"假植"，地点可选在温室中进行。先将组培苗从培养室取出放在常温下炼苗2~5d后，打开瓶口在空气中晾1d，洗净培养基，将组培苗按株行距3cm×5cm移栽在拌有珍珠岩、蛭石或沙子的营养土上。要求温度为 15℃～25℃，空气湿度为 70%～80%，日照时间 15～20h，有利于组培苗发根，生长 35～49d 后，再移栽到苗床上。

（3）定植前的消毒。定植前对营养液、工具、设备进行消毒处理。营养液加 0.05% 的漂白粉消毒，设备和工具用 100～200 倍的福尔马林清洗或喷雾。

（4）定植时期的选择。一般选择阴天或晴天下午 3 时后进行。先向棚内喷水，使空气湿度达到饱和状态。将组培苗从营养土中起出，根部放在水中漂洗干净后，移至苗床板上，株距行距均为 20cm。移栽时注意根和茎不能折断。定植 7d 内要用遮阳网进行遮光，室内温度保持 18～22℃，湿度保持 70%～80%，提高组培苗的成活率。

（5）定植后的管理。定植后的前 2d 用清水喷雾，以后用营养液浓度的 1/3～1/2 倍液喷雾，7d 后改为正常浓度。营养液成分每隔 3～5d 测 1 次，20d 后全部更换。一般 28～35d 后转入生殖生长，这一时期，营养液的浓度要作相应的调整。

（6）定植后的温湿度及光照管理。营养生长阶段温度保持在 20～23℃，生殖生长阶段白天温度保持 23～24℃，夜间温度为 10～14℃，结薯期间温度不能过高，温度高于 25℃时结薯小且变形。湿度保持 70%～80%。光照时间不少于 13h，如果低于 13h，则需要用日光灯补充。光照不能太强，否则容易伤苗，太强可用遮阳网遮光。

（7）定植后苗的管理及病虫害防治。由于组培苗是在良好的营养环境条件下生长的，又有适合的温湿度和光照条件，所以生长快，容易发生徒长。因此，当苗长到 50cm 时，要给苗做支架使其直立以防倒伏。生长室内的温湿度很适合一些病虫害的发生，要以预防为主。定期喷施防治病虫害的药剂，以防病虫害的发生和蔓延。

（8）适时收获。早熟品种生育期短，一般在生长 60d 左右即可收获原原种，且结薯比较集中。但由于种薯的成熟度不同，所以要实行分期收获，一般 5～7d 收获一次。晚熟品种生育期长，结薯数量多于早熟品种，一般在生长 75d 左右才能收获。刚收获的种薯含水量较高，应在 70%～80% 的湿度下当天风干后，再喷百菌清等保护剂于种薯表皮，1～2d 晾干后再入库保存。保存温度为 4～6℃、湿度为 70%～80%。

第6章　马铃薯种薯繁育体系和繁育技术

我国马铃薯种薯在生产上单产不高的主要原因，是缺乏良性循环生产健康种薯的现代化种薯生产体系。因为马铃薯种薯需种量较大，许多产区一直没有像玉米那样建立起繁育基地，所以造成马铃薯新品种寿命较短，推广中伴随着混杂退化。目前在脱毒种薯的生产应用上，建立马铃薯种薯繁育体系，既可减少混杂退化，又可繁殖生产大量种薯。因此，建立脱毒种薯繁育体系势在必行。

6.1　马铃薯脱毒种薯繁育体系的建立

6.1.1　马铃薯脱毒种薯繁育任务

马铃薯种薯繁育的任务除防止品种机械混杂、保持原种的纯度外，更重要的是由于原原种和原种生产要求具备较严格的隔离条件，所以原种的面积和数量不可能很大。原种不能直接满足大田商品薯生产的需要，原种还必须经过 1~2 代繁殖，才能获得足够数量的生产用种薯。因此需要建立一个适合本地区的种薯逐级扩大繁育体系。同时，在繁育各级种薯的过程中，采取防止病毒再侵染的措施，源源不断地为生产提供优质种薯。

健全的种薯繁育体系，可保证品种按用途或区域化合理布局，有计划地更换品种。避免因品种感染病毒而频繁更换，造成生产上多、乱、杂现象。一些马铃薯种薯生产先进的国家种植的品种并不多，但由于有健全的种薯繁育体系，虽种植年限很长，但仍保持较高的生产潜力。例如荷兰，全国栽培的主要品种宾杰、爱尔斯特令（Erstling）、西尔提马（Sirtemar）和阿尔法（Alpha）占马铃薯总面积的一半以上，这些品种分别于 1910 年、1891 年、1951 年和 1925 年育成，有的已种植 100 年。加拿大和美国的主要品种是抗疫白（Kennebec）、赤赫布尔班克（Russet Burbank）等少数品种，占马铃薯总面积的 80%，其中赤赫布尔班克于 1876 年推广，种植 100 多年。近 20 年来，荷兰已成为主要的种薯生产和出口国家，种用马铃薯播种面积约 14 万 hm^2，占马铃薯总面积的 17%，生产种薯总面积的 70%，向 70 多个国家出口。同时在全国建立了 200 个原种场生产无病毒原种（S 级）及各级种薯（SE、E、A、B、C），并结合严格的血清学鉴定 PVX、PVS 和 PVY 等多种病毒。对各级种薯都有质量标准和检验制度。

6.1.2　三代种薯繁育体系的建立

1. 三代种薯体系建立

为解决种薯分级混乱和迅速提高我国马铃薯种薯质量，根据我国种薯生产的实际情况，我国著名马铃薯专家屈冬玉、谢开云博士等在 2007 年发表的《大力推进三代种薯繁育体系建设，提高中国马铃薯种薯质量和生产水平》的论文中，提出了实行"三代种薯繁育体系概念"，主要针对全世界及全中国，种薯分级都处于混乱状态，且种薯质量高低不一的情况，建议全面采用三代种薯繁育体系（G1-G2-G3），即在温室或网室等隔离条件下，利用试管苗生产第一代种薯（G1 种薯，也称为原原种，或微型薯），再利用 G1 种薯在环境条件较好的大田繁殖第二代种薯（G2 种薯，也称为原种），将 G2 种薯在大田条件下再繁殖一代，得到第三代种薯（G3 种薯，也称为合格种薯，或生产用种），将 G3 种薯用于商品马铃薯生产，将整个种薯繁育周期缩短至三代。但各代种薯都有严格的大小和质量要求。

1）三代种薯繁育体系概念

鉴于我国种薯生产的现有条件（包括微型薯生产的设施、设备、生产技术和生产能力；开放条件下种薯生产的环境条件等）有了很大改进，建议将种薯分为三代，分别为一代种薯（G1 种薯）、二代种薯（G2 种薯）和三代种薯（G3 种薯）。

（1）一代种薯（G1 种薯）。是指在人工隔离条件下（温室、网室或实验室）生产出的微型薯种薯（重量在 1.0g 以上，20g 以下），再次种植时不需要进行切块。可以是利用组培苗或试管苗在无病害基质中（蛭石、草炭、珍珠岩、细沙等）得到的微型薯种薯，也可以是利用组培苗或试管薯在无基质条件下（水培或雾培）得到的微型薯；还可以是组培苗直接移栽到人工隔离条件下生产的小块茎。但目前最经济有效的方法是用脱毒苗在温（网）室中切段扦插，其优点有三：一是节省投资，脱毒苗切段扦插是把脱毒苗从试管繁殖改在防虫温（网）室中进行，不需要大量的培养容器，也不需要大面积的培养室，并可节省大量的培养基。因此，可节省投资，降低成本，提高无病毒种薯的生产效益。二是繁殖速度快，脱毒苗在防虫温（网）室中生长，可以完全按照它的所需来提供营养进行快速繁殖。三是方法简单，脱毒苗移栽成活后，切段扦插时把顶部茎段和其他节段分开，并分别放入生根剂溶液中浸 15min，然后扦插繁殖，方法简单，容易繁殖。

无论何种方式生产出来的微型薯，都必须保证不带任何病害，即不带任何病毒、真菌和细菌病害。

（2）二代种薯（G2 种薯或称原种）。指在自然条件好、天然隔离条件较好、周边（800m 内）无其他级别种薯或商品薯等条件下，利用第一代种薯（G1 种薯）生产出来的种薯，大小控制在每块 75g 以下（直径 35~45mm 为宜）。不带各种真菌、细菌病害，田间病毒株率（PLRV、PYX、PVY、PVS）不超过 1.0% 的种薯。

原原种生产成本高，生产的种薯数量有限，远不能用于生产。所以需要把原原种扩大繁殖，生产原种 G2 和合格种薯 G3。原种生产的规模比原原种大得多，不可能全用温室和网棚。虽然如此，但仍需要生产高质量的种薯，特别是一级原种应接近完全健康。因而选择原种需要选择适当的地点。

（3）三代种薯（G3 种薯，又称合格种薯或生产用种）。用原种生产的种薯为合格种薯，即指在自然条件较好（海拔较高、蚜虫较少、气候较冷凉）、天然隔离条件较好、周边 800m 内无商品薯等条件下，利用原种（G2 种薯）生产出来的、块茎大小在 50~100g 以下（直径 35~55mm 为宜）的种薯。不带各种真菌、细菌病害，田间病毒株率（PLRV、PYX、PVY、PVS）不超过 5% 的种薯。

合格种薯可直接向农民提供为种薯。农民生产的马铃薯只能供市场销售食用，不做种薯。但如果原种或合格种薯的种薯量少，在条件允许的情况下合格种薯可再繁殖 1 次到 2

级合格种薯。

合格种薯生产，可在生产条件较好的地点，与农民签订种薯生产合同。签订合同的目的，一是保证种薯的质量，二是保证种薯的数量。为了保证种薯质量，提供种薯的农民需要在种薯生长期间进行喷药防蚜，拔除病、杂植株；消灭田间传播病虫害的杂草；及时防治晚疫病和28星瓢虫等病虫害。提供种薯的一方还要履行合同中其他有关规定，如收获、储藏、轮作年限、收交种薯时期等。在保证种薯数量上，因马铃薯不能长期储藏，种薯生产需要以销定产。合同应明确规定提供种薯的农民对种薯数量负责，做到需求平衡。

2）种薯的分级

关于种薯分级，全世界都处于一种混乱状态，甚至同一个国家内都有不同的分级体系，各级种薯的名称也不尽相同。欧盟的种薯分级体系为3级种薯，即原原种（Pre-basic seed）、原种（Basic seed）和合格种（Certified seed）。但每个级别中又可能再细分成若干个级别，如原种中，不同国家分为1到4级不等，俄罗斯只有1级，为SSE级，而芬兰、瑞典、丹麦和法国又细分为4个级别（详见表6-1）。其中俄罗斯每个级别中不再细分，只是简单地分为：SSE级（相当于原原种）、SE（相当于原种）和E（相当于合格种薯），所以俄罗斯的种薯生产体系相当于我们所提倡的三代种薯生产体系。芬兰是种薯分级最多的国家，其中原原种就分为4个级别，原种分为3个级别，合格种薯分为2个级别，种薯从SS级到B级，分成了九级：SS、S、SEE、SE、E1、E2、E3、A和B。

表6-1　　　　　　　　　　　　　　　　欧洲马铃薯种薯分级表

级　别	芬兰	瑞典	丹麦	荷兰	德国	法国	苏格兰	爱沙尼亚	俄罗斯
原原种 （Pre-bisic seed）	SS	SS	MK	—	—	B	—	SS	SSE
	S	S1	SE1	—	—	BO	TC	S	—
	SEE	S2	SE2	S	—	B1	PB1	—	—
	SE	S3	SE3	S	V	B2	PB2	—	—
原种 （basic seed）	E1（EC1）	SE1	E1	SE	S（EC1）	SE1（EC1）	VTSC-2	SE	SE
	E2（EC2）	SE1	E2	E	SE（EC2）	E（EC2）	SE1-3	E1	—
	E3（EC3）	E	E3		E（EC3）	（EC3）	E1-3, AA	E2	—
合格种 （certified seed）	A, B	A	A	A, B	A	A		A, B	E

美国的分级体系更是复杂，不同州之间有不同的分级体系（表6-2）。

表6-2　　　　　　　　　　　　　　　　美国不同州的种薯分级表

州　　名	分　　级						
阿拉斯加	G1	G2	G3	G4	G5	G6	G7
密歇根	FY1	FY2	FY3	FY4	FY5	FY6	

续表

州　名	分　级					
加利福尼亚,爱达荷,明尼苏达,蒙大拿,缅因	N	G1	G2	G3	G4	G5	C
	N1	N2	N3	N4	G1	G2	G3
纽约	N1	N2	N3	G1	G2	G3	G4
威斯康星	E1	E2	G1	G2	G3	G4	C

加拿大的分级体系不同于其他国家,自成一体,它们包括:原原种(Pre-elite),原种 I (Elite I),原种 II (Elite II),原种 III (Elite III),原种 IV (Elite IV),基础种薯(Foundation),合格种薯(Certified)。

2000 年重新修改和发布的国家标准 (GB-18133-2000) 中规定了我国的马铃薯种薯级别为:原原种、原种 I、原种 II、合格种薯 I 和合格种薯 II 等 5 个级别。但不同地区使用的级别有所不同,如,1996 年,谢从华在西南地区提出的超级原种(微型种薯)、一级原种、二级原种、一级良种;2002 年,李文刚在内蒙古提出的原原种、原种、一级良种、二级良种到三级良种;2003 年,董玲在安徽提出的原原种、原种和生产用种;2006 年,朱汉武在甘肃定西提出的级别为原原种、原种、一级种和二级种;张仲平在云南昆明种薯体系中提出的微型薯、原种、一代种和生产用种(张仲平,2003);在贵州分为微型薯(原原种)、原种和一、二、三级种(吴毅歆、谢庆华和谢发成,2002);黑龙江将种薯分为原原种(微型薯)、原种一级、原种二级、一级良种、二级良种(有些地区无此级)和生产用种等 6 级(石瑛,2004);青海种薯生产体系中则只分为原原种和原种,但原种分为一代原种至五代原种等级别(唐国永,1999)。

3)种薯分级的依据

种薯分级是根据播种用种薯的级别、田间检验结果、收获日期及块茎检验结果等因素确定的。

(1)播种所用种薯级别。按照种薯生产的要求,收获的各级种薯,其质量标准不得超过下一级的种薯。即用原种种薯做种用材料,所收获的块茎等级不得超过合格种薯。同时,当种薯连续种植 2~4 年之后,不论其块茎是否感病,均不宜再定为种薯。只有这样,才能保证种薯不断来源于健康的优良无性系。此无性系最初应来自茎尖组织培养获得的脱毒试管苗。

(2)田间检验。田间检验的主要项目有:品种的典型性,用于种薯生产的品种,必须经过鉴定试验,确认具有原品种的典型性状;品种纯度,原种的品种纯度要求 100%,一、二级种薯纯度要求达到 99%;块茎传播的病虫害,这是最重要的检验项目,包括各种病毒病、黑胫病、环腐病、青枯病、疮痂病和粉痂病等,对于这些病害,各级种薯都规定有最高的允许发病率或最高的病害指数,超过最大允许量,种薯便要降级或淘汰。病害指数的计算方法是将各级种薯的每一种病害,根据其为害大小,规定出一定的系数,每种病害发生百分数乘以规定的系数,即为这一病害的指数。各种病害指数之和,即为某级种薯总的病害指数。为鼓励拔除病株,缺苗的系数规定得比病株要小,但基础种薯缺苗也不得超过 6%;侵染源,许多田间杂草是马铃薯病毒的中间寄主,如藜、荠菜、莴苣等都是马铃薯烟草脆裂病毒的中间寄主。红三叶草和春白菊则是马铃薯黄矮病毒的中间寄主。苜蓿上的苜蓿花叶病毒可通过蚜虫传到健康马铃薯上，引起马铃薯杂斑病。因此，如果种薯田邻近地块有病毒的侵染源，则生产的种薯应降级或淘汰。

（3）灭秧日期。及时灭秧可阻止蚜虫传播的病毒转移到块茎中，因此，灭秧日期也是种薯定级的重要依据。一般在有翅桃蚜迁飞后的 10d 内灭秧。如果推迟灭秧，种薯质量则要降级。

（4）块茎检验。经田间检验定为原种的都要进行块茎检验。定为合格种薯的，如果在通知的收获日期之前灭秧，可免于块茎检验。一旦进行块茎检验，则依块茎检验结果确定种薯级别。

2. 我国马铃薯三代种薯繁育体系的现状和问题

1）马铃薯脱毒种薯三级良种繁育体系及其在生产上的作用

早在 20 世纪 70 年代，我国就已开展马铃薯茎尖脱毒及其良种繁育技术的研究，并在总结国外脱毒种薯繁育体系的基础上建立了我国完整的种薯良种繁育体系（图 6-1）。在这一体系下，通过几代科学家和有关技术推广人员的努力，脱毒种薯在生产上推广应用并取得了显著的增产效益。

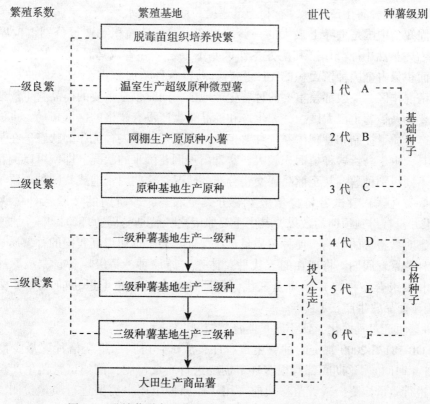

图 6-1 马铃薯脱毒种薯三级良种繁育体系和种薯分级模式

2）马铃薯脱毒种薯三级良种繁育体系在推广应用中的问题

马铃薯脱毒种薯在我国推广应用虽然取得了极显著的增产、增收效益，广大农民和各级领导也普遍认识到了脱毒种薯的利用价值，但是据测算，我国目前脱毒种薯在生产上的应用普及率不足 30%，与发达国家相比差距仍然很大，仍未形成大规模、产业化的脱毒种苗繁育能力。生产上，因优质种薯价格过高和数量有限，只能从四面八方盲目引种，导致品种混杂、病害严重，马铃薯产量和质量总体上仍未得到显著的提高。我国三级良种繁育体系也存在着诸多弊端。

首先，因繁殖周期长、繁殖系数低和种薯成本较高等原因，脱毒种薯在生产上的推广应用非常缓慢。其次，在从脱毒试管苗、原原种、原种、一级良种、二级良种到三级良种这一漫长而复杂的种薯繁育过程中，因缺乏健全有效的质量管理检测制度、统一的种薯质量分级标准，脱毒种薯质量很难得到有效保证，致使一些盲目调种的单位和农民以很高的种薯成本投入，获得较小的增产收益，投入产出失衡进一步制约了脱毒种薯的推广进程。同时，也挫伤了部分农民在马铃薯生产上投入的积极性，不利于马铃薯生产水平的提高。第三，从市场开发的角度来看，漫长的脱毒种薯繁殖周期，很难有效地适应消费市场对品种的需求，如：呼和浩特华欧淀粉有限公司，对高淀粉品种脱毒种薯的需求非常迫切，但按现有种薯繁育体系，从试管苗开始繁殖到生产出大面积推广的合格种薯至少需要 5~6 年，很难适应企业对高淀粉品种的需求。

3. 我国建立马铃薯三代种薯体系的必要性

1）符合我国种薯生产实际，有利于迅速提高种薯质量水平

众所周知，中国是世界上最大的马铃薯生产国，种植面积和产量分别占世界的 25% 和 20% 左右。虽然中原二作区和南方冬作区基本上是从外省调运种薯，但这部分地区马铃薯种植面积只占全国种植面积的 15% 左右。马铃薯种植面积占全国 85% 左右的北方一作区和西南混作区，一般都是重要的种薯生产地区，同时也是重要的商品薯生产地区。在这两个重要的马铃薯生产大区，种薯生产和商品薯生产没有严格的区域布局，也没有规范的种薯生产、质量控制和管理体系。种薯生产基本上还处于一种无序的状态。在某些马铃薯生产大县，由于马铃薯种植面积较大，常常出现倒茬困难的状况。即使可以倒茬，也常常出现与不同级别种薯、甚至商品薯交错分布的状况。这些因素造成我国种薯质量难以提高。在一些省（区）尝试着将少量微型薯分发至农户，即所谓的"脱毒种薯一步到位法"，结果并没有得到预期的效果，其中重要原因之一就是受周边环境影响，加速了病毒和其他病害对微型薯的影响，使种薯质量难以保证。为了迅速提高我国的种薯质量，我们只能缩短种薯繁育周期，将现在的五代种薯体系（原原种、一级原种、二级原种、一级合格种薯和二级合格种薯）缩短至三代，保证种薯在尚未严重退化前（病毒株率低于 5%）就用于商品薯生产。

2）种薯生产过程简化，便于质量监督与控制

按照 GB 18133-2000 规定的种薯生产程序，从试管苗到二级合格种薯最少需要 5 代（或需要 5 年时间），这期间都有很多环节需要进行质量控制，例如试管苗生产至少需要对基础苗进行质量检测，试管苗移栽前（用于原原种生产）需要进行质量检测，原原种（微型薯）生产过程中需要进行至少两次现场质量抽检，原原种收获后还需要进行抽样检测，其他各级种薯生产过程中需要进行质量跟踪检测。质量监控的工作量相当大，而目前我国从事马铃薯质量控制的部门和人员根本不能满足质量控制的要求，因此种薯质量几乎无法全程控制。

采用三代种薯体系，可以简化生产过程，只需要重点对基础苗和试管苗（室内）和 G1（人为隔离条件）质量进行严格控制，就能显著提高我国的种薯质量。对 G2 种薯和 G3 种薯的质量控制，主要通过田间检验人员的目测进行，简便易行。如果近期内能将种薯的病毒株率控制在 5% 以下，我国马铃薯种薯的质量将有一个质的飞跃。

只要采取严格的质量控制措施，一定能将 G2 种薯的病毒株率控制在 1% 以下，G3 种薯的病毒株率控制在 5% 以下。这样我国马铃薯种薯质量不但能有较大的提高，而且质量与国际同类标准相当，可大大增强我国种薯的国际竞争力。

3）分级简单明了，质量要求并不降低

虽然以上的要求与现行的国家标准"马铃薯脱毒种薯（GB18133-2000）"有一定的出入，但相对简单明了，且质量与国外类似级别的种薯质量相当。只要采取严格的质量控制措施，真正能将 G2 种薯的病毒株率控制在 1% 以下，G3 种薯的病毒株率控制在 5% 以下，我国的种薯质量不但能较大地提高，而且也会有一定的国际竞争力。

4）我国微型薯生产规模和生产技术为三代种薯体系提供了保障

采取三代种薯繁育体系，按目前我国每年的马铃薯播种面积以 500 万 hm^2 计算，每年需要种薯量为 1 125 百万 kg 左右（种薯用量按 2 250kg/hm^2），种薯平均产量按 2.25 万 kg/hm^2 计算，每年需要种植 G3 种薯 50 万 hm^2 左右。要满足 50 万 hm^2 的 G3 种薯生产需要 G2 种薯 11.25 万 kg，仍按 2.25kg/hm^2 产量计算，需要种植 G2 种薯 5 万 hm^2。生产 G2 种薯时，每 hm^2 需要 G1 种薯（微型薯）7.5 万~12 万粒，全国则需要 G1 种薯（微型薯）37.5 亿~60 亿粒。如果普及率按 60% 计算，需要 22.5 亿~36 亿粒 G1 种薯（微型薯）。由于缩短了种薯的繁殖年限，对组培苗和一代种薯（微型薯）的需要量大大增加。

近些年，农业部投资建设了大量的脱毒快繁中心，在重要的马铃薯生产省（区）都至少有一个投资 500 万元以上、生产能力 3 000 万粒以上的脱毒快繁中心。加上各省（区）自己投资兴建及企业自投资金兴建的各类脱毒快繁设施，到 2010 年，我国微型薯的生产能力达到了 15 亿~20 亿粒的规模。由于组培快繁技术的普及，如果需要，可很快兴建更多的脱毒快繁中心，迅速增加一代种薯（微型薯）的生产量，保证三代种薯体系的实施。

5）种薯补贴政策有利于推动三代种薯体系的发展

由于马铃薯在粮食安全和增加农民收入等方面能发挥重要的作用，近年来从中央政府到省、县政府都特别重视对马铃薯生产的扶持。从 2009 年开始，农业部开始在重要马铃薯生产省区进行了良种补贴试点，补贴标准为：原种生产每 m^2 补助 500 元，良种生产每 667m^2 补助 100 元。有些省（区）也制定了自己的补贴标准，良种补贴标准为 80~150/667m^2 元。实行三代种薯体系，更便于政府决策部门制定和实行种薯补贴政策。例如，原种（G2 种薯）补贴只补贴购买原原种（G1 种薯或微型薯），避免有些地方将所有的种薯都称为原种，或者分为一级原种、二级原种或三级原种等混乱称谓，保证补贴标准的准确性和公平性。通过各级政府实施的马铃薯种薯生产补贴，可降低种薯生产者的成本，增加优质种薯的数量和提高优质种薯的质量。

6）一代种薯（微型薯）用量大，增加了种薯生产的成本

由于缩短了种薯的繁殖年限，对组培苗和一代种薯（微型薯）的需要量大大增加，由于各地快繁技术的进步，试管苗和微型薯繁殖效率大大提高，因此种薯生产的成本将会

有一定的增加，但增加幅度不会太大。而且有利于政府实施对良种的补贴，最终不会增加种植者太多的负担，综合效益将大大提高。

4. 实施三代种薯繁育体系的要求

建立完善的种薯繁育体系是马铃薯产业健康发展的基础，没有健全的种薯繁育体系和种薯质量管理制度，就没有大幅度提高产量和产品质量的潜力，就不能保证马铃薯生产的持续发展。这方面可以借鉴西方发达国家，如荷兰、德国、英国、加拿大等的做法，指定官方的种薯检验中心定期进行田间取样，将检测结果输入计算机进行分析和监控，对每一种薯建立质量指标档案。而我国在种薯生产上基本还处于一种自发的无序状态，没有权威部门组织和管理，种薯质量差异巨大。国外普遍采用的注册种薯生产制度还没有在我国实施，商品薯和种薯生产没有严格区分。各级种薯生产都没有经过权威机构的检测和监督，种薯合格率低，市场上真正合格的脱毒种薯很少。同时，我国的脱毒马铃薯标准化生产体系又很不完善。因此，建立完善的脱毒马铃薯繁育体系是提高马铃薯种薯和商品薯产量和质量的关键，使脱毒马铃薯种薯生产标准化、规范化。

6.1.3　马铃薯种薯微型化及其在良种繁育体系中的价值

1. 马铃薯微型脱毒种薯繁育体系的对策和途径

近年来，我国马铃薯科技人员根据我国国情，研究并提出了一系列适合我国实际的脱毒种薯繁育生产技术，特别是试管苗、试管薯工厂化快繁技术、脱毒苗剪切扦插繁殖技术、原种带根多次切芽技术、微型薯工厂化繁育技术的快速发展，使得建立一种以优质、高效、快速微型种薯繁育为核心的良种繁育体系的可能性越来越大。随着快速、高效脱毒种薯微型薯繁育技术的发展和微型种薯繁殖成本的降低，脱毒种薯繁育将逐步向微型化、工厂化、规模化、产业化方向迈进，以优质、低成本的微型薯为核心的脱毒种薯新型繁育体系也必将逐步在种薯推广应用和马铃薯生产中显示出其潜在的应用价值。

1996 年，谢丛华博士在"西南山区马铃薯脱毒种薯体系研究"一文中，根据西南山区农业生态条件和气候特征及其成熟的快繁技术，提出并组织实施了 4 年制种薯生产体系，即：超级原种（微型种薯）、一级原种、二级原种、一级良种生产体系，累计推广脱毒薯 2.08 万 hm^2，增产鲜薯 1 亿多 kg，取得了显著的效益。根据脱毒种薯微型化、工厂化、规模化，高效低成本繁育技术不断创新和发展的技术基础，以及生产上的成功实践，我国马铃薯脱毒种薯繁育体系在目前应简化为以微型薯规模繁育为核心的 2 年或 3 年制良种繁育体系。这种体系对于缩短种薯繁殖周期、提高种薯繁殖效率、减少种薯繁殖环节、确保种薯质量、促进新品种推广、适应消费市场需求、降低种薯调运成本、促进生产发展均有重要的价值。

2. 马铃薯脱毒种薯微型化繁育体系发展的技术对策

优质、高效、快速的马铃薯脱毒种薯新型繁育体系，必须建立在大幅度提高繁殖效率、降低繁殖成本，形成规模化、产业化种薯繁育能力的技术基础之上，才能在应用、推广和生产中体现其价值。在种薯脱毒快繁技术上，我国马铃薯脱毒种薯微型化繁育体系和产业化发展的对策应从两个方面考虑。

1）以提高繁殖效率和大幅度降低繁殖成本为目标，加大种薯高效、低成本繁育技术研究力度深入研究脱毒试管苗的营养生长规律，提出高效率、低成本的脱毒试管苗工厂化扩繁技术及其工艺指标。深入研究马铃薯脱毒试管薯的形成和发育机理，提出诱导试管薯形成和发育的完善技术措施，并形成周年工厂化生产工艺参数和繁殖生产能力。深入研究无土栽培脱毒苗生长发育的营养生理，将组培实验室试管苗扩繁技术进一步扩展到温室、网棚等开放条件下，提出无土栽培条件下脱毒苗快速健壮生长的优化栽培基质和栽培技术及优质、高效、低成本周年工厂化切繁技术，使脱毒苗成本大幅度下降。深入研究脱毒苗无土栽培的结薯机理，创新和发展技术先进及高效完善的工厂化无土栽培微型薯繁育技术，实现周年工厂化规模繁育。深入研究马铃薯原原种生产繁育技术，实现原原种繁育的高技术集约化管理。

2）建立区域马铃薯脱毒微型种苗、种薯工厂化繁育中心

在上述研究及其技术体系的支撑下，在我国不同生态区域逐步建成现代化的马铃薯脱毒种苗和微型薯工厂化繁育中心。实现脱毒苗、微型薯和原原种小薯繁育工厂化、程序化、规范化、规模化。

3. 种薯微型化及其良种繁育体系的发展潜力

以微型薯工厂化繁育为核心的新型良种繁育体系，由于减少了种薯繁殖周期和有关环节，能够有效确保种薯质量，显著提高马铃薯生产水平，同时，对于加快新品种在生产上的应用推广，促进马铃薯加工业的发展有重要的价值。种薯微型化及以微型薯工厂化繁育为核心的新型良种繁育体系，由于减少了用种量，可以显著降低种薯调用成本。种薯微型化及以微型薯工厂化繁育为核心的新型良种繁育体系，有可能极大地影响和改变世界各国原有的种薯繁育体系和传统的耕作制度，进而影响世界马铃薯种薯市场的现有格局。种薯微型化及以微型薯工厂化繁育为核心的新型良种繁育体系预示着我国马铃薯脱毒种薯繁育将逐步走向工厂化、规模化。随着技术进步，种薯繁殖效率将大幅度提高，繁殖周期明显缩短，繁殖成本显著下降，其发展潜力非常巨大。

6.2　马铃薯的种薯繁育体系及技术

6.2.1　脱毒种薯繁育体系

中国的马铃薯种薯繁育体系是自 1976 年开始，随着脱毒种薯的生产利用而建立与完善的。由于中国地域辽阔，自然条件复杂，各省、自治区、直辖市等根据马铃薯种植面积和当地生态条件，因地制宜地建立了相应的种薯繁育体系，这是中国马铃薯种薯生产的特点。在各级种薯生产过程中，综合运用各种防止病毒再侵染措施，已取得了良好的效果。根据生态条件，马铃薯种薯繁育体系基本可分为春作区和中原春秋二季作区两种类型。

1. 北方春作—季繁种区

该区是中国的重要种薯生产基地，多数省份都建立了有隔离条件的原种繁育场，如黑龙江、内蒙古等省、自治区，每年调出种薯数 100 万 kg，供应 20 多个省、直辖市，该区的种薯繁育基地主要建立在纬度高、传毒介质少、隔离条件优越、交通运输方便的北部地区。青海省、甘肃省的原种繁育基地则建在海拔 2 500m 左右、四周群山环绕、隔离条件好、年平均温度 4~8℃、7 月份最高平均温度不超过 17℃ 的冷凉地区。

该区的种薯繁育体系一般为 5 年 5 级制，首先利用网棚进行脱毒苗扦插生产微型薯，一般由育种单位繁殖；然后由原种繁殖场利用网棚生产原原种、原种；再通过相应的体系，逐级扩大繁殖合格种薯用于生产。由省或地、市原种场繁殖基础种（包括 G1 原原种和 G2 原种），再通过相应的体系，逐级扩大繁殖合格 G3 种薯。这样可充分发挥脱毒种薯的增产潜力。

在种薯繁育体系的实施中，除 G1 原原种来自无毒苗外，其他 G2 原种和 G3 种薯生产过程中，都采用了种薯催芽，生育早期拔除病株，根据有翅蚜虫迁飞测报，早灭秧或早收获等防止病毒再侵染措施，以及密植结合早收生产小种薯，进行整薯播种，杜绝切刀传病和节省用种量，提高种薯利用率。

2. 中原春秋二季繁种区

中原二季作区的春马铃薯生育季节气温较高，桃蚜等传毒介体发生频繁，植株易感多种病毒，积累于新生块茎中。如果将脱毒种薯不加保种措施，经过 2 年春、秋 4 季种植，产量又降至脱毒前水平，失去种用价值。中原二季作区由于无霜期短，可以利用春、秋两季进行种薯繁殖。一般有两种繁育模式：一种是春季生产微型薯，秋季生产原原种的 2 年 4 代繁育模式；另一种是秋季生产微型薯，第二年春季生产原原种的 3 年 5 代繁育模式。该地区马铃薯种植分散，多与粮、棉、菜等作物间作套种。其种薯繁育体系与北方春作区截然不同。

中原二季作区的马铃薯种薯繁育体系是以生产脱毒微型薯原原种为基础，在研究有翅桃蚜迁飞消长规律的基础上，采用春阳畦（冷床）早种早收防止病毒再侵染措施为依据提出的。由于中原区无霜期长，一年进行春秋两季繁殖种薯，繁殖速度很快。以 1 000 个（每个约 1kg）脱毒微型薯原原种经 2 年 4 季繁殖，即可提供 200hm^2 生产田用种。并可通过种薯繁育体系源源不断地为生产提供优质种薯。

脱毒微型薯 G1 原原种秋繁 G2 原种时，应按块茎大小分级，并以其最适宜的密度种植，以获得最高的产量和最大的繁殖倍数。1992 年，孙慧生在山东种植微型薯，试验结果显示，2g 左右脱毒微型薯的适宜密度为 9 万株/hm^2（行株距 70cm×15cm），1g 左右的微型薯以 13.5 万株/hm^2（行株距 70cm×10cm）为宜。这只是早熟品种在山东省二季作条件下的密度范围，各地还须根据具体条件试验确定。

脱毒小薯原原种经 1 季繁殖，生产的原种块茎基本恢复到正常种薯大小，单株结薯数 4~5 个，50g 以上的大中薯率达 50% 左右，部分较小的块茎可以整薯播种。

6.2.2 脱毒马铃薯良种生产体系建设

马铃薯用块茎种植，用种量大，繁殖系数低。为使脱毒种薯尽快在生产上应用，使优质种薯源源不断地供给农民，提高马铃薯单产水平，建立马铃薯原原种、原种和大田良种生产体系是十分必要的。

1. 脱毒马铃薯三级良种繁育体系

1）生产原原种

利用脱毒苗生产无任何病害的原原种，是良种生产体系的核心。生产原原种可利用脱毒苗移栽法、切段扦插法、雾化快繁法等，但目前最经济有效的方法是用脱毒苗在温（网）室中切段扦插。

（1）生产方法。

①脱毒技术。

a. 脱毒材料的选择。为提高脱毒效果，在田间应选择未感病或无症状、具脱毒品种典型特征，生长健壮的植株，收获种薯后，对块茎进行选择，包括皮色、肉色、芽眼、病斑、虫蛀和机械创伤等，符合标准的薯块作为脱毒材料。

b. 材料消毒。入选的无性系块茎经休眠后，于室温内催芽，待芽长 4~5cm 时，将芽剪下放在超净工作台上进行表面消毒。方法是将芽在 75% 酒精中浸泡 30s，然后用无菌水冲洗 1~2 次，再用 5%~7% 漂白粉或 0.1% 升汞溶液浸泡 15~20min，再用无菌水清洗 3~4 次。

c. 剥离茎尖和接种。在无菌条件下将消毒的芽置于 30~40 倍解剖镜下进行茎尖分离，用解剖刀小心地剥离茎尖周围的叶片组织，暴露出顶端圆滑的生长点，再用解剖针细心切取茎尖长度为 0.1~0.3mm、带有 1~2 个叶原基，随即接种到试管培养基中。

d. 培养与病毒鉴定。接种于试管中的茎尖放于培养室内培养，室内温度应保持 22~25℃，光照强度 2 000~4 000lx，光照时间为每天 16h。30~40d 即可看到试管中明显伸长的小茎，叶原基形成可见的小叶。此时将小苗转到无生长调节剂的培养基中，3~4 个月后发育成 3~4 个叶片的小植株，将其按单节切段，接种于有培养基的试管或三角瓶或其他培养容器中，进行扩繁。30d 后，还要按单节切段，分别接种于 3 个培养容器中，成苗后其中 1 瓶保留，另外 2 瓶用于病毒检测，结果全为阴性时将保留的 1 瓶进行扩繁，如为阳性时可淘汰保留的那瓶苗。常用的病毒鉴定方法有 ELISA 血清学方法和指示植物鉴定法等。

②脱毒苗与微型薯快繁技术优点。

获得 1 瓶脱毒苗后应进行数次的扩繁，才能生产无毒种薯。为保证种薯的质量，脱毒苗必须绝对不带马铃薯纺锤块茎类病毒和其他病毒。

a. 节省投资。脱毒苗切段扦插是把脱毒苗从试管等培养容器繁殖改在防虫温（网）室中进行。这种方法不需要大量的三角瓶等培养容器生产试管苗，也不需要大面积的培养室，并可节省大量的培养基。因此，可节省投资，降低成本，提高无病毒种薯的生产效益。

b. 繁殖速度快。脱毒苗移栽成活后切段繁殖速度很快。例如，小规模生产原原种，利用 20 瓶（100 个苗）脱毒苗作母株，栽到温室或网棚中作切段扦插。每隔 25~30d 切段扦插繁殖 1 次。幼苗 7~8 节时按每两节为一段剪下扦插，苗基留 1 节和 1 片叶，使母株在剪切后继续生长。母株剪切两次后 60d 左右即可收获种薯。按每株平均每次剪切 3 个节段，每段含 2 个节，在二季作地区一般从 9 月中旬开始扦插，至翌年 5 月中旬为止，每个脱毒苗可连续繁殖 8 次。100 个基础苗（母株）可繁殖 1 968 300 株。剪切两次可繁殖 2 624 400 株。每株至少结薯 2 块，共生产小薯（原原种）5 248 800 块。每 667m² 种植原原种 1 万株，可种植 3.5 万 m²，每 667m² 收 1 500kg，可收获一级原种 78.6 万 kg。可种植二级原种田 419 万 m²。这样很快即可向农民提供优质种薯。

c. 方法简单。脱毒苗移栽成活后，切段扦插时把顶部节段和其他节段分开，并分别放入生根剂溶液中浸 15min，然后扦插。生根剂可用市场出售的生根粉配成溶液，也可用 100mg/L 的 NAA 溶液。扦插时把顶部节段和其他节段分别扦插于不同箱中。因顶部节段生长快, 其他节段生长慢, 混在一起生长不整齐影响剪苗期。扦插用 1：1 的草炭和蛭石作基质, 与试管苗移栽时相同, 并加入营养元素。扦插前基质浸湿, 切段 1 节插入基质中, 1 节在上。每平方米扦插 700~800 株。扦插时轻压苗基, 小水滴浇后用塑料薄膜覆盖, 保持湿度。扦插时室温不宜超过 25℃。剪苗后对母株施营养液, 促进生长。扦插苗成活后的管理与脱毒苗移栽后相同。

2) 生产原种

原原种生产成本高, 生产的种薯数量有限, 远不能直接用于生产。所以需要把原原种扩大繁殖, 生产一级原种和二级原种。原种生产的规模比原原种大得多, 不可能全用温室和网棚。虽然如此, 但仍需要生产高质量的种薯, 特别是一级原种应接近完全健康。因而, 生产原种需要严格操作程序, 特别是要选择适当的生产基地。原种生产田应具备的条件是：①地势高寒, 蚜虫少; ②雾大、风大, 有翅蚜虫不易迁飞、降落的地方; ③天然隔离条件好, 如森林中间的空地, 四周环山的高地, 海边土质好的岛屿等; ④无传播病毒和细菌性病害的土地。总之, 为了保证原种质量, 防止在种薯生长期间被病虫害侵袭, 特别是蚜虫传毒, 必要时应加强喷药灭蚜措施, 力求达到原种生产标准, 种薯标准如表 6-3 所示。

表 6-3　　　　　　　　　　　　各级种薯暂定质量标准

项　目	基础种薯			合格种薯	
	原原种	一级原种	二级原种	一级良种	二级良种
品种纯度	100	100	100	99	99
普通花叶病毒病	0	0	1	2	4
重花叶病毒病	0	0	1	3	5
卷叶病毒病	0	0	0.5	1	3
纺锤块茎类病毒病	0	—	0	0	1
黑胫病	0	0	0.5	1	2
环腐病	0	0	0	0	0
青枯病	0	0	0	0	0
晚疫病	0	0.1	0.5	1	2
缺苗	0	0	0.1	0.2	0.5

注：①各种病害为最大允许量; ②摘自《中国马铃薯栽培学》; ③生产良种。

良种来自一级原种或二级原种。第一次用原种生产的种薯为一级良种, 一级良种再种一次即为二级良种; 一级良种的种薯量多时, 可直接向农民提供种薯。农民生产的马铃薯只能供市场销售食用, 不做种薯。但如果一级原种或一级良种的种薯量少, 均可再繁殖一次到二级原种时才生产一级良种, 把一级良种再繁殖一次的种薯（二级良种）供给农民生产上用, 这要根据各地需要种薯量而定（图 6-2）。

良种生产, 可在生产条件较好的地点, 与农民签订种薯生产合同。签订合同的目的,

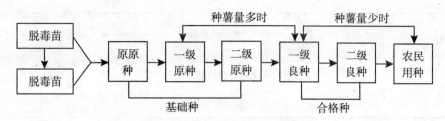

图 6-2 马铃薯良种生产体系示意图

一是保证种薯的质量；二是保证种薯的数量。为了保证种薯质量，需要在种薯生长期间进行喷药防蚜，拔除病、杂植株；消灭田间传播病虫害的杂草；及时防治晚疫病和二十八星瓢虫等病虫害。提供种薯的一方还要履行合同中其他有关规定，如收获、贮藏、轮作年限、收交种薯时期等。在保证种薯数量上，因马铃薯不能长期储藏，种薯生产需要以销定产。合同中应明确规定提供种薯的农民对种薯数量负责，做到需求平衡。

总之，良种生产体系一旦实现，农民利用优质种薯即得到保证，马铃薯的产量可大幅度提高。脱毒薯生产将大大提高农业的经济效益。

2. 马铃薯脱毒种薯户繁户用繁育体系

马铃薯用块茎种植，用种量大，繁殖系数低，通过茎尖脱毒快繁获得的原原种数量有限，需经几个无性世代的扩繁，才能用于生产。因此，只有建立和完善脱毒马铃薯种薯产业化生产体系（脱毒试管苗的快繁培养、原原种工厂化生产、脱毒种薯户繁户用繁育技术），才能使优质种薯源不断地供应生产。

20 世纪 90 年代中期，二季作区鲁南滕州市的马铃薯脱毒种薯继代扩繁全部在黑龙江、内蒙古等地区进行，这种从滕州到北方基地来回调运种薯的方式，存在的问题较多，如继代繁殖期长、繁殖过程中易感病、繁殖成本高、不能尽快低成本地投入生产、长途调运损失大等。

近年来，滕州市农业技术推广部门根据滕州独特的地理条件、现行的农村耕作体制，以及市场经济发展的要求，为保证既能使农民迅速获得效益，又能在尽可能短的时间内繁殖出高质量、高数量的脱毒种薯，在研究脱毒种薯的病毒再侵染规律、蚜虫迁飞规律和脱毒种薯生产技术的基础上，建立了适于滕州农户的脱毒种薯繁育技术体系—户繁户用繁育体系。其操作程序如图 6-3 所示。

该体系根据滕州市马铃薯二季作区的特点，采取春早播、高密度、早收获，秋晚种、播整薯、创高产等栽培措施，进行 2 年 3 季保质留种，缩短了繁种年限，提高了脱毒马铃薯种薯质量。同时科研单位直接对准繁种农户，种薯生产一次到位，减少了中间环节，降低了繁种成本和调运成本，从而降低了种薯价格。科研单位、繁种农户和广大马铃薯种植户结成利益共同体，是一种新型的马铃薯脱毒种薯繁育体系。在户繁户用繁育体系中，农户购买 60 粒微型薯可生产 1 代原种 8 ~ 15kg，2 代原种 130 ~ 240kg，一级种薯 2 000 ~ 4 000kg，可满足 1.3 万 ~ 2.6 万 m² 的大田用种。在技术人员的统一指导下，由农户进行田间操作，生产的种薯质量可靠，农民放心，从根本上解决了品种更新缓慢、种薯退化严重、品种混杂等问题，促进了马铃薯生产向微型化、规模化、产业化发展。户繁户用繁育

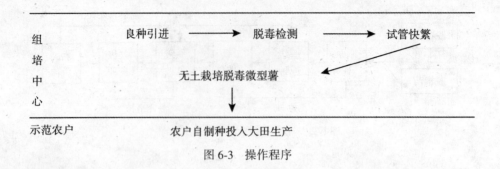

图 6-3　操作程序

体系如图 6-4、图 6-5 所示。

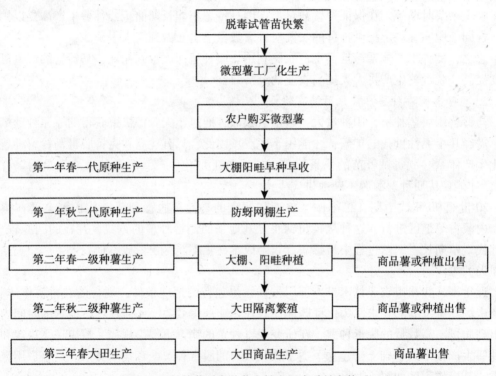

图 6-4　马铃薯脱毒种薯户繁户用春季繁育体系

6.2.3　脱毒种薯繁育技术

马铃薯脱毒种薯是指生产商品薯用的脱毒一级种薯、脱毒二级种薯，是在高山少蚜虫区域隔离、严格管理操作扩繁的合格种薯。

1. 繁育技术

1）基地选择

基地选址条件：海拔 2 000m 以上，年降水量 500mm 以上的冷凉阴湿山区。不适宜有翅蚜降落，蚜虫密度低。在一定距离范围内（一般 500m 以上）不种已有一定程度退化的

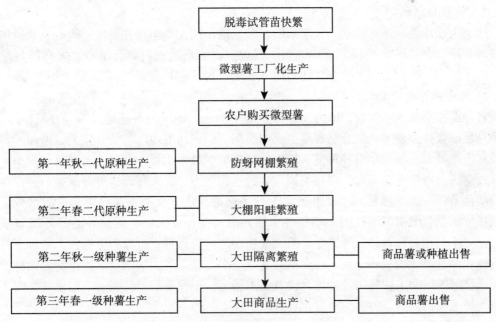

图 6-5　马铃薯脱毒种薯户繁户用繁育体系

普通马铃薯和油菜、茄科蔬菜等。具备一定的自然隔离条件（如高山、森林等），土壤水肥条件好。交通方便，便于调运。

2）选地

选土层深厚、结构疏松的轻质壤土或沙壤土，有机质含量 1.2%~2.0%，前茬作物为禾本科、豆科作物，不得重茬连作。

3）种薯处理

一级良种生产用作播种的种薯必须是脱毒原种，二级良种生产用作播种的种薯必须是脱毒一级良种。种薯可为整薯，也可切块，单块重 30~50g。切块时要注意切刀消毒，防止传病。播种前 20d 将种薯出窖，置于 15~20℃下催芽，当薯块大部分芽眼出芽时，剔除病烂薯和纤细芽薯，放置在阳光下晒种，使幼芽变绿并准备播种。

4）播种

适期晚播。一般在 4 月下旬至 5 月上旬播种为宜。播种采用开沟点播，并沟施种肥。种肥以有机肥为主，配施一定比例的 N、P、K 肥。播种密度比一般生产田增加 20% 左右。应开沟、点籽、施肥、覆土、耙压连续作业，播深 10cm 以上。

5）田间管理

苗出齐时除草松土 1 次，现蕾至初花期中耕培土 1~2 次。结合培土适量追施速效化肥。生长后期除草 1~2 次。严格拔除病、杂株，可在现蕾期和开花期分 2 次进行。拔除病株前应先喷药灭蚜，防止拔除病株时将蚜虫抖落到健株上，病、杂株要带离繁种田。

6）病虫害防治

要特别注意防除蚜虫，一般 6 月初会出现第一个有翅蚜迁飞高峰期，此时开始定期喷药，每隔 7~10d 喷洒 1 次，一般用抗蚜威、蚜虱净等农药交替喷洒。生长后期注意预防晚疫病。

　　7）收获与储藏

　　达到生理成熟时适时收获，宜早勿晚。收获前 1 周左右灭秧并运出田间，收获后块茎要进行晾晒、"发汗"，严格剔除病、烂、伤薯。入窖前要进行薯窖消毒，入窖时轻拿轻放，防止碰伤。窖藏期间勤检查，注意防冻，防止出芽、热窖或烂窖。

　　2. 脱毒种薯的小型化

　　将种薯控制在 50g 左右，即为脱毒种薯的小型化。中国种薯基地大部分在气候冷凉、光照充足、昼夜温差大，适合马铃薯生长的高海拔、高纬度地区。块茎较大，增加了调种运费和生产投入。采用小型种薯整薯播种，可以减少种薯用量，同时小型种薯体积小，节省存放空间，方便种薯调运，减轻了调运者的运输压力，大大降低了种薯成本；可以在不良的播种条件下提早播种。小型整薯由于有完整的薯皮，有利于保存块茎内的水分、养分，抵抗干旱、湿涝等不良的土壤条件，最大限度地保证出苗。根据各地的环境气候条件，建立小型化脱毒种薯良种繁育体系，采用小型种薯做种，进行整薯播种，是解决高成本运输和种薯退化的主要途径。许多马铃薯生产水平较高的国家已全部用小整薯做种，如荷兰、法国等国的小种薯的价格比大种薯高 1 倍多。小种薯易于储藏，节省储藏空间，在种薯生产中值得提倡。种薯的小型化具有以下优点。

　　1）减少病害感染和传播

　　主要是减少切刀传染的细菌和病毒病害。细菌性环腐病、青枯病、软腐病和黑胫病都可通过切过病薯的切刀传染健薯。播种后，重者在土壤中腐烂，轻者出苗后陆续死亡，荷兰称为质量病害（quality diseases）。PVX、PVS 病毒和 PSTV 类病毒也可通过切刀传染健薯。控制块茎大小，有利于加厚培土，可防止晚疫病菌孢子被雨水淋入土壤中的块茎上。

　　2）降低生产成本

　　减少用种数量，种植 25～75g 的小型种薯，较目前的 100～300g 大种薯可节省种薯用量 1/2，甚至 1 倍；降低调运费用，小种薯体积小，节省储藏空间，方便种薯调运。减轻了调种的运输压力，降低运输成本；发挥种薯顶端优势，块茎顶芽较中部或基部芽眼出苗快而整齐，植株繁茂，结薯早，产量高，被称为顶端优势。小型种薯可整薯播种。试验证明，未感染病毒的健壮小种薯酶的活性强，N、P 代谢率高，具有极强的生产潜力，并可充分发挥种薯的顶端优势，增加产量，提高繁殖倍数。

　　3. 提高繁殖系数技术的研究

　　马铃薯是薯块营养繁育的作物，繁殖系数低。一般小薯型单株结薯数 7～8 个，部分大薯切块，单株可繁殖薯块 10 个左右，大薯型品种单株结薯 3～4 个，由于大薯型品种一般芽眼少，且集中在头部，每块也只能切 2～3 块，单株繁殖系数不超过 10 个。如何批量生产小整薯种薯，提高单株繁殖系数是降低马铃薯用种量的又一技术难题。

　　1）原理

　　由于马铃薯是地下匍匐茎顶端膨大成薯，光照是制约茎顶端形成薯或成芽的决定因素，黑暗条件下小匍匐茎顶端膨大成薯，光照条件下匍匐茎顶端形成叶芽甚至出土成地上茎叶，该进程在光照条件下可以互逆。并且与其他植物一样，匍匐茎顶端具有顶端优势，控制顶端优势可以促进侧枝的发育。基于上述原理，设计提高马铃薯基质繁育方法，以提高马铃薯 1 代原种的繁殖系数，降低生产成本。

2）具体方法

将马铃薯正常催芽或自然发芽后，保持薯块表面湿润，置于室内或室外，比较芽基部匍匐茎萌发情况。出苗后 50d 左右，摘取小薯块，以后每 10d 左右采摘 1 次。整个生育期采摘 2~4 次。研究采收对打破匍匐茎顶端优势，促进侧枝薯块的形成与膨大的影响。

6.2.4 完善良种繁育体系的技术措施

1. 选用适销对路的品种作为繁育对象

在川水区选择大西洋、夏波蒂等专用加工型品种，南部高寒阴湿区选用台湾红皮、陇薯 6 号、渭薯 8 号等优质菜用薯，北部干旱半干旱地区重点繁育淀粉加工型品种，如定西广泛种植的陇薯 3 号及新大坪品种为淀粉加工型品种。

2. 种薯繁育场所的选择

众所周知，马铃薯是以地下块茎作为繁育材料的无性繁殖作物，其产品不仅多汁而且营养全面丰富，与其他谷物相比更易受到病原的侵袭。特别是种薯，一经病毒和类病毒等侵染，几乎都能毫无保留地一代接一代地传下去，导致种薯种性迅速退化，直接表现为产量降低，品质变劣。而所有引起这一切的原因都是桃蚜，它不仅取食汁液造成直接危害，而且是病毒传播的介体，在适宜气温 23~25℃ 条件下传毒活动最为剧烈，当气温在 15℃ 以下时蚜虫起飞困难。因此，原种及一、二级种薯繁育应选择在有保护设施及高纬度、高海拔等不利于蚜虫繁殖、取食、迁飞和传毒，但却极适合马铃薯生长和块茎膨大的冷凉条件和地区进行，同时还要选择地势高、风速大、较湿润的空旷地带。

3. 选择良好的隔离条件

在种薯生产基地的周围，至少 3km 的方圆范围内不能有马铃薯商品薯的生产田以及其他茄科类植物。这样，即使带有非持久性病毒的蚜虫迁飞到基地，其喙针上的病毒已失活而无传毒力；对能持久性传播的卷叶病毒，通过及时喷洒高效、低毒、低残留的内吸性杀虫剂，可有效起到防止病毒传播的作用。

4. 要有良好的土壤条件

沙壤土或壤土结构好，土层深厚、疏松，没有硬层，排水性能良好。以 pH 值为 6.5 的微酸性最好，中性土壤基本适合于马铃薯生长，避免易结块的黏重或碱性土壤。

5. 良种繁育要实行合理的轮作制度

在种薯繁育过程中，有些感染病害的块茎很容易遗留在土壤中，成为来年新的病害侵染源，继续危害下一代的种薯生产。同时，连年种植会造成土壤养分的亏缺。因此，种薯生产必须实行 3 年以上没有茄科作物种植的轮作。

6. 良种繁育要进行种薯催芽，促成早熟栽培

马铃薯生长后期对病毒的侵染有一定的抵抗性，减少或阻止病毒向块茎中运转和积累。采用地膜覆盖和播种前进行催芽处理等办法，使出苗期提早 7~15d，促进早结薯和成龄抗病性的形成，提高其产量。

7. 良种繁育要合理施用肥料

应以优质有机肥作基肥，施 P 肥、K 肥为种肥，适当控制 N 肥的用量。N 肥施用过多，易使植株晚熟，增加植株感染病毒和向块茎运转、积累的机会，且可加重晚疫病的发生和危害。

8. 良种繁育要注意剔除病、杂植株

在幼苗期、现蕾开花期及收获前分 3 次严格地剔除病株和杂株。第 1 次是幼苗期，这一次最为重要，要普查田块，尽量拔除可分辨的病毒株及地下的母薯块；第 2 次在现蕾至开花期进行，这个时期病毒株表现最明显，有利于拔除，同时依花色可很快地分辨出杂株，且此时病、杂株都已开始结薯，要将地上部的植株和地下部的块茎一并清除；收获前进行第 3 次清除病、杂株，将拔除的病、杂株及块茎及时放入塑料编织袋内，移出田间妥善处理。

9. 良种繁育要控制好田间种植密度

单位面积上主茎数的多少与块茎的数量、大小和产量有密切的相关关系。据试验，大于 2.8cm 的小块茎最高产量的主茎数是 2.3 万~2.7 万茎，大于 5cm 块茎的亩产量的主茎数 1 万茎。因此，要根据品种特性调整种植密度，从而达到控制块茎大小的目的。中早熟品种在密植条件下，可将块茎重量控制在 50~180g 之间，提高种薯种用价值。

10. 良种繁育要对传毒介体蚜虫进行防治

除马铃薯 X 病毒靠接触传播外，几种主要病毒都可以通过蚜虫传播，特别是卷叶病毒是完全由桃蚜传播的持久性病毒，及时灭蚜非常重要。

6.3　马铃薯实生种子

6.3.1　马铃薯实生种子的意义

追溯马铃薯的发展历史，世界上现有的栽培种，都是由野生种演变驯化而来。生长在南美洲高山上的野生种，在古代印第安人的玉米地里，是一种很难除净的恶性杂草，它借助长达 1m 多的匍匐枝、块茎多而小的特性，进行无性繁殖，同时又能开花结果，浆果落在地里，在适宜条件下种子发芽出土，进行有性繁殖。这种有性繁殖和无性繁殖的交替互补作用，是在漫长的自然选择中形成的重要生物学特性，并形成种的群落，占据一定的地理区域。即马铃薯品种均是杂种的无性繁殖系，是通过天然结实品种的实生苗或品种间杂交种的实生苗选育而成。

现已明确，马铃薯生产上普遍存在的"退化"，是因病毒系统侵染所致。世界上危害马铃薯的病毒有 20 多种，我国已经分离和鉴定的病毒有 9 种。此外，真菌性和细菌性病害有 10 多种，也都能侵染马铃薯。目前世界上已发现纺锤块茎类病毒（PSTV）、马铃薯 T 病毒（PTV）和安第斯马铃薯潜隐病毒（APLV）三种病毒能侵染马铃薯种子。我国只发现纺锤块茎类病毒一种。

各种病毒（除 PSTV 外）和病害都不能侵染马铃薯实生种子，因其自身具有根除病毒病害的作用，这一点已为国内外所公认。至于实生种子不带病毒的原因，涉及细胞减数分裂（DNA 的复制）、寄主 DNA 与植物病毒 RNA 间的主从关系。植物病毒能系统侵染植物的各个营养器官，包括根、茎、叶、块茎，但很少侵入花粉、卵和种胚。病毒具有渗透性，当马铃薯雌雄细胞进入减数分裂时，具有一个蛋白外壳的核糖核酸（RNA），分子量较大，约 400 万个单位的病毒，渗透不了受精过程，性细胞形成过程中新陈代谢颇强，病毒也竞争不过，不能改变寄主细胞的活动，从而在性细胞结合时，把病毒摒弃，当然也不能在寄主细胞内进行复制（繁殖），引起疾病。

我国目前仅发现的纺锤块茎类病毒（PSTV），其分子量特别小，只有 5 万个单位，没有蛋白外壳的脱氧核糖核酸（DNA），含有约 56 个氨基酸的遗传信息密码，无典型的病毒粒子。这种类病毒生活时间长，多年不死，它能改变寄主细胞的活动，从细胞核膜上的核孔进入到细胞核内，插入染色体（遗传物质）之中，它自身不能产生必需的酶系统，而是依赖寄主细胞内已存在的酶。所以，它能生长、遗传、复制（繁殖）。经过这样受精产生的实生种子，必然带有 PSTV。现已发现，有一些马铃薯栽培品种的实生种子带有这类病毒。

了解了以上马铃薯的历史发展过程，有性和无性交替繁殖的作用，进而认识到各种病毒（除 PSTV 外）和病害均不能侵染实生种子，实生种子具有摒弃病毒的作用。这就给人们以启迪，即不以人工的而是利用生物这种固有的特性，本身就具有极大的优越性。将实生种子利用到生产上去，无疑具有深远的重大意义。

要获得不带病毒的实生种子，需特别注意亲本和种薯均应是无毒的，严禁利用感染纺锤块茎类病毒的病株进行杂交或从病株上采收浆果。目前利用鉴定寄主番茄品种鲁特红或新莨菪淘汰病株病薯。最近德国、美国和国际马铃薯研究中心等利用核酸分子斑点杂交技术和蓝色基因诊断 PSTV 获得成功，灵敏度高，效果好。

淘汰感染 PSTV 病薯的方法是在播种前 1 个月左右，将供鉴定用的块茎依次编号，并将每个块茎用刀切下一小块，用切面涂抹鲁特红番茄子叶或新莨菪幼小叶片。涂抹前在子叶和幼叶上先喷撒金刚砂（600 筛目）。接种后在白天 27℃、夜间 21℃并增加较强的辅助光照条件下，14d 左右番茄新生的真叶便向下卷曲，叶面皱缩。同时，在接种后 10~14d 将接种用的块茎播种于直径 10cm 的小花盆内并置于温室。如果接种植株的病症表现不严重，叶片略微向下卷缩，叶表面略有皱缩，叶片小叶变小，植株生长势一般，则接种毒源为弱毒系。感染弱毒系的植株病症发展较感染强毒系的要缓慢得多，在不适宜的条件下不表现病症。因此，在进行鉴定过程中，应同时接种强毒系和弱毒系以及备有不接种植株（对照），以便在同一条件下，能确定被鉴定块茎的代表性。凡经切块或幼苗叶片汁液接种的番茄幼苗无病症者，作为无该病的种薯播种于田间，从苗期至开花期要注意拔除田间感病植株；严禁从病株上采集花粉及浆果。

由这种不带病毒的植株产生的实生种子，其实生苗就不带病毒；因此，可以生产出无病无毒的健康马铃薯原原种。品种间杂交种、自交系间的单交种的杂交种子中，不仅能生产无毒种薯，还具有杂种优势，在其生活力、抗逆性、生产力等方面，显著优于亲本，再通过实生块茎的无性繁殖，很容易将这些特性稳定下来。

6.3.2 实生种子生产马铃薯的优点

能实现就地留种；节约种薯；便于运输；便于贮藏；脱毒防病效果好，节省劳力、能源和费用，降低生产成本。

6.3.3 实生种子的采收和保存

1. 实生种子的采收

马铃薯小花梗在正常受精后 7d 内即向下弯曲。未受精的小花梗经 4~5d 即脱落。在受精后 15d 左右，直径可达 1.0~1.5cm。浆果发育 30d 左右，常自然脱落。因此，在受精后 2~3 周内即用纱布袋将浆果套于茎枝上，以免落果混杂（杂交果）。如果进行大量天然果采收时，可在制种田利用禾谷类作物将各不同亲本进行隔离或分区插牌，植株不用套袋。当浆果变白、变软时，即可按组合或品种采收。在晚疫病发生的年份，一些不抗病品种的浆果也极易感病，浆果感病后变黑、腐烂，影响种子发育。因此，在采收浆果时，切忌采收植株带有真菌病害的浆果和带有纺锤块茎类病毒的浆果。据试验研究，马铃薯花受精后 15d 左右，种子即具有发芽能力，30~40d 充分成熟。因此，为了得到成熟的种子。收获的浆果，可按其成熟度和质量进行分级，然后放置在通风阴凉处，后熟 30d 左右，使未成熟或半成熟的种子达到充分成熟，使其具有正常的发芽能力。

采收的浆果应按照亲本或杂交组合分别漂洗。量少的先将浆果置于水盆内，用手指捏碎，然后将汁液、果皮和种子一起倒在孔径略小于种子的筛子上，放于水盆内，多次漂洗，直至将果皮、杂质冲完洗净为止，然后将种子倒在吸水纸上晾干。把晾干的种子装入种子袋内，并注明品种名称、组合名称、种子数量、采收年月日和采收单位。然后放置阴凉干燥处保存。如采收大量的天然浆果，可利用粉碎机将后熟的浆果搅碎（但不能损伤种子），然后盛于水缸内发酵 2~5d，以分解果胶层，使种子与果肉分离。再盛于大盆内，用筛子过滤果肉和种子，再用水冲洗数次，直至种子黏液洗净为止。将洗净的种子在避风向阳处晾晒或置于 25℃烘箱内烘干，待种子干后，将其装入铝制种子盒内或种子瓶内，注明品种或组合名称、采种年月日、数量、采种单位和地点。

2. 实生种子的保存

马铃薯实生种子存放在密闭、低温、干燥条件下，可以保存 10 年以上。储藏 3~5 年的实生种子还具有降低纺锤块茎类病毒的作用。因此，在适于马铃薯开花结实的年份可大量进行杂交或采收天然果，以备贮用。

马铃薯实生种子的休眠期较长，一般 6 个月以上才能通过休眠；因而，当年采收的种子发芽率较低，而储藏 2~3 年的种子发芽率最高。准备出售的大量天然实生种子，应事先进行种子标准化检验，检验指标为：采收时间应为 2~3 年，发芽率 90%以上，种子纯度 100%，种子净度 95%，含水量 5%以下。

晾干的种子应密封于 3 种规格的布袋或纸袋内，即 500g、50g、5g 装。种子袋外边应印有名称、采种时间、采种地点和单位、发芽率、种子纯度、种子净度、含水量、出售单位和采种人。

6.3.4　实生种子的增产效应

马铃薯实生种子（薯）的应用推广，在 20 世纪 70 年代曾达到 10 多个省、市（区）的许多地区，面积近 $2.67 \times 10^4 hm^2$。无论利用天然实生种子（薯），还是利用品种间杂交种子（薯）；也无论是一季作地区，或中原二季作及西南一、二季混作地区，均较当地已推广的品种有显著的增产效应。不少地区不仅实现了就地留种，而且已成为种薯和商品薯的基地。

近年来，由于诸因素的制约，应用面积稳中有降。但实生薯群体块茎产量，稳中有升。配套栽培技术日趋成熟，培育实生苗技术提高，实生苗当代群体块茎产量与实生薯无性系群体块茎产量差距缩小，甚至前者超过后者。在一些地区，特别是在西南山区，实生苗当代块茎产量，基本达到商品薯的要求。在实现就地留种后，已开始利用新型栽培种与普通栽培种自交系间的单交种，在实生种子（薯）利用上，展示着光明的前景。长期的生产实践证明，马铃薯实生薯的群体块茎产量的增加，已是毫无疑问的事实，北方一作区或西南一作山区，块茎产量一般比当地推广的普通栽培品种增产 30% ~ 70%，甚至成倍地增产。但因地区的自然气候条件的不同，和使用不同品种（组合），其块茎的绝对产量也存在着差异。

马铃薯实生薯的利用，在开放种植的情况下，与无性世代的代数有密切的关系。据内蒙古察右后旗农技站 1971 年调查，无性系 1~4 代的块茎产量在开放种植的情况下，随世代的增加而增产，4 代以后块茎产量开始下降，但西南山区利用的代数要高达 4~5 代以上，这可能与当地的自然环境条件有关。

实生薯块茎的大中薯比率，同无性系各世代产量呈相同趋势。四川省会理县六华乡六民村，1976 年调查，从实生苗当代至无性系 3 代，大中薯比率分别为 24.3%、61.2%、64.1%、79.3%。贵州省威宁县试验结果也一致。

实生薯增产的根本原因，除了本身具有对病毒和真菌、细菌病的抗性外，还因为实生种子其亲本具有摒除病毒、真菌、细菌病害的作用，所以由实生苗生产的种薯是健康的种薯，自然比已感病的栽培品种有显著增产效应；然而，实生苗（薯）仍有重染病毒病害的可能，所以，加强防病保种措施，也是非常重要的栽培管理任务。

6.3.5 实生种子生活力的测定

1. 发芽指数和活力指数的测定

大量试验证明，马铃薯实生种子出苗率的高低与种子发芽指数和活力指数关系最密切，相关性最强，所以该 2 项指标最能代表实生种子的活力大小。

1）发芽指数

此指标是指发芽数与相应的发芽天数之比的和，它表现了种子发芽速度与整齐度，反映了种子活力程度。

2）活力指数

此指标是指种子发芽指数与幼苗生长势的乘积，其更灵敏地反映了种子的活力。

（1）活力指数=发芽指数×幼苗生长势

（2）生长势：根长或根重或苗重（根+胚轴）

（3）简化活力指数=发芽率%×生长势

（4）发芽率%用 15 天的总发芽数占种子数%

具体做法是：选取完整健康的种子，用 1% 次氯酸钠消毒 1min，然后用蒸馏水冲洗干净，再在 50~60℃ 温水中浸泡 4h，采用玻璃板直立发芽法。用长方形瓷盘作为萌发盘，按照萌发盘的宽度制作方木架和裁下玻璃宽度，其长度约为宽度的 2 倍以上，滤纸的宽度与玻板相同，其长度是玻板长度 2 倍再加长 2~3cm，将滤纸平铺在玻璃板上，在滤纸上画 1~3 行（行间距至少在 10cm 以上）横线（视玻璃板的长度而定），用蒸馏水浸透滤纸，在横线上排列已浸泡的种子（也可用不浸泡种子，但各处理必须一致），再将下面长出的滤纸盖住有种子的滤纸上，然后将玻璃板插放在瓷盘内的木框槽隙内。每排种子的间隔至少 10cm，而且各排间种子位置相互错开，各玻璃板之间也要相隔一定距离，在盘底加 2~3cm 深的水层，然后放在 20~25℃温度下发芽。3d 后每天统计发芽数、胚根长度和下胚轴长度，到 15d 剪下根系和胚抽，称重并根据上述公式进行计算。

$$发芽指数 = \sum \frac{在时间\ t\ 日内发芽数}{相应的发芽日数}$$

2. 电导法测定实生种子的活力

1）原理

种子细胞的膜结构，会随着种子的代谢状态而变化，当种子发生劣变时，细胞膜受到损伤，透性增大。在浸出液中就会析出较多的电解质，电导率增高。种子活力高低与电导率大小呈负相关。

2）方法

取实生种子 1.0g，用自来水冲洗，再用蒸馏水冲洗数次，然后用滤纸吸干浮水，放在 50ml 烧杯中，加入 35ml 蒸馏水浸泡。在 25℃下浸泡 8h，浸泡后摇匀，用调试好的电导仪进行测试。测试时将电极直接插入溶液上层进行测定。

3）计算

$$相对电导率 = \frac{浸出液电导率}{绝对电导率} \times 100\%$$

浸出液电导率可从电导仪上直接读出，如果有的电导仪测出的不是电导率而是电导度，则应换算成电导率。电导率=电导度×电导池常数。

4）绝对电导率

将种子及浸出液在沸水煮 10 min，冷却后所得的电导率，它表示细胞膜全通透出电解质的能力。绝对电导率因遗传特性而不同。因此，比较不同品种种子间电导率应用相对电导率。

6.4　提高马铃薯种薯繁育数量的方法

在常规生产中，马铃薯按块茎进行无性繁殖，繁殖系数一般为 10~15 倍，也可以利用实生种子进行有性繁殖，繁殖系数也不高。这大大地影响了良种的普及速度。但马铃薯具有多器官繁殖的特点，即其芽眼、地上枝条、葡萄茎和幼芽等都可进行繁殖。如果能够掌握并充分利用其多器官繁殖的特点，即可使马铃薯的繁殖系数提高到百倍甚至千倍，使良种尽快用于生产。在加速繁殖良种的过程中，应注意防止混杂和感染病毒病或其他病害，以保证纯度和质量。

6.4.1　扦插繁殖法

马铃薯的植株一般都可从主茎的叶腋间长出侧枝，通过剪枝扦插繁殖的方叫做扦插繁殖法。扦插繁殖法的繁殖潜力较大，若环境适宜且操作得当，可以获得数百倍的繁殖量，对于种子资源稀少、品质特别优良的新品种应用此方法繁殖，可以获得显著效果。具体操作方法为：当马铃薯幼苗长至 7~8 叶时，自顶部向下 5~7cm 处掐下，扦插于土床中（床土可取自肥沃的大田）进行育苗生根。生长点被掐下的植株，会自叶腋中生出许多侧枝。待侧枝长到 5~7 片叶时，自每个侧枝基部第一个叶片处掐下，然后将侧枝截成带有 1~2

个叶片的条段，及时扦插在土床上进行育苗生根。采用上述方法可以进行多次掐枝，开展分段扦插，直到当地初霜期前 50~60d 为止（扦插时间视不同品种的生育期而定），改为在温室内高密度（225 万~270 万株/hm²）栽植，直至直接生产出微型薯。为促进插条生根，提高扦插成活率，应先用植物生长素浸泡枝条基部，常用 100~200mg/kg 的 NAA 浸泡或用萘乙酸钠浸泡 5~10min，或用 20mg/kg 的 2，4-D 浸泡枝条 20min。扦插时应事先将苗床浇透水，保证苗床温度稳定，把经生长素处理过的枝条按 3cm×3cm 株行距均匀地扦插在苗床上。插枝深度 5cm 左右，在苗床土面上一般只露出 1 个叶片，并在苗床上搭遮阳网，避免暴晒，尽量减少水分蒸发。苗床管理期间，床面要经常浇施营养液以保持湿润。扦插条生根结束后，即可带土栽植到大田。此时，叶腋间又会很快长出枝条，当生长至 5~7 片叶时，应进行培土并埋入土中 2 个叶片，将腋芽培育成结薯的匍匐茎。

6.4.2　掰芽育苗法

掰芽育苗法也叫芽栽法，马铃薯上有许多芽眼，一般顶部的芽眼先萌发，中后部的芽眼呈休眠状态。顶部的芽遭破坏时，中后部的芽眼就会萌发。另外，每个芽眼又有 1 个主芽，2~3 个副芽，主芽先萌发，副芽受抑制呈休眠状态，主芽受到破坏时，副芽萌发。多次掰苗移栽就是根据这个原理，促进主副芽出苗，达到快繁优良品种的目的，减少大量调运种薯导致的人力、财力和物力的浪费，对扩繁脱毒种薯有着重要的意义。

由于某些新引入或新育成的品种，往往种薯数量偏少，应用该方法可快速提高种薯的数量，为大量繁殖提供稳定的原种薯源。具体操作方法是：于马铃薯播种前 2~3 个月，将种薯放于温室或温床育苗，为防止芽苗徒长，要适当加强光照。待芽长 15cm 左右时，即可开始掰芽。掰芽时，将芽苗小心由种薯芽眼基部掰下，栽到适宜的温床或暖阳地块，栽植深度一般为芽苗高的 1/2 左右。随后将掰去芽的种薯放回原处，并保持适宜的温湿度继续催芽，促使其他副芽萌发，并可多次掰芽。一般单个种薯可掰芽 3~4 次，最后将所掰的芽和薯块分别栽种到生产地块。

6.4.3　剪茎繁殖法

利用茎尖培养获得脱毒种薯和原种田的幼龄植株，在无菌条件下，按节切断，放在装有简化培养基的三角瓶内，也可用消过毒的肥沃土代替培养基，置于适宜温湿度条件下进行繁殖。切断繁殖可重复进行，直到栽苗期。无毒薯切断繁殖的小苗，可先放在温室内或苗床上，经过一段时间假植炼苗，待假植苗长到 9cm 左右时，再定植到繁殖田，可提高繁殖田幼苗的成活率和无毒种薯的繁殖系数，加速优良品种的推广。

6.4.4　分株繁殖法

正常度过休眠期的种薯播种后，都能长出 2~3 个茎，将各茎分开栽植，可显著提高繁殖系数，即待植株长到 6~7 片叶时，开始分枝，每穴只留 1 到 2 株，将多余的茎连根从薯块上掰下，直接栽到空垄上或种薯田里，成活后，进行 2~3 次中耕培土，以利结薯。

6.4.5　分枝繁殖法

当田间苗高长到 6cm 左右时，把植株基部的土扒开，将侧枝带根从基部掰开，移栽到准备好的地块，并立即浇水，分苗移栽最好选择在下午或者阴雨天进行，这样移栽成活率高。

6.4.6　压条繁殖法

将长到一定长度的茎压倒在周围并用土压住中段，这样在用土压住的部分以及原来的倒下茎部分均可结薯，暴露在地表外的茎段可发生新枝继续结薯。

6.4.7　切单芽块繁殖法

马铃薯块茎每个芽眼上都至少有 1 个主芽以及 2 个以上的副芽，当主芽萌发时，副芽发育会受到抑制，而当主芽发育被破坏后，副芽则可萌发并同样发育成植株。该方法是充分利用块茎上每个芽眼中的多个副芽，提高繁育数量。具体操作方法为：在播种前 1 个月，将种薯放置于 20℃ 左右的环境中进行催芽。待种薯萌发出芽时，按芽对种薯进行切块。切芽时先由基部开始，按芽分布的部位呈螺旋状向顶部削切。基部芽眼稀疏，切块可适当大些，可由芽眉中间纵向切开，将芽眼切成 2 块，单个切块重量保持在 20g 以上，这样可提高种薯利用率 30% 左右。

6.4.8　小整薯播种法

选择无病的马铃薯不进行切块而直接播种，可以避免切刀消毒不严格而传播病原菌，并且没有刀伤与土壤接触，从而降低种薯和植株的发病几率；小整薯有完整的表皮保护层，具有保水性好，即减少薯块内水分散失消耗，芽和幼苗的抗旱耐寒性强，出苗整齐，易形成壮苗；小整薯属于幼龄薯，生命力旺盛，小整薯播种的幼苗植株长势健壮，加之根系比较粗壮，提高了植株吸水能力，使其抗旱性增强，容易获得很高的产量；采用小整薯播种，因为每个小薯都有顶芽，可以充分发挥顶端优势的作用，达到早发芽、发壮芽、早出苗的目的；马铃薯块茎顶端芽眼密集、组织幼嫩，富含水分、养分、输导组织发达并与髓部相接通，能够优先萌发，顶芽比较茁壮，生育期可提前 7d 左右，这种现象称为马铃薯顶端优势。小整薯播种一般比切块播种增产 20% 左右，是一项经济有效的增产措施，应大力推广应用。

6.5　提高马铃薯种薯繁育质量的方法

提高马铃薯生产水平的主要方法，除了加大抗病品种选育研究、用种子产生实生种薯等途径外，重点应搞好马铃薯良种繁育工作，特别要注意防止混杂和感染病毒病或其他病害，以保证纯度和质量，确保种薯健康无病毒。实践证明，在实际生产中结合各地区马铃薯栽培特点，建立相应的留种田，采取适合当地的留种技术，能有效减缓优良品种的退化速度，延长品种的使用年限。

6.5.1 选优留种

选优留种法是确保种薯质量的主要措施之一。选优留种主要方法包括去杂去劣留种、单株混合留种、株系选种等。

1. 去杂去劣留种

去杂去劣留种方法经常应用在退化现象轻微的留种田。在生育期内，应积极开展清除病株、杂株等工作，至少进行 3 次以上。首次应当在出苗后 15d，主要任务是将卷叶、皱缩花叶、矮生、束顶等病株拔除。植株在苗期最易被感染，早期消灭毒源，可以有效防止病毒扩大侵染，因此，苗期去杂去劣工作至关重要；第 2 次应选择在花期进行，主要方法是清除田间已有退化表现的植株或病株，以及花色、株型与栽培品种有显著差异的杂株；第 3 次应选择在收获前进行，主要方法是将植株发育缓慢或已经枯死的病株清除，并在收获后对种薯质量进行再次筛选，将畸形种薯及发生病害的种薯去除，将那些具有原品种典型性状的种薯妥善处理后保存入窖。

2. 单株混合留种

在开花期，选择生长发育健壮无退化表现，并具有原品种典型性状的植株，做好标记，生育后期复查 1~2 次，如发现有病的，就将标记去掉。收获前再复查 1 次，把真正表现好的植株挖出，将具有典型薯形无病的单株块茎混合在一起，供下年留种田用。

3. 株系选种

马铃薯多采用无性繁殖方式繁育，虽不同个体之间基因型相同，但不同块茎或同一块茎不同部位芽所含病毒浓度有所差异，这样在生产中表现出不同植株间的感病情况有较大差异，植株发育程度和产量也存在较大差异。因此，通过应用株系选择的方法，可以将受毒害水平低、生产能力高的植株保留下来，提高其种用价值，减慢退化速度。

6.5.2 露地留种技术

1. 小整薯播种法

小薯多是在马铃薯生育期后期冷凉气候条件下形成的，其病毒含量较低，具有较好的防退化功能。同时，利用小整薯播种可有效防止通过切块传播病害，保证苗全苗壮，具有比较显著的增产功效。在实际生产中，应选用那些发育健壮且原品种性状明显的植株结出的小薯，若将已发生明显退化植株上结生的小薯留种，势必影响马铃薯产品的产量和品质。因此，必须在收获前结合除杂去劣等工作，确保小整薯留种质量。

2. 实生种薯生产

用种子生产的实生薯，一般在种植 3 年后增产优势即表现不明显。为保持实生薯持续的增产能力，需在连续种植 3 年后重新开展育苗生产，及时更换实生薯。主要方法是用实生苗生产的实生薯建立留种田，通过留种田生产的种子为大田生产提供种薯。

3. 脱毒微型种薯

脱毒微型种薯的生产是马铃薯种子资源保存、交换以及无毒种薯生产的便捷可靠的途径。通过试管育苗所生产的直径在 4~8mm，重 10~30g 的小马铃薯，生产中被叫做微型薯。微型马铃薯生产已在国际马铃薯良种繁育中得到广泛应用，以微型马铃薯作为种子资源保存和交换材质的相关技术也已日趋成熟，因脱毒种薯带病毒少或无毒、品质稳定、品种特性明显，能够较好地保证马铃薯高产不退化，增产效果一般可达 30%以上。

4. 在冷凉山区建立种薯基地

冷凉山区病毒繁殖较慢，毒源较少，马铃薯生长发育健壮，抗病能力强，因而种薯含病毒量较低，种薯质量高。

6.5.3　阳畦留种技术

利用早春阳畦生产小整薯，再进行秋播留种，是二季作地区一项主要留种方法。利用阳畦生产种薯的季节温度低，既可避开蚜虫传播，又没有其他虫害活动，可保持种薯质量。阳畦繁殖于 4 月底至 5 月初收获种薯，8 月中旬秋播时，种薯休眠期已度过，一般就不必浸种催芽了。由于阳畦生产播种密度高，生产出的块茎小，符合秋季整薯播种要求。因此，应大力提倡阳畦留种。一般 60m² 左右的阳畦生产出的小整薯可供秋季繁殖使用。

1. 建阳畦

阳畦应建在背风向阳处，东西方向，便于采光。阳畦北墙高 100cm，东墙、西墙高 120cm，呈龟背形（图 6-6），长度根据繁殖量及地形而定。阳畦墙建好后，在东西墙最高处架直径 5cm 左右的竹竿做梁，每隔 300~400cm 用一根木棍做顶柱，每隔 100cm 棚一根竹批。建阳畦应在 11 月下旬进行，并备好 4m 宽的塑料薄膜、4m 宽的 40 目尼龙纱、4m 长的草苫等。

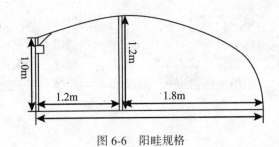

图 6-6　阳畦规格

2. 整地施肥

阳畦内土壤干旱应浇水，然后 1m² 施入腐熟的农家肥 10kg、复合肥 40g。将肥料均匀施入后，深翻 20cm，把土壤与肥料充分掺匀耙平，以备播种。播种前 1 周左右，阳畦应加盖塑料薄膜，晚上再加盖草苫，以提高地温，当 10cm 深处地温达到 6℃ 以上时即可播种。盖塑料薄膜前要注意防治潜入阳畦内越冬蚜虫，可用 10% 吡虫啉 2 500 倍水溶液普遍喷洒 1 次。

3. 催芽

阳畦播种用的种薯应是经过株选秋薯或是脱毒薯原种。播种前 20~25d 切块催芽，切块后用 0.5mg/kg 赤霉素（九二〇）浸种 10min，晾干后催芽，温度以 18~20℃ 为宜。

4. 密度

阳畦播种高度密植，以获得大量的小薯块，供秋季整薯播种使用。采用每 80cm 一垄，每垄播双行，株距 10cm，每亩密度为 16 668 株。

5. 播种

1 月底至 2 月初，选择无风的晴天播种，按宽行 50cm、窄行 30cm 开沟深 8～10cm，播种后覆土成垄，每垄双行。及时盖塑料薄膜，四周压严压牢，晚上盖草苫防寒保温，白天揭去草苫提高阳畦温度。

6. 管理

春分后天气转暖，阳畦内温度较高，应注意通风和盖草苫的管理。白天保持阳畦内 25℃ 左右，夜间温度不超过 14℃。清明后应逐渐加大通风量，待植株锻炼后，揭去覆盖的塑料薄膜，喷药防治蚜虫，然后用 40 目的尼龙纱覆盖，防止有翅蚜飞入阳畦为害传毒。根据墒情，可适当浇水。

7. 收获

以 4 月底 5 月初收获为宜。发现病株、退化株、杂株应另外刨收，以保证阳畦的纯度和质量。

8. 阳畦薯秋繁

阳畦薯由于收获早，8 月中旬播种，种薯已度过休眠，并生出短壮芽，不必再进行赤霉素浸种催芽。秋播时应根据薯块大小分级播种，以确定不同的播种密度。对于过小的薯块，应加大密度，加强肥水管理，以利早发芽，争取提高产量。其他管理与二季栽培秋繁技术一样。整个阳畦留种程序如图 6-7 所示。

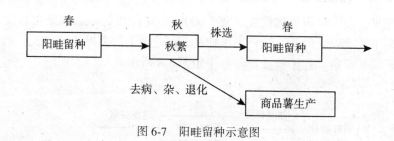

图 6-7　阳畦留种示意图

6.5.4　连续秋播留种技术

连续秋播就是秋季收获的种薯，第二年春季不播种，经过越夏储藏到秋季再进行播种，所以称为连续秋播，也称隔季秋播。

连续秋播病害轻。因为有些块茎感病后，病害呈潜伏状态，病状未表现出来，经过长期储藏，尤其是越夏储藏，温度较高，适宜各种病害发生发展，凡感病的薯块，重者腐烂，轻者表现出症状，起到了淘汰病害的作用。连续秋播病害少、退化轻，生产出的种薯后代也产量高、退化轻。因为连续秋播使马铃薯的结薯期处于秋季的凉爽季节，适宜马铃薯生长发育，另外秋季蚜虫少，为害较春季轻。

连续秋播留种病害轻，退化轻，后代产量高，技术简便易掌握。但是，连续秋播表现早衰，当代产量低。因为种薯经过长期储藏，休眠期度过后，芽眼自然萌动出芽，消耗了大量的养分和水分，种薯萎蔫衰老。播种后表现出苗早，生长发育快、生长瘦弱，结薯早、后期早衰、成熟早，产量低。另外，马铃薯播种量大，储藏时间长，大量储藏场所不好解决，限制了这一留种技术的发展。上述不足之处，只要改进储藏方法，加强栽培技术管理是可以克服的。连续秋播应突出抓好下述几个技术环节。

1. 精选种薯

秋薯收获，应进行株选，并进行薯块选，以 50~100g 为宜，减少病害及储藏期损耗。

2. 种薯储藏管理

春季 3 月以后，温度逐渐升高，种薯休眠期已过，块茎芽眼萌动发芽，应及时将种薯摊放在散光条件下的室内地上或分层架藏，厚 2~3 层（薯块）。储藏室要保持干燥、通风、散光，及时捡出病薯、烂薯。储藏室一定要散光，因为黑暗环境条件下芽易徒长，光对芽有抑制作用。种薯经过长时间储藏，块茎发芽，消耗了大量的养分和水分，种薯表现萎蔫发软，这是正常的生理现象。但是，有部分种薯芽生长纤细或不发芽、种薯不萎蔫或萎蔫轻而发硬，这往往是病薯或退化薯，应给予淘汰。

3. 适时晚播

播种后出苗早，一般情况下较二季栽培留种的早出苗 10d 左右。出苗后生长发育快，往往形成过早成熟，表现早衰、产量低。所以应适当晚播，在正常的情况下，应较二季栽培秋播的晚 10d 左右，即 8 月 20~25 日为好。

4. 适当增加密度

连续秋播植株生长瘦弱，棵小，早衰，产量低。为争取单位面积上的群体产量，可适当缩小行株距来增加密度，以行距 50cm、株距 15cm、每亩 8 889 株为宜。

5. 增施肥料、加强管理

底肥要充足，要求每亩施优质农家肥 5 000kg、复合肥 25kg。满足生长发育对养分的需求。出苗后早追速效性氮肥，结合小水勤浇，促进地上部茎叶迅速生长，形成繁茂的枝叶，防止早衰降低产量。连续秋播留种程序如图 6-8 所示。

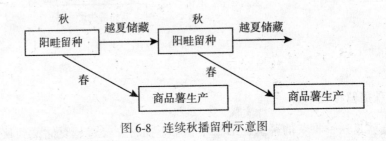

图 6-8　连续秋播留种示意图

6.5.5　避蚜留种技术

马铃薯退化是病毒引起的，传播病毒最主要的媒介是蚜虫。因此在无毒苗繁殖无毒薯和无毒薯扩大繁殖过程中，必须采取非常严格的措施防治蚜虫，否则上述工作会前功尽弃。例如，把种薯生产基地设在蚜虫少的高山或冷凉地区，或有翅蚜不易降落的海岛，或以森林为天然屏障的隔离地带等，由于防止了蚜虫传播，收到了良好的保种效果。荷兰、加拿大等国出口种薯，均靠这类基地生产。我国在避蚜留种技术上也取得了许多经验，北方一季作区采取夏播留种；中原二季作区实行阳畦和春薯早收留种与秋播；南方实行高山留种和三季薯留种等，都发挥了重要作用。

北方一季作区采取夏播留种的具体方法（图6-9），在一季作地区，一般生产田播种马铃薯是在4月底或5月初，而为了避开蚜虫传毒高峰期，提高种薯质量，把种薯的播种时间推迟到6月底至7月中旬播种的留种法称为夏播留种法。蚜虫大量繁殖迁飞是在盛夏的高温季节，待播种的马铃薯出苗后蚜虫已大量减少，而8月份雨水较多即使有少数有翅蚜虫，在多雨季节也不易迁飞，传毒机会必然减少，因而可有效避开蚜虫传毒高峰期，提高种薯质量。所以把夏播留种田和一般生产田分开，对马铃薯保种有重要作用。

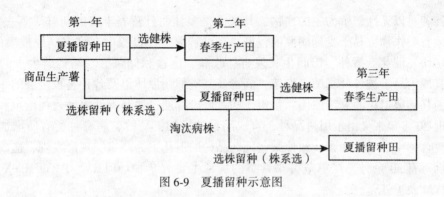

图6-9　夏播留种示意图

夏播留种必须结合单株选种或株系选种，生产出的种薯质量才会更高。每亩夏播留种田生产出得种薯可供0.67hm²商品薯生产田用种。

第7章 马铃薯脱毒种薯繁育技术

马铃薯是以无性繁殖为主的作物，其产品是多汁而且营养丰富的新鲜块茎——鲜薯，较之其他谷类作物更易于受到病原的侵染。在马铃薯生产过程中有许多病原侵染的机会，如种薯切块、催芽、播种、田间生长发育、收获、运输和储藏等。马铃薯生产的这些特点，使其成为易于被各种真菌、细菌、病毒及其类似病原体以及各种害虫侵染的作物。试验证明，马铃薯退化的真正原因，是由于病毒侵染并通过块茎无性繁殖逐代增殖和为害的结果。近20多年来又由于引进品种、育成品种的增加，马铃薯病毒种类有所增加，增加了一些复合感染的病毒病害，致使某些地区品种的退化更为严重。现已发现，造成马铃薯退化的病毒有30余种，严重危害马铃薯的病毒主要有7种：PLRV、PVY、PVX、PVA、PVS、PVM及PSTV。

7.1 马铃薯脱毒种薯概述

7.1.1 种薯脱毒的原因

在马铃薯栽培过程中，植株的逐年变小，叶片皱缩卷曲，叶色浓淡不匀，茎秆矮小细弱，块茎变形龟裂，产量逐年下降等现象，就表明马铃薯已经发生"退化"，种薯"退化"是引起产量降低和商品性状变差的主要原因。研究种薯"退化"的形成原因，寻找解决马铃薯"退化"技术，曾是世界研究马铃薯的一个重要课题。科学家从植物生理学、生物化学、栽培技术、栽培环境、种薯储藏条件、病虫害侵染等方面，对马铃薯"退化"进行了深入的研究，最终明确了病毒的侵染及其在薯块内的积累是马铃薯"退化"的主要原因。

马铃薯退化所引起的马铃薯生长过程中的各种病症，如芽块刚刚发芽没等出苗就死掉、长出地面植株很矮小、细弱，叶片皱缩，或叶片出现黄绿相间的斑驳、叶脉坏死、叶片脱落、植株死亡、还有的叶片卷曲、发脆等，致使所结薯块少而且个小、严重减产。这些现象实际上是马铃薯植株感染了不同的病毒，病毒的结构十分简单，只有一个蛋白质外壳包着一条核酸分子链，病毒自身不能复制所需的氨基酸和核苷酸。这些物质都需要从寄主块茎细胞中获得。由于病毒的侵入，既消耗了块茎中细胞的营养，也破坏了植株内在的正常功能，叶片受到干扰不能正常进行光合作用、制造营养，输导组织受到破坏不能正常运送养分水分，根系受到影响，不能正常吸收水分和养分，总之植株的新陈代谢完全失常。在这种下即使满足其各种生长条件，植株也不能很好地生长，仍然避免不了严重减产的后果。常见的是从外地调来的种薯在第一年或第一季种植时产量很高，而把收获的马铃薯留种，再种植时，植株逐渐变矮、分支减少、叶面皱缩、向上卷曲、叶片出现黄绿相间的嵌斑，甚至叶脉坏死，有的整个复叶脱落、生长势衰退、块茎变小、产量连年下降，最后失去种用价值，这就是通常所说的退化。造成退化的原因是各种病毒侵染所引起的。

病毒侵染后，造成本来优良的品种失去种用价值。要使这一优良品种重新恢复其优良特性，就必须把块茎中已积累的病毒"清除"干净，达到无毒状态，这就是脱毒。

病毒可以侵入植物体的所有营养器官，但是除了一些类病毒，大多数病毒都不能侵入到花粉、卵、胚等生殖器官。多数植物是通过有性生殖繁育后代，植物在有性生殖繁育后代的过程中，新生种胚具有亲体摒除病毒的作用，能除去母体所带的各种病毒，生产的后代是无病毒侵染的种子。栽培种马铃薯是高度杂合的四倍体，为了保持四倍体马铃薯栽培种的优良农业性状，生产上主要利用薯块进行无性繁殖，即"种土豆收土豆"。作为下代"种子"的薯块，由于病毒的不断侵染和积累，又不能自身清除体内的病毒，导致植株病毒病逐年加重，使植株在生产过程中不能充分发挥品种的生产特性，造成严重的减产。

那么，为了提高马铃薯的产量和质量，根除病毒和其他病原菌是非常必要的，虽然通过防治细菌和真菌的药物处理，可以治愈受细菌和真菌侵染的植物，但现在还没有什么药物可治愈受病毒侵染的植物。如果一个无性系的整个群体都已受到侵染，获得无病毒植株的唯一方法是消除营养体的病毒，并由这些组织再生出完整的植株。一旦获得了一个不带病毒的植株，就可在不致受到重新侵染的条件下，对它进行营养繁殖。用组培法消除病毒是唯一行之有效的方法。

经过组培方法技术处理后，把种薯体内的病毒清理出去，使它从病态恢复到健康的水平，恢复了原品种的特性，植株健壮后，一切生理功能都达到了旺盛的状态，新陈代谢正常进行。其根系发达，吸收能力增强，茎粗叶茂，叶片平展，色绿无斑，无黄叶无死秧。于是，马铃薯植株的生命力增强，有机物制造的光合作用正常，无机营养和有机营养的上传下导没有障碍，这样发挥出了最大的增产潜力，所以产量水平便达到了最佳状态。

7.1.2 脱毒种薯的概念、特性及注意事项

1. 脱毒种薯的基本概念

"种薯"是指那些作为种子用的薯块。"脱毒种薯"是指马铃薯种薯经过一系列的物理、化学、生物或其他技术措施清除薯块体内的病毒，获得的经检测无病毒或极少有病毒侵染的种薯，也是从繁殖脱毒苗开始，经逐代繁殖增加种薯数量的种薯生产体系生产出来的符合质量标准的各级种薯。脱毒种薯是马铃薯脱毒快繁及种薯生产体系中各种级别种薯的通称，它分为"脱毒试管薯"、"脱毒微型薯"、"脱毒原原种"、"脱毒原种"、"一级脱毒种薯"、"二级脱毒种薯"等几个级别。

脱毒种薯生产不同于一般的种子繁殖，它有严格的生产规程，按照各级种薯生产技术的要求，采取一系列防止病毒及其他病害感染的措施，包括种薯生产等过程。

1）脱毒苗

利用茎尖组织培养技术获得的、经检测确认不带马铃薯 X 病毒（PVX）、马铃薯 Y 病毒（PVY）、马铃薯 S 病毒（PVS）、马铃薯卷叶病毒（PLRV）、马铃薯 M 病毒（PVM）、马铃薯 A 病毒（PVA）等病毒和马铃薯纺锤块茎类病毒（PSTV）的再生试管苗。

2）脱毒组培苗

利用脱毒苗、用组织培养的方法大量扩繁用于生产脱毒原原种的试管苗（图 7-1）。

图 7-1　脱毒组培苗

3）脱毒试管薯

脱毒试管薯（图 7-2）是指利用脱毒试管苗在组织培养容器内诱导生产的微型小薯，也属于原原种。一般重量不到 1.0g，但由于其生产过程没有与外界环境接触，生产出的微型小薯质量很好，可直接用于脱毒原种生产或用于微型薯生产。

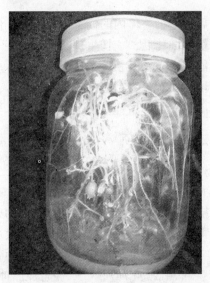

图 7-2.　脱毒试管薯

4）脱毒种薯

脱毒种薯分为基础种薯和合格种薯两类。基础种薯是指用于生产合格种薯的原原种和原种；合格种薯是指用于生产商品薯的种薯。

（1）脱毒原原种

脱毒原原种是指利用茎尖组织培养的试管苗或试管薯在人工控制的防虫温室、网室中用栽培或脱毒苗扦插等技术无土（一般用蛭石作基质）生产的不带马铃薯病毒、类病毒及其他马铃薯病虫害的、具有所选品种（品系）典型特征特性的种薯。一般情况下所生产的种薯较小，重量在 10.0g 以下，所以通常称为微型薯，或称为脱毒微型薯（图 7-3）。

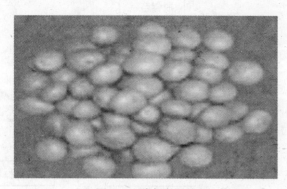

图 7-3 脱毒原原种

（2）脱毒原种

脱毒原种是指用脱毒原原种做种在防虫网棚或良好隔离条件下生产的种薯，分为一级原种和二级原种。一级原种是用原原种做种薯，在良好的隔离防病虫条件下生产的符合一级质量标准的种薯。二级原种是用一级原种做种薯，在良好隔离条件下生产出的符合质量标准的种薯。

5）合格种薯

合格种薯包括一级种薯和二级种薯。一级种薯是指用原种做种薯，在良好的隔离防病虫条件下生产的符合一级种质量标准的种薯。二级种薯是指用一级种做种薯，在良好的隔离防病虫条件下生产的符合二级种质量标准的种薯，供给农民生产上做种。农民生产的马铃薯只能供市场销售食用，不能作为种薯。合格种薯生产，同样需要隔离种植，注意喷药防蚜虫传毒及晚疫病危害，拔除病杂株，清除杂草等。马铃薯脱毒种薯繁育过程如图 7-4 所示。

2. 脱毒种薯的特性

（1）加快繁殖速度

马铃薯脱毒种薯生产技术主要有 2 个作用。首先是解决马铃薯的退化问题，恢复其生产力；其次是加快品种繁殖速度。育成一个新品种用常规方法至少要 6~7 年的时间，但是利用该技术引进材料繁殖在 3~5 年内就可以大面积推广种植，且形成商品薯。

（2）提高出苗率

在生产应用中，脱毒种薯的一个突出特点是烂薯率幅度降低，出苗率提高。与未脱毒种薯比较，脱毒种薯出苗率平均增加 13.7%~31.9%，有的干旱地区高达 60.9%。

（3）植株茎叶旺盛，生长势增强

马铃薯脱毒后，植株表现了旺盛的生长势。例如，初花期的植株高度，脱毒的比未脱毒的增加 26.6%~37.7%，茎粗增加 35.0%，叶面积增加 57.1%，这为产量的形成建造了强大的绿色体，是增产的物质基础。

（4）叶绿素增加，光合强度提高

马铃薯脱毒后，不仅植株生长旺盛，而且叶片中叶绿素含量和光合作用强度也都显著提高。例如，脱毒株开花初期和结薯期叶绿素含量分别比未脱毒的高 30.7% 和 33.3%，

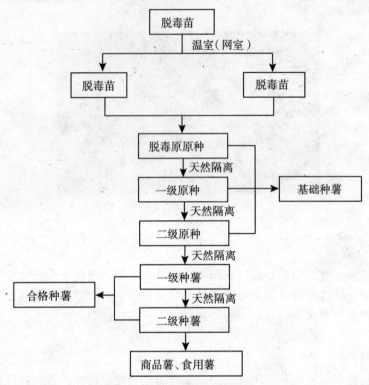

图 7-4　马铃薯脱毒种薯繁殖过程

光合作用强度分别提高 14% 和 41.9%。试验结果表明，脱毒植株光合产物运转到块茎中的比例最高，高于对照 3.13 倍。运到地上部的量次之，运到块茎中的最少。而未脱毒植株的情况则相反，运转到茎叶中的最高，块茎中的很少。这是由于植株体内的病毒阻滞了植株生理代谢而引起的。

（5）能保持原品种的优良特性

脱除了主要的马铃薯病害，同时，也将其所感染的真菌和细菌病原物一并脱除，恢复了原品种的特征特性，生活力特别旺盛。脱毒种薯在组培快繁过程中，只要在培养基中不加入激素，一般都不会发生遗传变异，更何况在获得脱毒苗后，一般要进行品种的可靠性鉴定。

（6）稳产高产

脱毒种薯的生长势很强，增产十分显著，每亩可产 2 000~2 500kg，最高产量可达到 3 500~4 000kg，而没有脱毒的马铃薯每亩才能产 500~1 000kg。可见，应用脱毒马铃薯增产十分显著，可增产 30%~50%，有时甚至产量要成倍增加。脱毒前退化越严重，脱毒后的增产效果越明显。如果我国现有马铃薯播种面积的 1/3 用脱毒种薯，年增产可达 100 多亿千克。

（7）提高质量

脱毒种薯生产繁殖的马铃薯不仅薯块变大，而且商品薯大幅度提高，极大地避免了种植感染种薯易引起的腐烂、尖头、龟裂、畸形、疮疤等现象，显著提高产品的质量。

（8）增强抗逆性

脱病毒植株水分代谢旺盛，抗高温和抗干旱的能力较强，而病害明显减少。在土壤水分充足、光照充足和适温条件下叶片蒸腾强度反而比未脱毒的高32.9%。相反，在土壤干旱、强光、高温条件下，蒸腾强度反而比未脱毒的低11.9%。这说明脱毒植株能够进行自身调节，以适应不良环境条件，具有较强的抗逆性。

（9）减少种薯的运输费用

脱毒种薯由于采用了高密度繁殖技术，种薯体积相对较小，农民买后可随身携带，便于运输，显著减小了种薯的运输费用，节省了运费开支。

（10）存在再度感染病毒退化的可能

脱毒种薯连续种植依然会再度感染病毒而产生退化。脱毒种薯应用是有限度的，并不是一个马铃薯品种一旦脱毒，就可以长期连续做种应用。种薯脱毒种植后，仍然要面临病毒的再度侵染。

早代脱毒种薯由于继代扩繁次数少，在田间生长时间相对短，这样病毒病和真、细菌病害重新侵染的机会少，健康水平高，种性强，增产潜力更大，如脱毒原种和脱毒一级种薯；而晚代脱毒种薯，继代扩繁次数相对较多，切芽块次数也多，虽然采取切刀消毒、自然隔离和喷洒药剂杀虫等措施，可是仍然避免不了病毒及真、细菌病害的再侵染，如二级种薯和三级种薯。所以，早代种薯在田间种植后退化株率极低，即使发病，病情也非常轻，植株生长健壮，整齐一致，增产幅度大于晚代脱毒种薯。

另外，不同马铃薯品种对病毒的抗病力不同，有的品种脱毒后很快又被病毒侵染，有的品种脱毒后再侵染的几率比较小，田间退化株一直保持在很低的水平。据调查，克新1号脱毒后，继代扩繁到三级种薯，播种到大田，田间植株发病株率仅有0.786%。而集农358的脱毒三级种薯，其田间发病株率则为1.856%。费乌瑞它的二级种薯，田间发病率高达6.82%。从而可以看出不同品种抗退化的能力是不一样的。

3. 脱毒种薯的注意事项

脱毒的马铃薯只是把病毒去掉，并不能使马铃薯对病毒产生抗病或免疫作用。脱毒的马铃薯如不采取保护措施，很快又被病毒侵染，仍然发生病毒性退化。因而从试管苗移栽、生产脱毒种薯开始就必须采取严格保护，防止种薯在刚繁殖时就感染病毒。国内外在生产脱毒种薯过程的初期都是种在隔离条件好的地方，严防任何害虫传播病毒。我国繁殖脱毒薯原原种及一级原种，多种在网棚内以防止蚜虫等传毒。种薯量大时选择气候冷凉、蚜虫极少的地方进行扩大繁殖，一般至少经过2~3年后才能把脱毒的种薯供农民种植。这时，因种薯在开放地上种植，或多或少已有些种薯轻微感病，但基本上市健康的，所以能增产。农民种植后，马铃薯被病毒侵染的机会增多，又逐渐发生病毒性退化。特别是在二季作区的城市附近，种植的茄子、辣椒、番茄、黄瓜等蔬菜病毒均可侵染马铃薯。有翅蚜虫在春夏之交大量迁飞时传播非常普遍。所以，二季作区马铃薯病毒性退化严重。过去长期进行北薯南调，就是由于没有解决防止蚜虫传毒问题。脱毒的种薯如不因地制宜地采取留种措施，种植1~2年照样会严重感病退化。农民利用脱毒脱毒种薯需要经常更换，才能达到高产稳产。否则种薯被病毒侵染后不仅减产，而且会造成恶性循环。总之，脱毒薯仍会在种植过程被病毒侵染，逐渐退化减产。应用脱毒种薯不能一劳永逸，在出现大量病株时要及早更换种薯才能高产稳产。并在种植过程中尽量挖掘脱毒种薯内在的增产潜力，需要种植者认真研究并采取相应的技术措施，来满足其对营养面积、水、肥、光、热、气等外在条件的要求，以夺得更高的产量和更好的效益。

鉴于上述情况，根据近年来我国马铃薯种植的整体技术水平的提升，选用脱毒马铃薯种薯时，一般应尽量选用早代种薯，特别是易感病毒的品种，更应考虑应用早代种薯；高投入现代化种植的喷灌也应选用增产大的早代种薯，使用原种或一级种薯为好，达到高投入高产出的效果，如果以繁种为目的时则必须使用早代种薯，最好使用原原种或原种做种薯。一般农户的商品薯田，也应使用早代种薯做种，但必须加强管理，"以种促管"逐步提高管理水平和单产。

7.1.3　脱毒种薯的选择

在田间，病毒主要是由蚜虫传播的。当带毒蚜虫把病毒传给植株时，病毒在植株体内增殖，经 7~20d 就可运转到地下块茎，使块茎也带毒。这样的块茎做种子就不是无毒种薯了。

试验结果表明，用大田薯留种，产量每年要递减 20% 左右。产量的降低与气候有密切的关系，在全国各个地方差异很大，在黄河以南的地区，马铃薯退化则相对比较慢。因此为了获得高产，不能用大田薯留种子，而必须每年更换脱毒种薯，才能保证年年高产稳产。

7.1.4　获得脱毒种薯的途径

1. 购买脱毒种薯

目前我国的种薯生产和销售体系尚不健全。在种薯生产上，我国基本上还处于一种无序的状态，没有权威的部门组织、管理和协调马铃薯种薯生产。种薯的质量差异巨大，国外普遍采用的注册种薯生产制度还没有在中国实施。商品薯生产和种薯生产没有严格的区分。在种薯经营上，也处于一种混乱状态，一些根本不具备种薯经营资格的单位和个人都在从事种薯经营。因品种不适当、种薯质量差引起的纠纷时有发生。因此在选购种薯时应考虑的主要因素有以下几个方面。

(1) 选择合适品种

应根据自己的生产目的和所在的生态区域选择适合的品种。在大规模引进新品种前，必须进行引种试验。因为一个品种在别的地方表现良好，不等于在你所在的地区也会表现良好。此外，所选品种必须是通过省级以上品种审定委员会审定的作物，未经审定的品种是不允许大面积推广的。因此，在选购马铃薯种薯时还应了解你所要购买的品种是否已经通过审定。

(2) 选用优质脱毒种薯

马铃薯在生长发育过程中很容易感染多种病毒而导致植株"退化"。采用退化植株的块茎做种薯，出苗后植株即表现退化，不能正常生长，并且产量非常低。因此，目前生产中一般都采用脱毒种薯。种薯脱毒与否，以及脱毒种薯质量如何，是影响产业的主要因素。如果大量调种，必须在生产季节到田间进行实地考察，看当地是否发生过晚疫病，田间是否有青枯病和环腐病的感病植株，确认种薯是否达到质量标准。

(3) 选择可靠的种薯生产单位

目前马铃薯种薯市场十分混乱，因此购买不可靠的单位和个体农户生产的种薯，很容易上当。虽然有的也是脱毒种薯，但繁殖代数过高，导致种薯重新感染病毒而退化。这样的种薯不仅产量低，而且质量也不好。

选择时主要是检查种薯是否带有晚疫病、青枯病、环腐病和黑痣病等病害的病斑。此外，还要检查种薯是否有严重的机械伤、挤压伤等。对可疑块茎可以用刀切开，检查内部是否表现某些病害的症状。晚疫病、青枯病、环腐病等病害在块茎内部均有明显的症状。其他一些生理性病害，如黑心病、空心、高温或低温受害症状均可通过切开块茎进行检查。

2. 自繁脱毒种薯

由于难以购买合适的脱毒种薯，一些地区的农民尝试自繁脱毒种薯，供自己生产用，即从可靠的种薯生产单位或科研单位购买一定数量的脱毒苗、原原种（微型薯）、原种，自己再扩繁一次，作为自己的生产用种。这种方法既可以节省购买脱毒种薯的费用，而且可以保证脱毒种薯的质量。比如在山东，农民秋季购买微型薯在日光温室内或网棚内生产自繁种薯已相当普遍，取得了良好的经济效益，山东省马铃薯产量水平是我国最高的省份，其主要原因是脱毒种薯的质量较高。自繁种薯应考虑的因素如下。

（1）基础种薯的质量

无论购买哪一级的基础种薯，都要考虑其质量。以微型薯为例，目前国内生产微型薯的单位和个人不计其数，价格相差较大，但真正质量有保证的单位却很少。因此购买微型薯时，一定要选择可靠的单位和个人，不能一味贪图价格便宜而购买质量差的种薯。

（2）自繁种薯的生产条件

在自繁种薯时，一定要有防止病毒再侵染的条件。不能将种薯生产田块与商品薯田块相邻。如有可能，最好将自繁种薯种植在隔离条件好的简易温室、网室或小拱棚中。所选的田块，不能带有马铃薯土传性病害，如青枯病、环腐病和疮痂病等。生长过程中一定要注意防治蚜虫等危害植株的害虫，同时还要特别注意防治晚疫病。

（3）自繁种薯的数量

一般马铃薯商品薯生产每亩种薯需要量为150kg左右，如果用微型薯来生产这些种薯，则需要300粒（每粒微型薯生产块茎0.5kg）。如果用原种生产，则需要原种15kg左右（繁殖系数按10计算）。

3. 提高自留种薯质量

（1）"正选择"与"负选择"

无论是购买高质量的脱毒种薯自繁自用，还是利用自己现有的马铃薯生产田中留种自用，都通过田间选择来提高种薯质量。"正选择"或"负选择"是最常用的方法，二者的差别在于种薯田拔除植株的类型。在"正选择"中，田间表现健康的植株被标记，收获时标记的健康单株的块茎单独采收。在"负选择"中，感病株一经发现立即拔除，在田间只保留健康植株，直到收获。在两种方法中，都应同时采用一些防病害侵染的措施，以控制病害的传播。这些措施包括经常性地使用杀虫剂，切块时对切刀进行消毒等。同时，还要避免过多进入田间进行有关操作，以减少病原物接触传播的机会。从实践出发，只有当田间侵染水平很低，并且感病植株还没有成为健康植株的接种源时，才建议采用负选择方法。若想从自己现有的马铃薯生产田留取一定数量的块茎来年或下茬的种薯，可以采用正选择的方法。在马铃薯现蕾至初花期到田间标记健康的植株，标记物可以是小竹竿、芦苇秆、小灌木枝、尼龙绳等。第一次可多标记一些，在植株枯黄前再次确认所标记的植株是否健康，将感病的植株标记物撤去。在马铃薯收获前将标记好的植株先收获，单独存放，作为来年或下茬的种薯。

（2）拔杂去劣

在作物播种前、播种时或接种后，淘汰不令人满意的植株或种植材料。在种植前进行去杂是根据侵染的典型症状汰除病薯，一些常见的马铃薯病害都会在块茎上表现出特定的症状。在生长过程中进行去杂是根据植株表现的病症或检测的结果进行的。应当尽可能早地拔除病株，以免病株成为侵染源。收获后进行去杂是根据块茎的症状进行的。在种薯或自繁种薯生产过程中，经常用拔杂去劣这种方法。

7.1.5 马铃薯脱毒种薯生产的原则

生产上用的马铃薯品种有的种植年头多、退化重。经过组织培养方法脱毒恢复了该品种的特性，常比退化种薯增产 50%以上，有的成倍增产。用脱毒种薯代替退化种薯，是马铃薯生产的重要增产措施，但是脱毒种薯繁殖不同于有性器官种子的作物繁育。它要求有严格的生产规程，要自始至终严格防止传毒媒介传播病毒及其他病害感染，去杂保持品种纯度，加强田间管理及脱毒质量检测和收获后检验，才能确保脱毒种薯质量。

1. 种薯健康

健康是马铃薯种薯生产的核心，也是鉴别质量的唯一标准。所谓健康是指种薯必须不带任何真菌和细菌性病害，主要病毒性病害的感染率总和不超过 5%，块茎无创伤、无破损、无冻烂、无昆虫危害和生理性病害等。虽然种薯传播的病源很多，但是人们仍把重点放在对病毒的控制上。通过采用无病毒原种，清除侵染来源，中断再感染的途径以及改变播种方式，合理调节播种期以及采取其他措施，提高植株抗性。选择品种时要注意品种的地域性，不同品种在不同地区种植，产量表现不同，必须选择适宜当地种植的良种进行脱毒处理，才能取得良好的增产效果。例如，1988—1990 年陕西省汉中市马铃薯品种区域试验，脱毒的克新 1 号品种，比未脱毒的安薯 56 号品种减产 11.1%。此外，品种不同，其抗病、耐病性也不同，说明退化速度快慢也不同，即使用同一品种对不同病毒的抗性和耐性也有差异。如黑龙江省对各品种进行脱毒试验，从中筛选出的克新 1 号、克新 4 号等，脱毒效果较好，这些品种抗马铃薯 X 病毒和马铃薯 Y 病毒，且马铃薯纺锤块茎类病毒浓度在植物体内积累速度慢，在克山地区气候条件下不采取任何防护措施，连续种植 4 年，病毒病株率增加缓慢，同脱毒种薯当年产量相似，平均单产为 4.16~5.37kg/m^2；而男爵品种脱毒后，当年就再现病毒症状，很快就失去种用价值。文胜 4 号品种，高抗卷叶病，轻感花叶病，特别耐纺锤块茎类病毒，高抗晚疫病，在安康地区已种植 4 年，除因晚疫病抗性降低有所减产外，在晚疫病轻的年份，减产幅度不大，经脱毒种植，仅增产 16.5%~25.5%，说明退化速度很慢。内蒙古自治区乌兰察布盟农业科学研究所脱毒的 35 个品种，筛选效果不一，以紫花白品种最佳。张家口市坝上农业科学研究所种植具有耐病性的跃进脱毒品种，退化慢，产量高，在毒源多的试验地种植，第三代退化株率为 54%，但仍比对照品种增产 31.6%。

关于健康标准，我国暂无统一规定，各省区根据当地的实际情况要求的内容和指标有所不同。种薯繁育所有的措施都应围绕生产健康种薯这一目标进行。

2. 种薯产量

种薯产量是影响种薯成本的重要因子，因此产量高是生产种薯单位所需要的。但是水肥太多，过旺的茎叶生长不利于健康，往往掩盖有些症状的发生，因此种薯产量不能太高。根据有些国家的资料，种薯产量不应超过 $1\,500kg/667m^2$。尤其是一级种薯生产不希望太高的产量，主要要求质量，以生产健康、无病的种薯为目的。种薯生产要追求更高的质量，质量是第一位的。为了保证质量，可以采取推迟播种、控制氮肥施用量、随时淘汰病劣杂株，提早收获等一些影响产量的措施。提高繁殖产量，可以降低繁殖成本，提高经济效益，要是一味追求高产而放松对质量的控制，种薯质量达不到标准，就会作为商品薯而降低经济收入。既要获得一定产量又要保证种薯质量，应该采用科学的栽培管理措施，获得产量 $15\,000kg/hm^2$、10 倍繁殖系数的小健薯，即达到高产优质的目的。

研究者试验证明马铃薯地上部分的生长情况和块茎的产量有如图 7-5 所示的相关性。一种是茎叶生长旺盛（图 7-5 A），这种情况并不利于块茎的形成及早期生长，但能加长块茎生长时间，提高总产量。另一种是茎叶生长很快，但茎叶大小适中，并在一定时间以后立即停止（图 7-5 B），这种类型的马铃薯能较早形成块茎，希望前期生长迅速，在一定时间后立即停止，这样植株既能较早成熟，产生对病毒的老龄抗性，也不利于晚疫病的传播，如果提早收获，能获得成熟的薯块。用健康的种薯，再经过催芽处理以及其他适当的栽培措施，就能产生这样理想的生长类型。

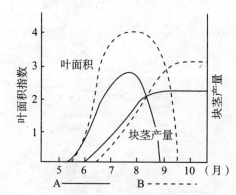

图 7-5　马铃薯地上茎叶和地下块茎的两种生长类型
（引自 Van der zaag, 1971）

3. 种薯大小

种薯一般要求整薯播种，所以希望薯块较小。薯块大小不仅直接影响产量，更主要的是与种薯质量有关。经过多年试验，一级种薯一般以 50g 为宜，最小不低于 15g，最大不超过 100g。近些年关于种薯大小的问题，国内外有很多不同的研究报道。前苏联资料，适于做种的最有利的块茎重量为 60~80g；日本资料，种薯从 10g、20g、40g 增至 60g、80g，产量有所增加，但除 20g 增产 20% 外，其余增产并不显著；荷兰种薯大小分为直径 2.8~3.5cm，3.5~4.5cm，4.5~5.5cm，价格比值为 10∶7∶5，这样可鼓励种薯繁育者生产幼健小种薯。

种薯的大小与很多因子有关，主要和每平方米的主茎数及产量有关，主茎数取决于种薯大小、播种及催芽的方法、耕作深度和其他的土壤条件以及播种密度（图 7-6、图 7-7）。合理控制这些因子，使每平方米土地上产生较多的主茎数，才能使总的薯块产量维持一定水平，而生产较多的小薯块。因此，一级种薯在合理密植极限内争取最大限度的密植，保证单位面积上有足够的株数生产健康、无病的小健薯为最好。应催芽晒种，整薯播种，增加每穴的主茎数，提高单穴结薯数量，同时适当深播，多次培土，增加每个主茎的结薯层数和个数，达到每亩生产 3 000～5 000 个小种薯的标准为最好。

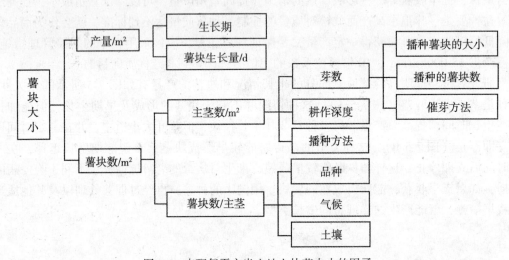

图 7-6 支配每平方米土地上块茎大小的因子

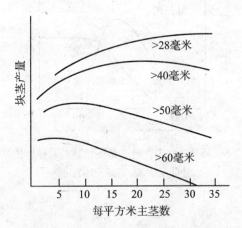

图 7-7 薯块大小和每平方米土地上主茎数的关系

4. 脱毒苗的繁殖环境

脱毒苗在无毒环境条件下繁殖是脱毒薯持续增产的保证。脱毒苗在有毒的环境下繁殖，病毒通过有翅蚜虫等传毒媒介传播，再次侵染脱毒苗，成为有毒苗（植株），生产上应用带毒种薯就起不到增产作用，只有脱毒苗生长繁殖过程保持无病毒，以后生产的种薯才能起到增产作用。所以，生产繁殖脱毒苗时，要特别注意预防病毒再次侵染。

脱毒种薯增产的幅度大小，取决于当地对照品种病毒性退化的轻重。凡是种植年限长，病毒性退化严重的，脱毒薯较对照品种增产幅度大；反之则小。另外，栽培条件好的，脱毒薯能充分发挥增产作用；而患病毒病的，条件再好也不可能高产。因此，在推广应用过程中，要综合考虑多方面因素。

7.1.6　国内外马铃薯脱毒种薯应用状况

世界上许多国家利用马铃薯茎尖脱毒技术，繁殖无病毒的种薯，解决了马铃薯因病毒病而退化导致减产的问题，世界各地马铃薯产量也有了大幅度提高。特别是一些出口种薯的国家，如荷兰、加拿大、英国等，利用脱毒苗繁殖无病毒种薯，有一套完整的良种生产体系，使种薯繁殖和食用薯生产严格分开，有效地防止了病毒病对种薯的侵染，种薯质量得到了保证，产量不断上升。欧美许多国家生产用的马铃薯主要品种，已全部进行茎尖脱毒，使马铃薯生产进入了良性循环，马铃薯单产水平达到了平均为 $3.5 \sim 3.7 kg/m^2$ 的量。

近几年来，我国马铃薯加工业迅速发展，并建立了一些马铃薯生产基地。随着人们消费需求的改变和增加，需要大量的优质脱毒种薯。我国马铃薯种植平均单产水平低于世界平均水平。产量低制约了马铃薯的发展和农民的增收。为了提高产量和经济效益适应优质高效的农业生产，最好的办法是扩大脱毒马铃薯的种植面积，但是现在我国脱毒马铃薯推广面积还不足全部种植面积的 20%，脱毒种薯产量还远远不能满足种植脱毒马铃薯的要求，很多地区至今还没有种植脱毒马铃薯。可见，无论从农业生产的方向还是市场前景看，脱毒马铃薯种薯的生产优势是显而易见的，前景看好。

7.2　马铃薯茎尖脱毒与快繁

茎尖组织培养产生马铃薯脱毒种薯技术是集组织培养技术、植物病毒检测技术、无土栽培生产脱毒微型薯技术和种薯繁育规程为一体的综合技术。

7.2.1　茎尖组织培养脱毒的历史和现状

在植物体内，病毒随着寄主的输导组织传遍全身，但是，它的分布并不均一，这种不均一的现象很早就被人们发现。怀特（1943）用离体的方法成功地培养了被烟草花叶病毒（TMV）侵染的番茄根。他将培养产生的根切成小段，并对每一段进行病毒鉴定，发现在各个切段内病毒的含量并不一致，在近根尖的小段中，病毒的含量很低，在根尖部分，则没有发现病毒。利马塞特和科纽特（1949）发现在茎中也有同样的现象，愈接近茎顶端，病毒的浓度愈低。

植物病毒在体内分布不均一性促使人们进行一系列试验，企图利用无病毒组织产生无病毒植株。开始有人用嫁接或扦插的方法。在有些植物上，这种方法是有效的，产生的植株症状大为减轻，或完全消失。但是对大多数病毒来讲，这种方法是不适用的，因为只有在茎的分生组织部分才维持无病毒，这样的部分一般来讲是很小的，仅在 0.5mm 以下，因此直接用这样小的组织作接穗或插枝是不大可能的，必须创造更有效的方法。

现在为大家所熟悉的植物组织培养方法，在当时已得到迅速的发展，解决了一系列培养上的困难，为离体培养茎尖无病毒组织的成功提供了可能。首先用这种方法获得成功的是法国人莫勒尔和他的同事们。他们用大丽花为材料，在 1952 年试验产生了无病毒植株。在 1955 年又以马铃薯为材料产生了无病毒植株。

莫勒尔等人的成功，引起了人们极大的兴趣，有人评价这是为治疗植物病毒病打开了一个新的途径。继法国之后，很多国家也开展了大量研究，试验的材料除马铃薯外，还有白薯、甘蔗、兰花、石竹、葡萄、草莓、菊花、花椰菜以及其他重要经济作物等 30 多种，很多植物都用于生产实际，成为植物组织培养解决生产问题的突出例子。植物组织培养产生无病毒原种是植物组织培养领域中的重要内容。

马铃薯茎尖培养是其中最成功的例子之一，现在，几乎所有生产马铃薯的主要国家，都在生产中使用这一技术，有人统计至 1975 年为止，用这种技术产生无病毒马铃薯的品种已达 150 个左右，以前那些长期难以产生无病毒植株的品种，也很快获得了成功。

在我国，这方面的工作也已开展。最初，吉林农业大学、辽宁省农科院和黑龙江克山农科所进行了某些初步试验，取得了一定进展，从 1974 年开始，中国科学院植物研究所相继和黑龙江克山农科所、内蒙古乌蒙农科所以及中国科学院微生物研究所、遗传研究所、动物研究所、内蒙古大学等单位协作，开展了以马铃薯茎尖培养为中心的实用化研究，工作取得了很快进展。在两年多时间里，产生了几十个无病毒品种。

7.2.2　脱毒苗培育的意义

1. 病毒的危害

病毒是指寄生在活细胞内的非细胞结构的生命体，又称为"病毒粒子"，电子显微镜下才能观察到其形态大小。据报道，目前全世界植物病毒已达 700 多种。大多数农作物，尤其是无性繁殖的作物都受到 1 种以上的病毒侵染。自然界中植物病毒侵染主要通过以下途径侵染和传播：一是介体（蚜虫等昆虫、螨、真菌、线虫等）造成的微伤；二是移苗、整枝、摘心、打枝、修剪、中耕除草等农事操作时的机械损伤；三是通过嫁接、菟丝子"桥接"等接触性传播。多数病毒不经种子传播，植物受到病毒侵染后，可经无性繁殖的营养器官传至下一代，马铃薯一般通过介体（主要是蚜虫）传播病毒。

植物感染病毒后表现为叶黄化、红化或形成花叶；植株矮化、丛生或畸形；形成枯斑或坏死；产量和品质下降；品种退化，生长势衰退，直至死亡，其发生流行给生产造成巨大损失，甚至是毁灭性的灾难。如马铃薯感染病毒后，表现出卷叶、花叶、束顶、矮化等复杂症状，减产幅度可达40%~70%。

2. 培育脱毒苗的意义

由于病毒复制与植物代谢密切相关，而且有些病毒的抗逆性很强，所以，它与真菌和细菌不同，常规使用的化学药剂或抗生素不能从根本上有效防治，至今仍没有一种特效药物能够实现既能有效防治病毒病害，又不伤害植物。20 世纪 50 年代，人们发现通过组织培养途径可以除去植物体内病毒，六七十年代这项技术便在花卉、蔬菜和果树生产中得到广泛应用，现已称为彻底脱除植物体内病毒，培育脱毒苗木的根本途径。

所谓"脱毒苗"，又称"无病毒苗"，是指不含有该种植物的主要危害病毒，即经过检测主要病毒在植物体内的存在表现为阴性反应的苗木。因此，准确地说"脱毒苗"是"特定无病毒"，应称为"鉴定苗"。通过组织培养技术培育的脱毒苗具有以下优势：提高产量和品质；抗性增强。

脱毒马铃薯的植株表现为叶片平展、肥厚，叶色浓绿，茎秆粗壮，田间整齐一致，光合作用增强；产量高，增产 40% ~ 60%，有的甚至成倍增长（如黑龙江省早熟品种 2.5 万~3.5 万 kg/hm²；晚熟品种 4 万~5 万 kg/hm² 以上）；薯大，薯形整齐、美观、芽眼少且浅，表皮光滑，薯块内部纯净，薯肉近于半透明；淀粉等营养物质含量显著提高；口感较好，有些品种伴有香味；相对耐贮。如果生育期间能有效防止晚疫病，冬季窖贮时则很少烂窖。

目前，通过组织培养手段培养脱毒苗已成为农作物、园艺植物、经济作物优良品种繁育、生产中的重要环节，世界不少国家十分重视这项工作，把脱除病毒纳入常规良种繁殖的一个重要程序，建立了大规模的无病毒苗生产基地，为生产提供无病毒优良种苗，在生产上发挥了重要作用，取得了显著的经济效益。

7.2.3 茎尖组织培养脱毒的概念

利用植物组织培养方法，将植物顶端分生组织及其下方的 1~3 个幼叶原基即茎尖取下，在无菌条件下，放置在人工配制的培养基上，给予一定的条件（温度、光照、湿度等），让其形成完整植株后，并结合血清病毒检测技术，在防蚜传毒条件下，将影响植物正常生长的植物病毒脱除的高新农业生物技术。

7.2.4 茎尖组织培养脱毒的原理

马铃薯的无性繁殖方式决定了马铃薯病毒可通过马铃薯块茎代代相传并积累，从而导致种薯退化。被感染病毒的植株体内病毒的分布并不均匀，病毒的数量随植株的年龄与部位而有所差异，即老叶及成熟的组织或器官中病毒含量较高，幼嫩及未成熟的组织和器官中病毒含量较低，而生长点（0.1~1.0mm 区域）由于输导组织尚未形成而几乎不含病毒。1943 年 White 发现受烟草花叶病毒（TMV）侵染的番茄根尖不同部位，病毒的浓度不同，离尖端越远病毒浓度越高。Morle 等（1952）根据病毒在寄主植物体内分布不均匀的特点，建立了茎尖培养脱毒方法，培育出马铃薯脱毒种薯。该技术的理论基础如下。

1. 茎尖组织生长速度快

马铃薯退化是由于无性繁殖导致病毒连年积累所致，而马铃薯幼苗茎尖组织细胞分裂速度快，生长锥（生长点）的生长速度快，而病毒在植物体细胞内繁殖速度相对较慢，即马铃薯茎尖分生组织和生长锥的分裂速度和生长速度远远超过了病毒的增殖速度，这种生长时间差形成了茎尖的无病毒区。所以可以采用小茎尖的离体培养脱除病毒。

2. 传导抑制

茎尖、根尖分生组织不含病毒粒子或病毒粒子浓度很低，这是因为病毒在寄主植物体内随维管系统（筛管）转移，在根尖与茎尖分生组织中没有维管系统，病毒运动困难。曾普遍认为在分生组织细胞与细胞之间，病毒也可通过胞间连丝扩散转移，但是茎尖分生组织细胞的生长速度远远超过病毒在胞间连丝之间的转移速度。王毅（1995）、朱玉贤等（1997）总结国内外近年对胞间连丝的研究指出，胞间连丝微通道口最大直径是 0.8~1nm，允许通过物质的最大分子量是 1kU，而病毒粒子直径为 10~80nm，不能靠简单扩散通过胞间连丝。已发现一些病毒可产生运动蛋白改变胞间连丝结构，协助病毒在植物细胞间转移。但是病毒在寄主茎（根）尖的生长速度慢，导致顶端分生组织附近病毒浓度低，甚至不带病毒。通过茎尖或根尖离体培养便可获得无病毒再生植株，从而形成了真正意义的马铃薯分生组织脱毒生产技术。即病毒在植物体内的传播主要是通过维管束实现的，但在分生组织中，维管组织还不健全或没有，从而抑制了病毒向分生组织的传导。

3. 能量竞争

病毒核酸和植物细胞分裂时 DNA 的合成需要消耗大量的能量，而分生组织细胞代谢旺盛，在对合成核酸分子的前体竞争方面占优势，即 DNA 合成是自我提供能量自我复制，而病毒核酸的合成要靠植物提供能量来复制，因而病毒难以获得复制自己的原料及足够的能量，竞争抑制了病毒核酸的复制。

4. 激素抑制

在茎尖分生组织中，生长素和细胞分裂素水平平均很高，从而阻滞了病毒的侵入或者抑制病毒的合成。

5. 酶缺乏

可能病毒的合成需要的酶系统在分生组织中缺乏或还没建立，因而病毒无法在分生组织中复制。

6. 抑制因子

1976 年，Martin-Tanguy 等提出了抑制因子假说，认为在分生组织内或培养基中某些成分存在某种抑制因子，这些抑制因子在分生组织中比在任何区域具有更高的活性，从而抑制了病毒的增殖。

所以利用茎尖组织（生长锥表皮下 0.2~0.5mm）培养可获得脱毒苗，由脱毒苗快速繁殖可获得脱毒种薯。

7.2.5　茎尖组织培养脱毒技术

根据病毒在马铃薯植株组织中分布的不均匀性，即靠近新组织的部位，如根尖和茎顶端生长点、新生芽的生长锥等处，没有病毒或病毒很少的实际情况，在无菌的特别环境和设备下，切取很小的茎尖组织放置在特定的培养基上，经过培养使之长成幼苗。

1. 脱毒材料选择

茎尖组织的培养目的是脱掉病毒。而脱毒效果与材料的选择关系很大。马铃薯品种发生病毒性退化，植株间感染病毒轻重、有无，往往差别很大，感病毒重的常常是病毒复合侵染，如有的被 X 病毒和 Y 病毒侵染或 3~4 种病毒侵染。感病轻的可能被 1 种病毒感染，还有接近于健康的植株。所以在选择脱毒材料时，除应选取具有该品种典型性状的植株外，还要选取植株中病症最轻的或健康的植株。

选取的这些植株做茎尖培养时，可直接切取植株上的分枝或腋芽进行茎尖剥离培养，也可取这些植株的块茎，待块茎发芽后剥去芽的生长点（生长锥）进行培养。不论取材健康程度如何，都应在取用前进行纺锤块茎类病毒（PSTV）及各种病毒检测，以便决定取舍及对病毒的全面掌握。在病毒检测时有的品种在种植过程中因感病毒机会少，或种植时间短，可能有的植株无病毒，仍保持健康状态，经检测后确定不病毒，即可作无病毒株系扩大繁殖，免去脱毒之劳。

2. 病毒检测

病毒检测分茎尖培养前检测及培养成苗后检测。

茎尖培养前检测。目前生产上推广的品种，或多或少有被马铃薯纺锤块茎类病毒侵染的可能。作为茎尖培养的材料，首先用聚丙烯酰胺凝胶电泳法对纺锤块茎类病毒进行检测，发现有这类病毒存在，应坚决淘汰。因为茎尖脱毒一般不能脱去该种病毒。只有在无纺锤块茎类病毒时，再进行其他病毒检测。可用血清学法、电镜法、指示植物法等方法，检测材料带病毒种类，进行编号登记，培养成苗后再进行检测。

3. 茎尖组织培养

（1）取材和消毒

剥取茎尖可用植株分枝或腋芽，但大多采用块茎上发出的嫩芽，因为植株的腋芽不易彻底消毒，容易污染。

第一种方法：剪取顶芽梢段（也可用侧芽）3~5cm，剥去大叶片，用自来水冲洗干净，在75%酒精中浸泡30s左右，用0.1%HgCl$_2$消毒10min左右（或用1%~5%NaClO或5%~7%的Ca（ClO）$_2$溶液消毒10~20min），最后用无菌水冲洗材料4~5次。

第二种方法：块茎上的幼芽长到3~4cm左右、幼叶未展开时切取幼芽（不可用老芽，因老芽易分化成花芽）若干。先对芽段进行消毒，可把芽段放在烧杯中用纱布将口封住，放在流水中冲洗30min以上，然后用95%酒精漂洗30s，放在5%的NaClO溶液中浸泡20min，再用无菌水冲洗3~4次。也可用多种药剂进行交替灭菌，然后拿到无菌室的超净工作台上开始剥取茎尖，进行茎尖组织剥离和接种。

（2）茎尖剥取和接种

在无菌室的超净工作台上将消毒过的材料置于30~40倍的双筒解剖镜下，一只手用镊子将材料固定于视野中，另一只手用解剖刀一层一层剥去芽顶的嫩叶片，待露出1~2个叶原基和生长锥后，用解剖刀把带1~2个叶原基的生长锥（图7-8）0.2~0.3mm切下并立即接种在试管内培养基上（顶部向上）。每管接种1~2个茎尖，并在试管上编号，以便成苗后检查。还有一种方法是把经过消毒的薯芽，直接插入培养基中，生根长成苗后，再做剥离，成活率高，效果好。

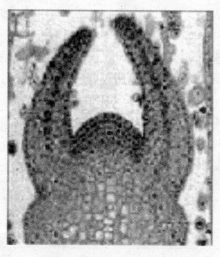

图7-8 马铃薯茎尖照片（带两个叶原基）

剥离茎尖、接种使用的解剖针和刀具等都要严格消毒，最好有 2 个解剖针和 2 个刀具。将 2 个用具均放在有 70%酒精中，使用时取出 1 个，剥完 1 个茎尖把针和刀具在酒精灯上灼烧，放入酒精中，再剥时用另 1 个针和刀；轮流使用，严格消毒，防止杂菌交叉污染。

接种时确保微茎尖不与其他物体接触，只用解剖针接种即可。剥离茎尖时，应尽快接种，茎尖暴露的时间应当越短越好，以防茎尖变干。可在一个衬有无菌水湿润滤纸的灭过菌的培养皿内进行操作，有助于防止茎尖变干，并注意随时更换滤纸，剥取茎尖时切勿损伤生长点。

温馨提示

1. 接种时最好使茎尖向上，不能埋入培养基内；

2. 整个剥离过程中，要注意常将解剖针和解剖刀浸泡在 90%酒精中，并用火焰灼烧灭菌，冷却后使用。

3. 剥离微茎尖时双眼要同时睁开，调整好解剖镜的焦距，并且手、眼与工具间配合默契。

4. 切割微茎尖要用锋利的解剖刀，并做到随切随接。

剥取茎尖需在无菌室内超净工作台上进行。为了防止杂菌污染，应对无菌室消毒。一般用 5%的石碳酸水溶液全面喷雾，并用紫外灯照射 30min 以上。关闭紫外灯。超净工作台应事先打开，30min 后工作。工作人员进入无菌室后，应用 70%的酒精棉擦拭手和工作台上的各种用具，然后开始工作。

（3）茎尖培养

植物组织培养能否成功，关键是能否找到合适的培养基，培养基的成分大体由三部分组成，一是大量元素，二是微量元素，三是有机成分，由这三类成分组成的培养基，为基本培养基，对于大多数组织来说，单有基本培养基还不行，还须加植物生长调节物质。马铃薯茎尖培养的基本培养基成分如表 7-1，可以看出需要较高的铵盐和钾盐。生长调节物质常用生长素、细胞分裂素和赤霉素。琼脂不是营养成分，它只起固定凝固作用。并用 0.1mol/L 的 NaOH 或 0.1mol/L 的 HCl 调节 pH 值为 5.6~5.8。根据需要做成固体培养基或液体培养基（不加琼脂），分装在试管中或三角瓶、罐头瓶等中，高压灭菌后放在无菌室内备用（培养基放置的时间不宜过长，常温下不超过 3d 为好）。

表 7-1　　　　　　　　马铃薯茎尖培养基的成分（mg/g）

成　分	名　称				
	Morel	Kassanis	MS	农事试验场	革新
$CaCl_2 \cdot 2H_2O$	—	—	440	—	—
$Ca(NO_3)_2 \cdot 4H_2O$	500	500	—	170	500

成　分	名　称				
	Morel	Kassanis	MS	农事试验场	革新
KCl	—	—	—	80	800
KH_2PO_4	125	125	170	40	125
KNO_3	125	125	1 900	—	125
$MgSO_4 \cdot 7H_2O$	125	125	370	240	125
NH_4NO_3	—	—	1 650	60	—
$(NH_4)_2SO_4$	—	—	—	—	800
$CoCl_2 \cdot 6H_2O$	—	—	0.025	—	—
$CuSO_4 \cdot 5H_2O$	—	—	0.025	0.05	0.05
柠檬酸铁	—	—	—	25	25
$FeSO_4 \cdot 7H_2O$	Berthelot *	Berthelot *	27.8	—	—
H_3BO_3	溶液 10 滴	溶液 10 滴			
$H_2Mo_4 \cdot H_2O$	—	—	—	—	—
$(NH_4)_6Mo7O_24 \cdot 4HO$	—	—	—	—	—
KI	—	—	—	—	—
$MnCl_2 \cdot H_2O$	—	—	—	—	—
$MnSO_4 \cdot 4H_2O$	—	—	—	—	—
$Na_2MoO_4 \cdot 2H_2O$	—	—	—	—	—
Na_2-EDTA	—	—	—	—	—
$ZnSO_4 \cdot 4H_2O$	—	—	—	—	—
腺嘌呤	—	—	5	5	5
生物素	0.01	0.01	—	0.01	0.01
泛酸钙	10	10	—	10	10
胱氨酸	—	10	—	10	10
甘氨酸	—	—	2	—	—
酪蛋白水解物	—	—	—	1	1
肌醇	0.1	0.1	100	0.1	0.1
烟酸	1	1	0.5	1	1
维生素 B_6	1	1	0.5	1	1
维生素 B_1			0.1	1	1
蔗糖	20 000	20 000	30 000	—	20 000

续表

成　分	名　称				
	Morel	Kassanis	MS	农事试验场	革新
葡萄糖	—	—	—	10 000	—
激动素	—	—	0.04~10	—	0.05
6-苄基嘌呤（BAP）	—	—	1~30	—	—
吲哚乙酸（IAA）	—	—	—	—	0.01~0.1
萘乙酸（NAA）	—	—	—	7 000	0.05~0.1
赤霉素（GA）	10 000	10 000	—	—	70 000
琼脂					

Berthelot* 溶液（g/L）：$MnSO_4$ 2 $NiSO_4$ 0.06 TiO_2 0.04 $CoSO_4$ 0.04 $ZnSO_4$ 0.1 $CuSO_4$ 0.05 BeSO4 0.1

将接种好的茎尖置于 25℃ 左右的温度下。每天以 16h 2 000~3 000lx 的光照条件下进行培养。由于在低温和短日照下，茎尖有可能进入休眠；所以较高的温度和充足的日照时间必须保证。经 30~40d，成活的茎尖，颜色发绿，茎明显伸长，叶原基长成小叶。然后在无菌条件下将其转接到生根培养基中进行培养，经过 3~4 个月长成有根系的带 3~4 个叶片的小单株，称"茎尖苗"。再进行切段扩繁一次，取部分苗进行病毒检测。但是，比较小的茎尖（0.1~0.2mm）则需 3~4 个月以上，有的甚至更长时间才发生绿芽。其间应更换新鲜培养基。提高培养基中 BA 的浓度，可形成大量丛生芽。

4. 病毒检测

病毒在马铃薯体内只是在很小的分生组织部分才不存在，但实际切取时，茎尖往往过大，可能带有病毒，因此必须经过鉴定，才能确定病毒是否脱除。以单株为系进行扩繁，苗数达 150~200 株时，随机抽取 3~4 个样本，每个样本为 10~15 株，进行病毒检测。常用的病毒检测方法有指示植物检测法、抗血清法即酶联免疫吸附法（ELISA）、免疫吸附电子显微镜检测和现代分子生物学技术检测等方法。通过鉴定把带有病毒的植株淘汰掉，不带病毒的植株转入基础苗的扩繁，供生产脱毒微型薯使用。茎尖分生组织脱毒的具体过程如图 7-9 所示。病毒鉴定方法在第 8 章中具体说明。

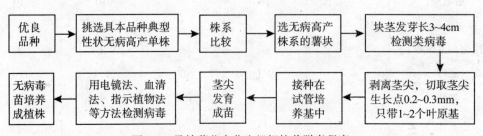

图 7-9　马铃薯茎尖分生组织培养脱毒程序

5. 切段快繁

在无菌条件下，将经过病毒检测的无毒茎尖苗按单节切断，每节带 1~2 个叶片，将切段接种于培养容器的培养基上，置于培养室内进行培养。培养温度 23~27℃，光照强度 2 000~3 000lx，光照时间 16h，2~3d 内，切段就能从叶腋处长出新芽和根。切段快繁的速度很快，当培养条件适宜时，一般 30d 可切繁一次，1 株苗可切 7~8 段，即增加 7~8 倍。

6. 微型薯生产

在条件适宜的条件下，三个月左右即能产生具有 3~4 片叶的小植株，可以移入土壤中，移栽时必须注意土壤湿度不应太大，而应保持较高的空气湿度，因为小植株从异养状态变为完全自养有一适应阶段，否则会因根系和叶片发育不好，往往使移栽不易成活。

（1）网室脱毒苗无土扦插生产微型薯

微型薯的生产一般采用无土栽培的形式在防蚜温室、放蚜网室中进行，选用的防蚜网纱要在 40 目以上才能达到防蚜效果。目前多数采用基质栽培，也有采用喷雾栽培、营养液栽培的形式生产微型薯的，但并不普遍。

在基质栽培中，适宜移栽脱毒苗的基质要疏松，通气良好，一般用草炭、蛭石、泥炭土、珍珠岩、森林土、无菌细砂作生产微型薯的基质，并在高温消毒后使用。实际生产中，大规模使用蛭石最安全，运输强度小，易操作，也能再次利用，因而得到广泛应用。为了补充基质中的养分，在制备时可掺入必要的营养元素，如三元复合肥等，必要时还可喷施磷酸二氢钾，以及铁、镁、硼等元素。

试管苗移栽时，应将根部带的培养基洗掉，以防霉菌寄生危害。基础苗扦插密度较高，生产苗的扦插密度较低，一般每平方米在 400~800 株范围内较合适。扦插后将苗轻压并用水浇透，然后盖塑料薄膜保湿，一周后扦插苗生根后，撤膜进行管理。棚内温度不超过 25℃。扦插成活的脱毒苗可作为下一次切段扦插的基础苗，从而扩大繁殖倍数，降低成本。

（2）通过诱导试管薯生产微型薯

在二季作地区，夏季高温高湿时期，温（网）室的温度常在 30℃以上，不适宜用试管脱毒苗扦插繁殖微型薯，但可以由快速繁育脱毒试管苗方法获得健壮植株，在无菌条件下转入诱导培养基或者在原培养容器中加入一定量的诱导培养基，置于有利于结薯的低温（18~20℃）、黑暗或短光照条件下培养，半个月后，即可在植株上陆续形成小块茎，一个月即可收获。试管薯虽小，但可以取代脱毒苗的移栽。这样就可以把脱毒苗培育和试管薯生产在二季作地区结合起来，一年四季不断生产脱毒苗和试管薯，对于加速脱毒薯生产非常有利。

在试验中，获得的马铃薯脱毒试管薯，其重量一般在 60~90mg，外观与绿豆或黄豆一样大小，可周年进行繁殖，与脱毒试管苗相比，更易于运输和种植成活。但是用试管诱导方法生产脱毒微型薯的设备条件要求较高，技术要求较复杂，生产成本较高，因此我们一般则以无土栽培技术为主进行。

7.2.6　影响茎尖脱毒效果的因素

能否通过茎尖培养产生无病毒植株主要取决于两个方面，首先，离体茎尖能否成活；

其次，成活的茎尖是否带有病毒。即影响茎尖脱毒效果的因素主要由茎尖成苗率和脱毒率2 个因素所决定。影响茎尖成活的因子很多，主要有以下几方面的因素。

1. 茎尖大小和芽的选择

剥离的茎尖大小是影响脱毒率和成苗率的一个关键因子。用于脱毒的茎尖外植体可以是顶端分生组织（apical meristem）即生长点，最大直径 0.1mm；也可以是带 1～2 个叶原基的茎尖（shoot tip）。

茎尖外植体的大小与脱毒效果成反比，即外植体越大，产生再生植株的机会也越多，但是清除病毒的效果越差；外植体越小，清除病毒效果愈好，但再生植株的形成较难，有些研究者做了这方面的试验，结果如表 7-2 所示。尤其是 X 和 S 病毒，切取的茎尖越小，脱毒率越高，上述 2 种病毒靠近生长点，比较难脱除。起始培养的茎尖大小不带叶原基的生长点培养脱毒效果最好，带 1～2 个叶原基可获得 40% 脱毒苗。但是不带叶原基的过小外植体离体培养存活困难，生长缓慢，操作难度大。因为茎尖分生组织不能合成自身所需的生长素，而分生组织以下的 1～2 个幼叶原基可合成并供给分生组织所需的生长素、细胞分裂素，因而带叶原基的茎尖生长较快，成苗率高。但茎尖外植体越大，脱毒效果越差，含有 2 个叶原基以上的茎尖脱毒率低。通常以带 1～2 个幼叶原基的茎尖（0.1～0.3mm）作外植体比较合适。总之，切取的茎尖在 0.1～0.3mm 范围内，含有 1～2 个叶原基的脱毒效果最好。关于马铃薯茎尖脱毒工作的大量资料表明，较易脱去的马铃薯病毒是卷叶病毒，较难脱掉的是 S 病毒。马铃薯脱毒适宜的茎尖大小如表 7-3 所示。在芽的选择上顶芽比腋芽好，而且成活率也高。

表 7-2　　　　　　　　　　离体茎尖大小对马铃薯病毒脱除的影响

[引自 Millor 和 Stace-Smith（1972）]

茎尖长度（mm）	叶原基数	发育小植株数	去除马铃薯 X 病毒的植株数
0.12	1	50	24
0.27	2	42	18
0.6	4	64	0

表 7-3　　　　　　　　　　用于脱毒的马铃薯适宜茎尖大小

植　物	病　　毒	茎尖大小（mm）	品种数
	马铃薯 Y 病毒	1.0～3.0	1
	马铃薯 PLRV 病毒	1.0～3.0	3
马铃薯	马铃薯 X 病毒	0.2～0.5	7
	马铃薯 G 病毒	0.2～0.3	1
	马铃薯 S 病毒	0.2 以下	5

2. 外植体的生理因素

从总的脱毒情况和植株形成的效果看，顶芽的脱毒效果比侧芽好，生长旺盛的芽比休眠芽或快进入休眠的芽好。据河北坎上农业科学研究所韩舜宗等研究，选取块茎脐部萌发芽的生长点离体培养，其成苗率和脱毒率比来自其他部位的要高。乌盟农业科学院研究所宫国璞的研究表明，块茎顶部的粗壮芽和植株主茎的生长点培养脱毒的效果较其他部位好。对于室内马铃薯枝条，为了增加无病毒植株的繁殖量，侧芽也可采用，因为每个枝条只有一个顶芽，而侧芽有好几个。

取芽时期也会影响培养效果，对于春播马铃薯，在春季和初夏采集的茎尖培养效果比从较晚季节采集的要好；对于秋播马铃薯品种也表现为在生殖阶段采集的茎尖好于在营养生长阶段的茎尖。

3. 病毒种类

不同种类的病毒去除的难易程度也不同，奎克发现，由只带一个叶原基的茎尖所产生的植株，全部除去了马铃薯卷叶病毒，而其中有80%植株除去了马铃薯A病毒和Y病毒，从茎尖获得的500株植株中，只有一株除去了马铃薯X病毒。这种现象和病毒在茎尖附近的分布有关。

茎尖组织培养脱毒的难易程度有很大差别，多数研究者的试验结果表明，脱除病毒的难易程度顺序依次为PSTV、PVS、PVX、PVM、PAMV、PVY、PVA和PVRV，排列越前的脱毒越难，其中PSTV最难脱除，PVX和PVY较难脱除。但以上的顺序并非绝对，如结合热处理，可显著提高PVX和PVS的脱毒率。

由多种病毒复合感染后，脱毒更困难。Pennazio（1971）发现，用热处理的茎尖苗，其中一种仅感染了PVX，42株小苗中有34株脱除了病毒。而另一个材料同时感染了PVX、PVM、PVS和PVY，34株小苗全部脱除了PVY，大部分脱除了PVM和PVS，但只有两株脱除了PVX。他认为这个材料脱除了PVX之所以困难，是由于4种病毒复合感染的原因。即当PVX单独存在时，茎尖组织培养产生无PVX脱毒率远远高于PVX与其他病毒复合侵染的茎尖脱毒率。

4. 物理方法

利用一些物理因素如X射线、紫外线、高温和低温等处理种薯使病毒钝化，可以达到脱除病毒，获得脱毒种薯的目的。其中以热处理钝化病毒的方法较多，用高温处理患病毒的马铃薯植株或块茎幼芽后，再进行茎尖培养，则脱毒率比较高。在高于正常温度且植物组织很少受到伤害的条件下，植物组织中的许多病毒可被部分或全部钝化，使病毒不能繁殖。热处理可以脱除那些单靠组织培养难以消除的病毒，如卷叶病毒经过热处理后，即使是较大的茎尖组织也有可能脱去病毒。1949年克莎尼斯用37.5℃高温处理患卷叶病毒的块茎25d，种植后没有出现患卷叶病的植株。山西省农科院高寒作物所1981年用37℃高温处理S_{3012}品系的块茎，处理20d全部植株未出现卷叶病症状，而处理15d卷叶病株为19%，未处理的卷叶病株为100%。因为高温处理能钝化（失活）卷叶病毒。1973年麦克多纳在茎尖培养前，对发芽块茎采取32~35℃的高温处理32d，脱去了X病毒和S病毒。1978年潘纳齐奥报道，将患有X病毒的马铃薯植株于30℃下处理28d，脱毒率41.7%，处理41d脱毒率为72.9%，未处理的为18.8%，证明高温处理患X病毒的植株时间愈长，脱毒率愈高。

高温处理的优点是操作简单，短时间内能处理大批种薯；缺点是对大多数病毒不能根除，有很大的局限性，而且有时脱毒效果不理想。

茎尖经冷热不同的处理后可提高脱毒的效果。李凤云的研究结果表明，6~8℃低温和

37℃热空气预处理有利于脱除类病毒、PVX 和 PVS 等难脱除的病毒，在不影响成苗率的情况下提高了脱毒率。此外，脱毒前茎尖结合化学方法（如赤霉素或次氯酸钠浸种）或光照等预处理效果会更佳。

5. 药剂处理

药剂可以抑制病毒繁殖，有助于提高茎尖脱毒率。嘌呤和嘧啶的一些衍生物如 2-硫脲嘧啶和 8-氮鸟嘌呤等能和病毒粒子结合，使一些病毒不能复制。用孔雀石绿、2,4-D 和硫脲嘧啶等加入培养基中进行茎尖培养时可除去病毒。1951 年汤姆生在培养基中加入 4mg/kg 的孔雀石绿，脱掉了马铃薯 Y 病毒。1961 年欧希玛等用 2~15mg/kg 的孔雀石绿加入培养基中培养马铃薯茎尖，除去了 X 病毒。1961 年卡克用 0.1mg/kg 的 2,4-D 加入培养基中，培养茎尖时，得到了无 X 病毒和 S 病毒的植株。1982 年克林等报道，在培养基中加 10mg/L 病毒唑培养马铃薯茎尖时，去掉了 80% X 病毒。1985 年瓦姆布古等用不同浓度的病毒唑处理 3~4mm 马铃薯茎尖（腋芽）20 周，除去了 Y 病毒和 S 病毒，其中用 20mg/L 病毒唑加入培养基中，可脱掉 Y 病毒 85%，脱去 S 病毒 90%以上。

6. 培养基成分和培养条件

培养基的成分对茎尖培养的成苗率有较大的影响，而且有时起着关键作用。对茎尖起作用的培养基因子主要有营养成分、生长调节物质和物理状态等。

Stace-Smith 和 Mellor（1986）比较了几种培养基的效果。结果表明，MS 基本培养基在成苗率和脱毒率上都是最好的，因为马铃薯茎尖培养需要较多的 NO_3^- 和 NH_4^+ 营养。适当提高钾盐和铵盐离子的浓度对茎尖生长和发育有重要作用，可提高脱毒成功率。附加成分，尤其是植物生长调节物质对茎尖的生长和发育有重要的作用，一定浓度和时间的外源激素处理可用来控制茎尖成活、苗的分化和调节生长，使试管苗的根茎增粗和叶片增大等，但浓度过高或使用时间过长会产生不利影响。当然，不同品种对激素的反应会有所不同，使用的激素种类和浓度不能一概而论。此外，在培养过程中，应根据不同的马铃薯茎尖组织生长发育类型，改变生长调节剂的浓度及处理时间，结合适宜的培养条件才能提高茎尖成活率。目前用得较多的激素主要有 2,4-D、6-BA、NAA、KT、GA、CCC、Pix、PP33、B9、IAA、ZT 和 S3307。

Morel（1964）的试验表明，在培养基中添加一定量 GA，能促进茎尖生长。加入 GA_3 后生长加快，但当长到 4~5mm 后生长便停止了，除非有高浓度的钾和铵。少量的细胞分裂素有利于茎尖成活，常用的细胞分裂素类物质为 6-BA，浓度为 0.5mg/L 左右。常用的生长素类为 NAA，可促进根的形成，浓度范围为 0.1~1.0mg/L。由于不同的品种对生长调节剂的反应不一样，所以应结合培养条件进行具体的操作。用于马铃薯茎尖培养的 Mellor 和 Stace-Smith（1986）培养基成分见表 7-4。

不同品种对生长调节剂的反应十分不同，因此必须结合培养条件灵活掌握。一般来说，茎尖对培养基的液固物理状态并不十分敏感。琼脂培养基能使只有顶端分生组织的培养物产生愈伤组织。对于只有生长点的极小茎尖，较软的培养基有利于其成活，液体静置培养基较固体培养基培养好，它不但能使苗生长健壮、茎粗、根数多，而且还降低了生产成本，节省了资金和能源。此外，近年来许多学者等研究发现，以白色乳状凝固培养基 295g/L 加自来水做培养基培养马铃薯脱毒试管苗生长潜力大，可利用空间多，而且制备简单，感染率低，大大降低了生产成本。因此，可作为工厂化生产马铃薯脱毒试管苗的理想培养基。

表7-4　用于马铃薯茎尖培养的 Mellor 和 Stace-Smith（1986）培养基成分

成分	数量（mg/L）	成分	数量（mg/L）
NH_4NO_3	1 650	$NaMoO_4 \cdot 2H_2O$	0.25
KNO_3	1 900	KI	0.83
$CaCl_2 \cdot 2H_2O$	440	H_3BO_3	6.2
$MgSO_4 \cdot 7H_2O$	370	肌醇	100
KH_2PO_4	170	烟酸	0.5
$FeSO_4 \cdot 7H_2O$	27.85	盐酸吡哆醇	0.5
$Na_2 \cdot EDTA$	37.25	盐酸硫胺素	0.1
$MnSO_4 \cdot 4H_2O$	22.3	甘氨酸	2
$ZnSO_4 7H_2O$	8.6	激动素	0.04
$CoCl_2 \cdot 6H_2O$	0.025	IAA	0.5
$CuSO_4 \cdot 5H_2O$	0.025	GA_3	0.1
		活性炭（可有可无）	2.857

马铃薯茎尖培养需要的最适光强度随发育时期应有所增加，建立茎尖培养物时的最适光强度是 1 000lx，4 周后要增加至 2 000lx，当茎尖长到 1cm 高时，5~6 周后，光照应增加至 4 000lx。

7.2.7　茎尖组织培养脱毒的注意事项

①剥取的茎尖接种后生长锥不生长或生长点变褐色死亡。这是因为剥离茎尖时生长点受伤，接种后不能恢复活性而死亡。所以剥离茎尖一定要细心，解剖针尖不能伤及生长点。

②在培养过程中，茎尖生长非常缓慢，不见明显增大，但颜色逐渐变绿，最后形成绿色小点。这主要是 NAA 浓度不够或温度过低，或培养湿度低所造成，所以应转入 NAA 的量加大至 0.5mg/L 以上的培养基上培养，并把培养室的温度提高至 25℃ 左右，以促进茎尖生长。

③生长锥生长基本正常。在正常的情况下，接种茎尖颜色逐渐变绿，基部逐渐增大，有时形成少量愈伤组织，茎尖逐渐伸长，大约 30d，即可看到明显伸长的小茎，叶原基形成可见的小叶，这是因为各因子都很合适，这时可转入无生长激素的基本培养基中，并将室温降到 18~20℃，茎尖继续伸长，并能形成根系，最后发育成完整小植株。

④茎尖太大，脱毒效果不好，茎尖太小，成活率降低。茎尖愈小，形成愈伤组织的可能性越大，分化成苗的时间越长，一般要经过 4~5 个月。切取的茎尖 0.2~0.3mm 长时，分化成苗的时间大约 3 个月，但因品种不同而有很大的差别，有的需经过 7~8 个月成苗。更应该注意的是，形成愈伤组织后分化出的苗，常常会发生遗传变异。这种茎尖苗应通过品种典型比较，证明在没有变异时才能按原品种应用。

此外，茎尖培养也可分 3 个阶段进行。第 1 阶段是用 MS 培养基加 0.1mg/L GA，培养 2~3 周后茎尖明显增长时转入第 2 阶段培养。第 3 阶段把茎尖转入 MS 培养基上，不加任何激素。温度保持在 20~25℃，光照 2 000~3 000lx，经 1~2 个月后逐渐长成小植株。

7.3　马铃薯脱毒的其他方法及原理

7.3.1　愈伤组织培养脱毒法

1. 概念

愈伤组织培养脱毒法是指将感染病毒的离体的各种器官或组织诱导产生愈伤组织，然后从愈伤组织再诱导分化成芽或苗，最后形成无病毒植株的方法。

2. 原理及依据

从感染组织诱发的愈伤组织，不是所有的细胞都带有病毒，愈伤组织细胞带病原菌不均一，部分细胞不带病毒，由这些细胞再生出的植株是无病毒的。多次继代的愈伤组织中病毒的浓度下降，甚至检测不出病毒。例如，感染烟草花叶病毒（TMV）的烟草愈伤组织细胞，有 60% 不带该病毒；烟草髓细胞愈伤组织继代 4 次后，检测不到 TMV。部分愈伤组织细胞不带病毒的原因主要有两方面，其一是愈伤组织细胞分裂增殖速度快，而病毒复制速度较慢，赶不上细胞的繁殖；其二是继代培养的愈伤组织细胞产生了抗病毒突变。此外，在母株上也存在抗病毒的细胞，它们与感病毒的细胞并存，采用它们存在部位的组织离体培养，所获再生植株中有较高比例的无毒株（Murakishi 和 Carlson，1976）。

在愈伤组织的培养中发现，带病毒的愈伤组织生长缓慢，不带病毒的愈伤组织生长很快，通过 3~5 次有选择的继代培养，愈伤组织中分裂出的细胞，大部分是无病毒的，而无病毒细胞再生植株的成株率大于带病毒细胞。因此用愈伤组织诱导马铃薯脱毒苗是更有效的方法之一。通过 3~5 次继代培养，能获得很多优质的愈伤组织，每瓶愈伤组织能诱导一株或一簇再生芽。

由于病毒在植物体内主要是通过导管和筛管传播的，通过细胞壁和胞间连丝传播的很慢。因此同茎尖脱毒相比，愈伤组织诱导再生马铃薯植株，具有脱毒效果好、数量多、速度快、成苗率高、成本低等特点。用愈伤组织诱导脱毒苗具有连续性，即使病毒脱不净，还可以继续继代、继续诱导，而茎尖脱毒如果脱不净，只能淘汰，重新脱毒。但是愈伤组织培养脱毒法脱毒效果不稳定，另外经由愈伤组织产生的植株可能出现一些变异，这些变异往往是人们不希望出现的，所以选择此法要注意。

3. 方法

（1）材料的选取、消毒和培养

从田间选取具有原品种特性的典型植株，剪切顶端部分，用自来水冲洗干净，在超净工作台上，用 70% 的酒精浸泡 10s，再在 0.1% 的氯化汞溶液中浸泡 10~15 min，然后用无菌水漂洗 3~5 次，切取 5~7mm 不同大小的外植体准备接种到 MS 培养基上，附加不同浓度的 6-BA、ZT、NAA、2，4-D 等，3% 蔗糖，0.6% 琼脂，pH 5.8。置于室内散射光下自然生长。

（2）愈伤组织的诱导

将充分洗净、消毒的供试品种的茎尖、茎段、叶片（半叶、全叶）分别接在 4 种不同的培养基上进行愈伤组织的诱导。每处理 3 瓶，观察并统计出愈时间（d）、出愈率、愈伤组织的状态（包括颜色、形状、质地、生长速度等），其中出愈率计算方法如下。

$$出愈率 = \frac{形成愈伤组织的外植体数}{总接种的外植体数} \times 100\%$$

（3）愈伤组织的继代

25～30d 后，将诱导出的愈伤组织转移到继代培养基上，培养基成分为 MS+2，4-D 0.4 mg/L+6-BA 1.0 mg/L+GA$_3$ 0.5 mg/L+3% 蔗糖+0.6% 琼脂，pH 值为 5.8。选择生长快，色泽新鲜不褐化的愈伤组织，以直径 0.3cm 左右的团块，每 20～25d 继代一次，共 3 次。在室温自然光下培养。

（4）再生苗的诱导

随着继代培养次数的增加，愈伤组织生长速度越来越快，选择色泽好，生长快的各种愈伤组织转移到诱导培养基上，培养基的组成为 MS+6-BA1.5 mg/L（或 ZT 2.0 mg/L）+ NAA0.5 mg/L+GA$_3$5mg/L+3% 蔗糖+0.6% 琼脂，pH 值为 5.8。培养在室温下，补充光强 2 000 lx，每天光照时间 16h。统计分化率。

$$分化率 = \frac{分化出根、芽的愈伤组织块数}{总接种的愈伤组织块数} \times 100\%$$

7.3.2 物理学脱毒法

有很多物理因子，如 X 射线、紫外线、超短波和高温都能使病毒钝化失活，其中有些因子的处理已在生产中使用很广泛。

1. 热处理脱毒概述

热处理脱毒又叫温热疗法脱毒。热处理法是利用病毒和寄主植物对高温的忍耐性的差异，利用这个差异，选择一个温度，处理适当时间，使植物的生长速度超过病毒的扩散速度，得到一小部分不含病毒的植物分生组织，然后进行无病毒个体培育而形成完整的无病毒植株。

在热处理法中，最主要的影响因素是温度和时间。热处理可通过热水浸泡或湿热空气进行。热水浸泡对休眠芽效果较好，湿热空气对活跃生长的茎尖效果较好，既能消除病毒又能使寄主植物有较高的存活机会。热空气处理比较容易进行，把旺盛生长的植物移入到 1 个热疗室中，在 35～40℃下处理一段时间即可，处理时间的长短，可由几分钟到数月不等。热处理的方法有恒温处理和变温处理，处理的材料可以是植株，也可以是接穗。

2. 热处理脱毒简史

用热处理脱除马铃薯卷叶病毒（PLRV）是世界上脱除已知病毒最早的例子。早在 1889 年，印度尼西亚爪哇人就把繁殖用的甘蔗切段放在 50℃ 左右的热水中浸泡 30min 后，能使枯萎病大为减轻，甚至消失，后来知道，这种病害是由病毒侵染而引起的。甘蔗种用热水浸泡的方法至今还在各地广泛应用，每年有数以万吨的甘蔗种经过这样处理以后才种于大田。热处理能治疗很多果树的黄化病。但是，最早证明热处理能使真正的病毒失活是英国人卡萨尼斯（1950），他用高温处理马铃薯块茎，经不同的时间后，取出薯块检查病毒，发现经过 37.5℃ 温度处理 20d 以后，有些薯块中的马铃薯卷叶病毒就消失了，产生了无卷叶病症状的植株。在此以后，出现了大量的关于热处理治疗病毒病的报道。卡萨尼斯估计，大约有一半以上侵染园艺植物的病毒，都能通过热处理进行治疗，有人进一步列举了大约 90 多种能用热处理法除去的病毒。美国工作者报道，在 35℃ 温度下培养 56d，或在 36℃ 温度下培养 39d，则从马铃薯某些品种的块茎中，完全除去了马铃薯卷叶病毒。有的工作者采用变温，特别是对芽眼切块比对整个块茎更为有效。将 "赤褐布尔班克" 品种几乎所有的芽眼切块，它们在 4h 的 40℃ 和 20h 的 16~20℃ 的交替温度下，能存活 8 个星期以上。块茎经这样的处理 6 个星期以后，就能治愈卷叶病。

在印度，把带有卷叶病毒的马铃薯放在天气炎热的加盖房屋中。在最初 2 个月中，平均温度为 32℃，其后 4 个月中，约为 29℃。这样 6 个月以后，完全除去了马铃薯卷叶病。在较短时间内，特别在最初的 2 个月中，病毒含量显著下降。块茎成活率为 44%~60%。热处理以后，无卷叶病毒的块茎和经热处理存活的块茎的比例因品种而异。经热处理的植株，或许会发生突变。

一般来说，热处理使块茎品质降低，完全改变块茎的颜色，或推迟其发芽，或造成完全不发芽；因此热处理对在商业上的应用，或对直接用做种薯来做产量试验，都是不适合的。然而，试验表明热处理能除去有特殊价值的少量原种内存在的卷叶病毒和 Y 病毒，然后将这些原种繁殖，能得到经过改良的无性系。

热处理脱毒法已应用多年，被世界多个国家利用。该项技术要求的设备条件比较简单，脱毒操作也比较容易。主要缺点是脱毒时间长，脱毒有时不完全，例如 TMV 这类杆状病毒就不能用这种方法脱除，因而该方法有一定的局限性。

3. 热处理脱毒的基本原理

它是利用病毒和寄主植物细胞对高温的忍耐程度不同，选择一个适当高于一般正常生长的温度范围（35~55℃）及处理时间，使寄主植物体内病毒运行速度减慢或失活，病毒浓度明显降低，而使植物的生长速度超过病毒的扩散速度，并且寄主植物组织细胞自身仍存活并能继续较快分裂、生长，其生长点及附近组织细胞脱除病毒，得到一小部分不含病毒的植物分生组织，进行无病毒个体培育。由于通过组织培养脱毒的各种方法均有一些不足之处，某些病毒及一些类病毒难以通过茎尖培养或愈伤组织培养脱除，而用热处理并结合茎尖培养则可以脱除。

4. 热处理脱毒的方法

热处理脱毒又称高温处理或热疗法，主要有热水浸渍处理和热风（热空气）处理 2 种，后者比前者不易损伤植物材料，是目前较为常用的热处理脱毒方法。

（1）浸渍处理

浸渍处理也叫做温汤处理，是将材料置于 50℃ 左右热水中浸数分钟至几小时，可使病毒失活。这种方法简便易行，适于离体材料和休眠器官的处理，但是值得注意的是，在热水浸渍处理过程中，材料处理温度不宜超过 55℃，多数植物材料在此温度下易被烫坏死。如用 37.5℃ 的高温处理患有卷叶病毒的马铃薯块茎 25d，种植后不能出现卷叶病。茎尖培养前，对发芽的块茎采取 32~35℃ 的高温处理 32d 可脱去 X 和 S 病毒。并且处理的天数越多脱毒率越高，处理 41d 能脱去 X 病毒 72.9%。另外采用高温处理不适用于纺锤块茎病毒，因高温适合类病毒的繁殖。国际马铃薯中心的科学家对患有这种病毒的块茎，在 4℃ 下保存 3 个月后，再在 10℃ 下生长 6 个月的植株，采用茎尖培养后脱毒效果较好。

┌┈┈┈┐
  温馨提示

　　热处理初期温度宜从低向高逐渐升至设定温度，使处理植物材料有个适应过程；
　　热处理结合变温处理有助于脱除病毒的同时减缓对处理材料的物理损伤；
　　不同品种、不同器官、不同生长阶段的待脱材料热处理所需温度范围及高温处理
时间不尽相同。
└┈┈┈┘

　　(2) 热风处理

　　热风处理也叫热空气处理，将生长的或盆栽植物移入温室内或人工培养箱中，使其在
35~40℃温度范围内生长数天至数月不等，取其高温处理开始后新长出枝条上的茎尖嫁接
在无毒砧木上，培育获取无病毒苗。如马铃薯以 37℃ 处理 20d 就可脱去卷叶病毒 （PL-
RV）。过高温度会造成伤害 （图 7-10）。采用变温处理则可消除病毒不伤及外植体，如以
每天 40℃的温度 4h 与 16~20℃的温度 20h 交替变温处理马铃薯块茎，既清除了芽眼中的
叶片病毒，又保持了芽的活力。

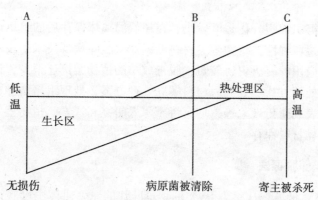

B~C 为热疗处理临界区，寄主 （C） 与寄主病原菌 （B）
受热死亡点，为热疗提供成功的较大可能性 （引自 Back-
er，1962）

图 7-10　马铃薯生长区域与热疗区域相对关系图解

　　5. 影响因素

　　在热处理脱毒法中，主要的影响因素是温度和时间。通常温度越高，时间越长，脱毒
效果就越好，但是同时植物的生存率却呈下降趋势。所以温度选择应考虑脱毒效果和植物
耐性两个方面。一般情况下，热处理中，一是恒温处理，即温度控制在 35~38℃；二是变
温处理，温度为 32℃和 38℃，每隔 8h 变换 1 次，研究结果表明，变温处理比恒温处理的
植株死亡率低，脱毒效果好。

7.3.3　热处理结合茎尖培养脱毒法

尽管分生组织常常不带病毒，但不能把它看成是一种普遍现象，许多研究证明，某些病毒实际上也能侵染正在生长中的茎尖分生区域，或者马铃薯品种经严格的茎尖脱毒培养后仍然带毒，并不是操作不严或后期感染所致，而是因为某些病毒也能侵染茎尖分生区域，如 PVX 和 PVS；另一种原因是品种同时感染了两种病毒。这两种情况都不能仅仅通过茎尖培养来消除病毒。据 Morel（1968）报道，茎尖组织培养脱除 PVY 和 PVA 的成功率达 85%～90%，而 PVX 和 PVS 的脱毒率却小于 1%。因此，有时将热处理和茎尖培养结合，才能更有效地清除病毒，达到脱毒的目的。

7.3.4　低温脱毒法

低温脱毒法又叫低温疗法、冷疗法，它是基于植物超低温保存中对细胞的选择性破坏原理，结合植物组织培养技术获取脱毒植物材料的一种脱毒方法。其脱毒理论依据为：含病毒植物细胞的液泡较大，胞液中含有的水分也较多，在超低温处理过程中易被形成的冰晶破坏致死；而增殖速度较快的分生组织细胞液泡小，含水分相对少，胞质较浓，抗冻性相对强，不易被冻死。超低温离体保存处理后的植株材料离体培养诱导再生的新植株理论上不含病毒。

植物茎尖分生组织细胞分化程度较小，在超低温离体保存后的组培诱导分化过程中较易保持取样母本的遗传种性，植物茎尖材料低温疗法脱除病毒技术手段较受关注。但与此同时，该技术研究应用发展历史还较短，脱毒成功的植物案例还很少，许多问题如具体植物材料适用的低温处理方式、处理后材料解冻处理方案、处理组培诱导再生技术流程以及低温引起的遗传和表观遗传现象等，均有待于深入研究和探索。植物茎尖材料低温疗法更多的还是应用于植物材料保存。

7.3.5　原生质体培养脱毒法

Shepard（1975）报道，从感染 PVX 的烟草叶片的原生质体中可获得无毒苗，他所得到 4 140 棵再生植株中有 7.5% 为无毒苗。他的研究还发现，被 PVX 与 PVY 双重侵染的植物叶片分离得到的原生质体培育出的植株，有 95% 是无毒的。1977 年，Shepard 和 Totten 首次报道，从四倍体 *Russet burbank* 马铃薯培养原生质体再生植株获得成功。而经验表明，大田生长马铃薯植株不适用于原生质体分离，Shepard 等（1977、1980、1981）用标准湿度、营养、温度、光照和相对湿度的人工气候生长室栽培块茎生产马铃薯植株，发现这些严格条件是原生质体分离和培养成功所必需的。对原生质体分离、培养和植株再生的培养基已有报道，应用原生质体分离和培养，病毒丧失的原因可能与愈伤组织培养的情况相同，是由于病毒不能有均等的机会侵染每一个细胞，因此从病叶或茎的健全部分分离得到原生质体，再由原生质体作为原始材料可获得无病毒的植株。我国对此研究较少，应用很少。

7.3.6　花药培养脱毒法

利用花药培养再生植株。主要基于植株在形成性器官以至形成性细胞时，部分或全部病毒被脱离。花药培养技术相对简易,取表面消毒的芽,选取适宜发育时期的花药,培养在适宜培养基上,培养几天后,能发生反应的克隆,少部分花粉粒改变它们的正常发育途径(发芽和生长花粉管),代之以开始有丝分裂,这种分裂是高度有组织的,形成花粉胚。这种花粉胚性途径继之产生若干发育时期,后者与种子胚形成的发育状态相同,由此终于长成成熟植株。栽培马铃薯与其他茄科品种不同,对花药培养反应差,从四倍体和双单倍体克隆产生的单元单倍体曾产生双单倍体再生植株,但频率极低。马铃薯栽培种花药培养其重要因素是:培养基组分、小孢子发育时期和供试材料的基因型。其中供试材料的基因型对马铃薯花药培养的成功率影响最大。某些基因型的"反应性"是遗传特性,但其遗传方式尚未肯定。有些基因型由于在单元单倍体或同质状态的二倍体中存在致死基因,不能产生存活胚,但异质双单倍体供试植株则无此影响。此外,Wenzel 等(1981)提出基因间差异,可能部分原因是由于对培养基成分敏感性不同造成的,尤其是生长调节剂。

7.3.7 化学药剂处理脱毒法

化学药剂处理脱毒是防治植物细菌和真菌病害的主要方法,也是治疗植物病毒病的有效途径。此法是在进行茎尖培养时将化学药剂加入培养基中,以达到脱毒的目的。人们发现有些化学物质能抑制植物病毒增殖,有助于提高茎尖脱毒率。霍林斯(1965)曾指出,嘌呤和嘧啶的一些衍生物如 2-硫脲嘧啶和 8-氮鸟嘌呤等能和病毒粒子结合,使一些病毒不能繁殖。霍林斯和司通(1968)指出,用孔雀石绿、2,4-D 和硫脲嘧啶等加入培养基中进行茎尖培养时可除去病毒。克林等(1982)报道,在培养基中加入 10mg/L 病毒唑培养马铃薯茎尖(腋芽)20 周,除去了 Y 病毒和 S 病毒,其中用 20mg/L 病毒唑加入培养基中,可脱掉 Y 病毒 85%,脱去 S 病毒 90% 以上。上述药剂处理患病毒的材料,都有良好的效果,特别是病毒唑是一种核苷结构的类似物,加入培养基中对病毒有抑制作用,培养的茎尖长度可达 3~4cm 仍有较高的脱毒率,是很有应用前途的药剂。

但是,病毒和细菌、真菌不同,它不是具有细胞结构的生物,它靠自己的核酸入侵寄主,利用寄主代谢功能复制自己,因此,它和寄主的关系更为密切。虽然很多药剂能使病毒在体外失活,却对寄主具有严重的毒害作用,即使在非常低的浓度下,马铃薯植株的生长发育也会受到影响。限制化学药剂治疗病毒的还有另一个因素,因为大多数药剂很难使体内各部分的病毒全部失活,在药剂效能结束以后,那些存留的病毒还会因迅速增殖达到原有水平。到目前为止,化学治疗还只停留在实验室阶段,还有待进一步努力,原因是要找到能对病毒有选择性抑制而不伤害植株本身的药剂十分困难。但化学药剂能帮助提高其他方法的效果。

7.3.8 生物学脱毒法

生物界中,常常存在很多十分有意义的现象,正如前文介绍过的,侵染马铃薯的病毒种类很多,侵染的途径更多,马铃薯受到病毒侵染会产生退化,严重时会绝种。但是在植物界马铃薯仍会继续生存下来,而且在有些环境下越来越繁茂,原因就是大多数的病毒并不能侵染到种子,这就是那些用种子繁殖后代的作物不存在由病毒引起退化现象的原因。这可以认为植物具有自我保种的能力,同样,马铃薯种子中也没有大多数的病毒,经过有性世代，能除去亲本中大多数病毒，也就是说马铃薯实生苗也是产生无病毒植株的一个途径。现在很多省区推广直接利用实生苗克服病毒危害，提高马铃薯产量，其原因就在这里。但是，必须指出，因为马铃薯是遗传上非常杂合的植物，有性过程的后代会产生严重的分离，其结果是使亲本大多数性状丧失，这就是说，实生苗是不能维持原来品种的种性的，如果在严格的控制环境下，经过严格的选择，有可能产生能在种薯生产中使用的无病毒植株，如果这是从单株产生的，这就是常规育种方法。也就是说，通过有性杂交产生的后代，在隔离条件下选择，并进行严格的抗病性及其他性状的鉴定，有可能产生具有优良性状的无病毒新品种。

7.3.9 自然选择脱毒法

人们用肉眼观察，选择那些看不出症状的植株，再经过严格的病毒鉴定，可能产生无病毒植株，这种自然选择法曾经是种薯生产上产生无病毒植株的最常用方法，仍是目前马铃薯生产中的重要措施。经过人们长期的大量选择，获得了很多品种的无病毒植株，但是，通过选择产生无病毒植株的百分数是很低的，尤其是那些在生产上长时间使用的老品种，因为几乎全部为病毒所侵染，故虽经多年选择，仍不能找到无病毒植株，所以这种方法不仅费工，而且有局限性。

第8章 马铃薯脱毒原原种生产技术

通过茎尖等脱毒方法获得的马铃薯试管苗的数量很少（一般只有几颗），而薯块的繁殖系数也很低（通常为10~15倍），为此需要不断地给生产上提供大量的脱毒种薯。种薯经过脱毒，不仅脱去了致病的强系，而且也把具有保护作用的弱系也去掉了，脱毒种薯被病毒侵染后表现病毒性退化更快。20世纪80年代提出了微型薯生产技术，使马铃薯脱毒种苗的生产和运输得以解决。脱毒种薯不带病毒，质量高，运输和种植都比较容易，并且具有大种薯生长发育的特性，能保证马铃薯高产不退化，增产效果一般在30%以上。

为了加快脱毒种薯的生产，就必须利用组织培养快繁技术，以工厂化生产的方式快速繁殖脱毒苗和脱毒微型薯，以达到在生产上快速利用的目的。

8.1 马铃薯脱毒原原种工厂化生产概述

8.1.1 马铃薯脱毒原原种的概念

根据马铃薯脱毒种薯国家标准的定义，脱毒原原种是指用脱毒苗在培养容器内生产的微型薯和在防虫网室、温室条件下生产的符合质量标准的种薯或小薯。由试管苗生产的微型薯直径2~7mm，重量一般为1~5g。

8.1.2 马铃薯脱毒原原种（微型薯）工厂化生产的优越性

只有用质量高、数量多的脱毒种薯，不断更换退化种薯（带毒薯），才能完全脱离病毒的危害，使产量得到保证。以工厂化生产方式快速繁殖脱毒苗、试管薯、微型薯就能达到供生产上快速利用的目的。

马铃薯脱毒原原种工厂化生产是提高脱毒薯繁殖的生产技术，它是以无土栽培为基础，在人工控制的消毒环境里，或在防止蚜虫传毒的温（网）室内，将各种生态因子（如温度、光照、水分、氧气等）控制在最佳状态进行生产，因而它具有以下6大优越性。

1. 大密度栽培

$1m^2$的面积可以扦插800~1 000株脱毒苗。

2. 不受地区和季节限制，可以周年生产

据研究者报道，100株脱毒基础苗，每年切断扦插8个月，每株每次剪切3~4节，连续剪切扦插，最少可以扦插（100×3^8）656 100株苗；植株剪切2次后，经过60d左右收获微型薯1次，每株平均结薯1.5个，可以生产984 150个，以每667m^2栽培10 000株计算，可种植脱毒种薯原种田（984 150×667m^2/10 000）65 642 m^2，大大加快了繁殖速度。

3. 种薯质量

繁殖过程中不被病毒或其他病害侵染，最大限度地保证了脱毒种薯的质量。

4. 避免重茬

基质（土壤）容易消毒，克服了重茬（连作）的困难。

5. 体积小

原原种个体小，便于长期保存和远距离运输，节省包装运输成本；原原种比试管苗容易栽培管理，而且成活率高，技术容易被推广。另外，还可以直接供给市、县等种薯生产基地扩繁，加快马铃薯脱毒化种植步伐。

8.2　马铃薯脱毒试管苗繁殖技术

利用脱毒苗繁殖无病毒的种薯，是提供优质种薯、提高单产和防止马铃薯病毒性退化的重要措施。但在生产无毒种薯之前，必须首先繁殖脱毒苗。脱毒苗的生产规模大小，需要根据无毒种薯的数量而定。为了保证种薯的质量，脱毒苗绝对不带致病病毒。因此，在移栽脱毒苗之前，不管需要多少脱毒苗都应该在培养容器中繁殖。或利用小型培养室（箱）快速繁殖脱毒苗。

8.2.1　马铃薯脱毒试管苗繁殖技术

1. 脱毒基础苗保存技术

经病毒检测获得不带任何病毒的试管苗后，首先在试管内进行扩繁。达到一定数量以后，将其中一部分进行大量扩繁用于微型薯生产，另一部分继续保存。保留的这部分试管苗就是基础苗。在下一个扩繁季节取出其中的一部分进行扩繁，另一部分仍然保存。基础试管苗的保存原则是，通过采取技术措施使试管苗缓慢生长（最小生长法），以减少继代扩繁次数，确保基础苗的质量。

保存基础苗用的一般是 MS 培养基，不需要添加激素和有机物。所保留的基础苗应每隔一段时间进行切段继续繁殖。基础苗的培养条件温度为 $10 \sim 15℃$，$16h/d$ 的光照，$1\,500 \sim 2\,000lx$ 的光照强度。

2. 试管苗快繁技术

试管苗快速繁殖是脱毒马铃薯种薯繁殖的第一步，只有繁殖出足够的试管苗，才能保证繁殖出足够的脱毒微型薯。试管苗快繁过程如下。

1）培养基

快速繁殖中可使用固体培养基，也可使用液体培养基，生产中大多是移栽前的一次培养采用液体培养基，而在此之前的扩繁培养都是采用固体培养基。如果完全采用液体培养基，容易出现"玻璃苗"现象，也容易增加污染机会。两种培养基的成分基本一样，只是液体培养基中不加琼脂。培养基成分是 MS 大量元素、微量元素、铁盐、20g/L 蔗糖（可用普通白砂糖代替），pH 值为 5.6，一般不加有机物和植物激素。有时为使试管苗长得更健壮，可采用 1.5~2.0 倍 MS 大量元素。每个培养瓶（容积 100~150ml）加液体培养基 5ml，灭菌后备用。

2）切段繁殖方法

第一次快速繁殖时，利用保存的基础苗进行切段繁殖，在以后的连续切繁时，就直接用上一次的快繁苗来切段。切段繁殖是在无菌条件下的超净工作台上进行的，方法步骤如下。

（1）瓶体消毒

利用70%~75%的酒精棉球，将待繁基础苗瓶表面（包括封口膜）擦拭一遍，以杀死瓶体外所带的各种细菌，防止造成污染。

（2）无菌室及工作台消毒

无菌室不经常使用时，在使用前应进行一次彻底消毒。可采用熏蒸法（甲醛和高锰酸钾法），即在一广口容器内加入50g左右高锰酸钾，然后倒入适量甲醛，迅速离开，并关严门窗，2~3s后就可释放出大量烟雾。密封24h后，排出室内气体，隔1d后方可入室操作。在切段繁殖期间，还应每天保持无菌室清洁无菌。平常每隔2~3d用甲酚皂液（来苏儿水）擦洗地面，每天用70%~75%酒精擦拭工作台面。

（3）切段增殖

切段前将所需剪刀、镊子等器具用酒精灯灼烧灭菌，冷却后使用。同时将基础苗瓶口和待放切段瓶口也用酒精灯灼烧灭菌。然后将待切苗从三角瓶中夹出，用手术剪按单节切段并置于新三角瓶内的培养基上，每瓶放10~13个节段（罐头瓶可多放），均匀平放于培养基上，也可将节段基部向下扦插在培养基内，腋芽要露在培养基外。最后放在培养室中培养。

（4）培养条件

培养室保持温度23~27℃，光照强度3 000lx，每天光照时间16h。一般培养3~4d，茎节切段就能从叶腋内长出新芽，茎节上长出新根，15~20d就可移栽。

3. 试管苗接种室管理及接种操作注意事项

接种室是试管苗进行接种继代生产的关键场所，接种室管理好坏关系到试管苗受污染的程度。接种室要干爽、清洁、明亮，在进口处应有缓冲间，用于人员进入接种室前换衣、换鞋等。缓冲间要安装紫外线灯灭菌。接种操作时，先用无菌气流将超净工作台面带菌气体驱走，使接种操作在无菌的超净工作台上进行。

1）试管苗接种

开始接种前超净工作台要提前20~30min开机，先用70%~75%酒精擦洗手指，并在有脱毒试管苗的培养基表面喷洒，然后开瓶口放置于工作台上待用。所有接种用具（如剪刀、镊子等）均浸入70%~75%的酒精中，在酒精灯上灼烧灭菌，放在支架上冷却后再用，以免烧伤试管苗。一般每个操作人员要配备2套用具，交替灭菌使用。试管苗接种时，要用瓶转瓶的方法，即先用剪刀在基础苗瓶中将苗剪切成带有1个腋芽的茎段，然后用镊子从瓶内取出接种在新培养基的瓶中，以减少污染。繁殖马铃薯试管苗，在直径10cm的培养瓶中每瓶接种15~18段为宜。为节省培养瓶及消毒的人工费用，以用广口玻璃罐头瓶为宜。一般试管苗的中上部切段生长快，将茎尖、茎尖以下的基段分别接种于培养瓶中，使芽生长较整齐一致。壮苗、苗龄大的比弱苗、苗龄小的生根、发芽生长快，最适宜试管苗龄为25~30d。接种后及时用透气性好的封口膜，以利于试管苗生长。

2）试管苗管理

试管苗生长需要适宜的光照、温度和湿度等条件。

(1) 光照

马铃薯试管苗喜长日照和强光，2 000~3 000lx 光强度为宜。在培养室人工补充光照的条件下，光照时间为每天 16h。在有条件的地方，建立自然光照培养室。光照强度大，昼夜温差大，试管苗生长健壮，扦插成活快，成活率高，生长快，既节省能耗，又能生产量多质优的试管苗。

(2) 温度

马铃薯试管苗生长的最适温度是白天 25~27℃，夜间 16~20℃。

(3) 湿度

马铃薯试管苗培养瓶中的相对湿度为 100%，有利于试管苗生长。培养室的空气相对湿度以 70%~80% 为宜。若培养室的相对湿度过低，会使培养瓶内的水分很快丧失，不利于试管苗生长发育。若培养室的相对湿度过高，会造成空气中的病菌快速繁殖，易引起真菌污染。所以，在湿度大的地区，培养室最好配备空气除湿机，以控制培养基的湿度，使空气相对湿度降低至 60% 以下。工作人员应坚持每天巡视培养室，发现污染瓶应及时取出培养室，一旦发现污染大流行，要在消除全部污染源的同时，将培养室通风换气，并采用酒精喷雾，紫外线灯杀菌。必要时可采用多菌灵等杀菌烟雾剂进行室内杀菌。

8.2.2 马铃薯脱毒试管薯和微型薯生产技术

试管薯是通过采用一定的培养基，在一定的培养条件下，由试管苗直接长出的"气生"薯（即直接在叶腋中长出的小块茎）。由于试管薯是在试管内形成的，所以除了不带有病毒以外，还不带有任何病原菌。试管薯既便于种质资源的保存与交流，又可作为繁殖原原种的基础材料，可纳入良种繁育体系。但由于"个头"小，所以不宜直接在大田播种。但试管薯的生产不受外界条件的影响，只要有简单的无菌设备和培养条件，就可周年进行生产，而且不用担心遭受病毒的侵染。诱导试管薯的操作步骤如下。

1. 试管薯诱导

1) 培养基础苗

诱导试管薯的第一步是培养出健壮的基础苗。方法是先用上述简化 MS 固体培养基（不含有机物和激素）培养脱毒苗 4 周，然后在无菌条件下取出幼苗去掉根和生长点，并将其剪成带 4 个叶片的茎段，置于含 MS 液体培养基的三角瓶中（或罐头瓶）。每瓶放 4~5 个茎段（罐头瓶放置 8 段左右），封口后于培养室内培养，一般培养 15d 左右由腋芽内长出植株。

2) 诱导试管薯

经上述方法培养出基础苗后，在无菌条件下将培养瓶内剩余的培养基倒掉，然后加入灭好菌的诱导培养基（液体）。培养基配方为 MS 基本培养基，分别加入 6-BA5mg/L、矮壮素 500mg/L，也可再加入 0.5% 的活性炭等。每瓶加入培养基 10ml 左右。三角瓶封口后，置于 20℃ 左右温度下的进行光暗交替培养。一般情况下，培养 5~7d 即开始形成微型薯，经 6~8 周后即可收获。培养过程中保持黑暗条件是试管薯诱导的必需条件。

3) 提高试管薯诱导效果的措施

(1) 培养健壮的试管苗

连勇（1994）在试管薯形成及其发育机理的研究中初步明确了试管薯发生发育过程，

以及外部环境的调控技术，提出培育健壮试管苗是诱导试管薯成败的关键；容器内温度和 CO_2 浓度直接影响试管苗的生长和粗壮匍匐茎的形成；利用 BA 和 CCC 作为辅助剂，可在短期内诱导产生大量试管薯。刘华等（2009）研究培养基成分直接影响试管苗的生长，无机盐、有机物、铁盐使植株生长旺盛，叶片肥厚、根系健壮；激素和生长调节剂可控制植株根、茎、叶生长的方向。

（2）控制培养液的用量

用液体培养基诱导试管薯时培养液要适量。吴京姬等（2011）在研究马铃薯试管薯工厂化生产优化试验中证明，使用 220mL 广口瓶生产试管薯时，诱导培养基以 50mL 为宜。培养液过少，试管苗吸收营养不足；培养液过多，影响通气，试管薯因缺氧气孔增大，且伴有烂薯现象。当诱导培养基体积为 50mL 时，微型薯产量并不随着茎段数量的增加而增加。

（3）温度、光照和生长调节剂对微型薯形成的协同作用

肖关丽等（2011）的试验表明温光条件不仅是诱导试管薯形成的主导因子，同时对试管苗的生长起重要作用。黑暗低温虽可诱导试管薯形成，但黑暗抑制了试管苗生长，使试管薯小、质量差，光照条件下，试管苗不仅可以利用培养基内的营养物质，还可进行光合作用，使试管苗长势良好。添加外源激素对试管薯诱导进行调控，既可使组培苗有较好的物质积累，又可诱导其形成数量多、质量高的试管薯。

4）试管薯的利用

（1）保存种质资源

种质资源是育种工作的基础，因而应将这部分材料长期保存好。马铃薯与其他作物不同之处，在于它以新鲜的块茎作为"种子"，这就为其长期保存带来了困难，必须年年种植才能保存。组织培养技术推广后，又用试管苗来进行保存，但必须每隔6~8周继代培养（即切段繁殖）一次，这既增加了工作量，也增加了成本。而诱导培养出微型薯后低温（2~5℃）贮藏，可使保存期延长到4~6个月。

（2）进行材料交换

试管薯既便于携带，也便于邮寄，所以很适合于进行材料交换。

（3）用作基础种

试管薯在生长过程中未与外界接触，根本不会带有病毒（除非试管苗未脱净病毒），非常适合用作基础种进行原原种的繁殖。方法是将微型薯播种于防虫温室内，待幼苗长到一定大小后，连续剪顶芽、腋芽进行扦插，用扦插苗来繁殖微型薯，这样可进一步扩大微型薯的繁殖系数，直接利用微型薯在防蚜条件下生产脱毒小薯。

2. 试管薯生产工艺流程

脱毒试管苗→试管苗株系筛选（淘汰弱株系）→母株培养25d（液体培养基）→换入诱导结薯培养基→诱导匍匐茎2d（光照培养）→收集贮藏→应用。

8.2.3 马铃薯脱毒试管苗工厂化生产技术

1. 设备条件

1）实验室

实验室是配制试剂和制作培养基的场所，需要 40m^2 的面积，有供电和上下水的条件，

室内应具备防酸、碱台面的大试验台 2 个,储存试剂的冰箱 1 台,低温水柜 1 台,药品箱 2~4 个,器械柜 1~2 个等。需具备的仪器有 0.1g 感量天平 1 台,0.0001g 感量分析天平 1 台,酸碱度(测 pH)仪 1 台,加热用的电炉 1 个,加热磁力搅拌器 1~2 台,蒸馏水制备的设备 1 套等。需配备的各种规格玻璃器皿有容量瓶、细口瓶、广口瓶、移液管、烧杯、量筒、玻璃棒、吸管等,以及吸耳球、试剂勺等。

2)洗涤消毒室

供培养瓶等的洗涤和培养基接种器具的消毒,需要 20m² 的面积,要有水电条件。室内应具备浸泡洗涤水槽 1 个,冲洗水槽 1 个,培养瓶控水架 1~2 个,供器械消毒的 300℃ 烘箱 1 个,大、小高压灭菌锅各 1 个等。

3)接种室

供试管苗转切,需 16m² 的面积,要有电源。室内应具备双人座超净工作台 2 个,医用小型推车 4 辆,空调 1 台,转椅 4 个,衣架 1 个,40 瓦紫外线灯 1 套,培养基存放架 2 个等,以及酒精灯、枪形镊子、手术刀、弯头手术剪等若干。

4)培养室

供试管苗培养用,需 40m² 的面积,要有电源。室内应具备带有日光灯光源的培养架若干,空调 1 台,除湿机 1 台,温湿度仪 2 套,40 瓦紫外线灯 1~2 套等。

2. 玻璃器皿洗涤

将要洗涤的器皿放入水槽中,用清水浸泡一段时间,然后清洗器械内的污物,之后泡入含有洗涤剂(洗衣粉或洗洁净)的水中,用鬃刷将器皿内外刷洗干净,于水龙头下把洗涤剂全部冲洗掉,然后用蒸馏水淋洗 1 遍。洗好的器皿应透明,内外水膜均一,不挂水珠,洗过的器皿置于控水架上沥水晾干。洗管状器皿时,先将管状器皿浸泡于含有洗涤剂的洗液中 2h 以上,然后用流水冲洗 1 遍,甩去管内水分,放入烘干箱内烘干。对于污染严重的器皿可以用重铬酸钾液(重铬酸钾 10g 加温溶化于 20mL 蒸馏水中,冷却后缓缓冲入 175mL 浓硫酸)浸泡,然后再清洗。重铬酸钾液腐蚀性强,用时要小心,以防伤害身体、损坏衣服。

3. 培养基制备及消毒

1. 配制培养基

培养基好比土壤,是试管苗生长发育的基地。培养基成分是根据植物生长发育所需的营养而设计的。常用的植物试管苗快繁培养基是不含激素的 MS 基本培养基,附加 2%~3% 的蔗糖,用固体培养基培养时再加入 0.6%~0.7% 的琼脂,pH 值 5.6~5.8。把培养基各成分按原量扩大 10 倍或 100 倍称重,分别混合溶解制成浓缩液,叫母液,以减少一次用量少多次称重的繁琐。

2)培养基母液及培养基配制

培养基母液的配制见表 8-1。

3)灭菌

(1)干热法灭菌

玻璃器皿及一些操作工具可放在烘箱中加热至 150~200℃,1~2h 达到杀灭各种病菌的目的。玻璃器皿必须干燥,以免破碎。灭菌时要使温度慢升,灭菌后待温度降至 60℃ 以下时才能打开箱门,以免器皿遇骤冷破碎。

（2）高压湿热法灭菌

将要灭菌的器皿或装入培养基的器皿，放入高压灭菌锅内，灭菌物不要堆放过满，否则将阻碍蒸汽的畅通和热力交换，使容器内升温减慢造成物体内部杀菌不完全。装锅后加盖严实，螺旋拧紧以防漏气。升温使火力逐渐加大，不可过急过快，以防锅内温差过大，引起培养器皿炸裂破损。当压力升至 0.05MPa 时，即打开排气阀彻底排出冷空气。待冷空气放尽后，再关上排气阀重新升温，待达到 0.1MPa、温度升至 121℃时，再保持 15～20min。灭菌完毕后，放气应由小到大或自然冷却，以免放气过猛造成培养器皿破裂。待压力下降至 0 时，打开放气阀排出残留蒸汽，打开锅盖，取出灭菌物品。培养基灭菌不宜时间太长，以免引起培养基成分变化。

4. 试管苗接种室管理员接种操作注意事项

接种室是试管苗进行接种继代生产的关键场所，接种室管理好坏关系着试管苗受污染的程度。接种室要干爽、清洁、明亮，在进口处应有缓冲间，用于人员进入接种室前换衣、换鞋。缓冲间安装紫外线灯灭菌。接种操作时，先用无菌气流将超净工作台面带菌气体驱走，使接种操作在成为无菌空间的超净工作台上进行。

1）试管苗接种

开始接种前超净工作台要提前 20～30min 开机，先用酒精擦洗手指，并在有脱毒试管苗的培养基表面喷洒，然后开瓶口放置于工作台上待用。所有接种用具如剪刀等均浸入 70%～75%酒精或 95%医用酒精中，在酒精灯上灼烧灭菌，放在支架上冷却后再用，以免烧伤试管苗。一般每个操作人员要配备 2 套用具，交替灭菌使用。试管苗接种时要用瓶转瓶的方法，即先用剪刀在基础苗瓶中将苗剪切成带有 1 个腋芽的茎段，然后用镊子从瓶内取出接种在新培养基的瓶中，以减少污染。繁殖马铃薯试管苗，以在直径 10cm 的培养瓶中每瓶接种 15～18 段为宜。为节省培养瓶及消毒的人工费用，以用广口玻璃罐头瓶为宜。一般试管苗的中上部切段生长快，在可能情况下将茎尖、茎尖以下的基段分别接种于培养瓶中，使其生长较整齐一致。壮苗、苗龄大的比弱苗、苗龄小的生根、发芽生长快，最适宜试管苗龄为 25～30d。接种后及时用透气性好的瓶口覆盖物，如棉塞封口膜或聚丙烯膜内加一层羊皮纸覆（塞）盖以利于试管苗生长。

2）试管苗管理

试管苗生长需要适宜的光照及温度、湿度条件。

（1）光照

马铃薯试管苗喜长日照和强光，以 2 支 40 瓦日光灯下距试管苗 30cm 处的光强为宜。在培养室人工补充光照的条件下，光照时间为每日 16h。在有条件的地方（二楼以上空旷区无污染源），建立自然光照培养室。光照强度大，昼夜温差大，试管苗生长健壮，扦插成活快，成活率高，生长快，既节省能耗，又能生产量多质优的试管苗。

（2）温度

马铃薯试管苗生长的最适宜温度是白天 25～27℃，夜间 16～20℃。

（3）湿度

试管苗培养瓶中的相对湿度为 100%，有利于试管苗生长。培养室的空气相对湿度以 70%～80%为宜，培养室的湿度过低使培养瓶内的水分很快丧失，不利于试管苗生长发育。若培养室的相对湿度过高，会造成空气中的病菌快速繁殖，易引起真菌污染。所以，在湿度大的地区，培养室最好配备空气除湿机，以控制培养基的湿度，使空气相对湿度降低至60%以下。工作人员应坚持每天巡视培养室，发现污染瓶及时取出培养室，一旦发现污染大流行，要在消除全部污染源的同时，将培养室通风换气，并采用酒精喷雾、紫外线灯光杀菌。必要时可采用多菌灵等杀菌烟雾剂室内杀菌。

5. 生化调控

1）植物激素

植物生长素赤霉素和萘乙酸具有强壮植株、提高试管苗繁殖率的作用。应用 MS 附加1mg/L GA$_3$ 和 0.1mg/L 萘乙酸的培养基可以使马铃薯试管苗切段繁殖周期缩短 14d，切段繁殖可用节数增大 1.17 倍。

2）植物生长调节剂

植物生长延缓剂可促进壮苗形成，多效唑（MET）、比久（B$_9$）、矮壮素（CCC）常用作马铃薯试管苗培养基添加剂。试验结果表明，用比久 5～10mg/L，试管苗表现为节间短，茎粗壮，叶片展开呈绿色，对培育粗壮苗最有利。多效唑抑制生长力强，矮壮素的抑制力较弱，都不如比久。可根据试管苗生长情况选择使用。

8.2.4　马铃薯脱毒试管薯工厂化生产技术

在培养瓶内的试管苗通过诱导，在叶腋间形成一般般直径为 2～10mm 大小的块茎，称为试管薯。

1. 生产设备

试管薯生产是在试管苗快速繁殖基础上的工厂化生产，需要在试管苗生产设备的基础上，增加 1 间黑暗培养室和 1 间低温贮藏室。

1）黑暗培养室

黑暗培养室大小依试管薯产量大小而定。年产 50 万粒左右试管薯的工厂，一般有10m^2 的面积即可。室内应安装空调和货物贮藏架，房顶安装照明用日光灯和备检查用的安全灯等。培养室温度 16～20℃，通风透气以促进大薯形成。

2）低温贮藏库

面积为 3m^2，库内放置多层贮藏架，并配备塑料保鲜盒供试管薯存放，贮藏架及各层保鲜盒均要编号，以方便取试管薯时查找。

2. 试管薯生产工艺流程

脱毒试管苗—试管苗株系筛选（淘汰弱株系）—母株培养 25d（液体培养基）—转入诱导结薯培养基—诱导匍匐茎 2d（光照培养）—收集储藏—应用。

3. 工艺要点

1）试管苗筛选

选择生长势强壮、结薯早、块茎大的茎尖无性系试管苗。

2）培养健壮的试管苗

培养根系发达、茎粗壮、叶色浓绿的健壮试管苗，才能获得高产优质的试管薯。选用适宜壮苗培养基是培养健壮母株的基础，培养基内加入 0.15%～0.5% 的活性炭，可以复壮细弱的试管苗，植物生长调节剂能促进壮苗的形成。调整培养基成分，能促进健壮试管苗形成。据李玉巧等报道，MS 培养基附加 1mg/L 多效唑，0.7mg/LGA$_3$ 和 0.2mg/L6-BA，可获得马铃薯试管苗壮苗。

3）试管薯母株培养

将带有1~2个茎节的试管苗，去掉顶芽，细心接种在液体培养基上，试管苗茎段浮在培养基表面静止培养；切勿振动培养，以防茎段淹入培养液内而窒息死亡。3~4周后每个茎段发育成一株具有5~7个节的粗壮苗时，进入诱导结薯培养基。母株培养要求培养室日温23~27℃，夜温16~20℃，每日光照16h，光强2 000lx。培养瓶塞要选用透气性好的，以利于气体交换，促进壮苗形成。100~250mL的培养瓶，每瓶装15~25株。母株培养一般需要25d。

4）适合试管薯诱导的培养基

国际马铃薯中心推荐的试管薯培养基是：MS+6-BA5mg/L+CCC500mg/L+蔗糖8%。其中高浓度的蔗糖（6%~10%）是试管薯诱导过程中必不可少的条件，它具有调节渗透压的功能，并提供块茎形成时所需要的足够的碳源。

5）诱导结薯培养

在超净工作台上将壮苗的培养基去除干净，然后转入试管薯诱导培养基，在光照下培养2d（促进匍匐茎的形成），然后转入黑暗中培养诱导结薯。3~4d后试管内开始有试管薯形成。黑暗培养温度16~20℃，暗室要空气流通，以利于块茎发育。

6）试管薯收获

试管薯诱导培养基含糖量大，收获后的试管薯离开无菌的培养环境，极易受病菌侵染。所以试管薯收获时要先将黏附在试管薯上的培养基冲洗干净，用自来水至少要冲洗3~4次，以减少真菌感染，防止烂薯。冲洗彻底的试管薯，要放在阴凉处晾干后，再放入透气的保鲜盒或保鲜袋，置于4℃冷藏箱（室）内保存。经一定时间的休眠后，播种前取出放在室温26℃下黑暗处理15d发芽。

4. 降低试管薯生产成本

试管薯生产能量消耗最大的阶段是母株培养，此阶段采用日光节能培养室，充分利用自然能源，降低能耗，这种培养室光照强度可达3 000lx以上，且昼夜温差较大，有利于试管苗生长。北方地区春秋季，日光培养室向阳面室温在15~25℃，夏季向阳面要遮阴，背阳面室温在25~30℃，只需冬季加温，可节省大量电能源。

试管苗培养及试管薯诱导全部用液体培养，可简化生产程序，用食用白糖代替蔗糖，用软化的自来水（白开水）代替蒸馏水，不影响试管薯诱导的产量和质量。

8.2.5 马铃薯微型薯工厂化生产技术

在防虫温网室内的人工合成营养基质中，通过脱毒苗移栽、茎段扦插或试管薯栽培，形成重量为1~20g的小薯块，称为微型薯。

1. 生产设施

1）防虫温室

主要用于脱毒苗移栽。要有保温、保湿、通风和良好的光照条件及给水、排水和防虫设施。入口处的缓冲间和工作间要随时注意消毒灭菌，内窗和通风口安装40目的防虫纱，以防蚜虫等媒介进入，温室使用前要进行彻底的灭菌、杀虫。

2）防虫网室

用于扦插生产微型薯和试管薯栽培。防虫网纱应在 40 目以上，以防止蚜虫等进入。网上备有塑料薄膜，供下雨时使用，防止雨水渗入，使营养液流失。微型薯生产过程中要严格查看网顶及四周的严密程度，发现有孔洞、缝隙应及时封严。入口处设缓冲间，进出随手关门，防虫进入。

3）苗床

用于脱毒苗移栽、茎段扦插或试管薯栽培。要求具有保水、排水功能，深度 15 ~ 20cm，宽度 1.0~1.2m，长度根据设施情况而定。

4）苗盘

主要用于基础苗脱毒苗移栽。要求具有保水、排水能力，蔬菜生产上用的育苗盘、塑料浅层食品箱均可作基质载体。

5）其他用具

塑料薄膜、遮阳（光）网、拱棚支架、喷雾器、手术剪、搪瓷盘、烧杯、量筒、胶管等。

2. 配制苗床基质（营养土）

中国农业科学院蔬菜花卉研究所经过比较试验，推荐的马铃薯试管苗移栽和扦插快繁的基质是：蛭石、草炭、消毒田园土按 1∶1∶1 的比例混合，每 m³ 基质加入 2kg 磷酸二铵和 2kg 高温膨化（消毒）鸡粪作基肥。它综合了蛭石的松软、透气性和保水性及草炭富含有机质的优点，基质中所含有的营养成分基本满足了试管苗和扦插苗整个生长周期对营养的需求，为培养健壮的脱毒苗植株、提高产量创造了良好基础，经济实用，有利于推广。能够作基质的材料种类很多，如河沙、泥炭、腐熟马粪、甘蔗渣、森林土、蛭石、珍珠岩等，可以根据当地情况就地取材，原则是理化性质稳定，孔隙度大小适当，松软透气保水，pH 值应在 6~7 之间。

3. 配制营养液

配制营养液常用的营养液是 MS 培养基的大量元素、微量元素、铁盐的混合液以及一些简化营养液，见表 8-1。

表 8-1　　　　　常用马铃薯微型薯生产用营养液配方（mg/L）

试　剂	营　养　液			
	日本通用	IVF	KS	改良 KS
Ca（NO₃）₂	950	680	—	100
KNO₃	810	350	1034	1034
MgSO₄	500	250	490	490
NH₄H₂PO₄	155	—	—	—
KHPO₄	—	200	348	348
（NH₄）₂SO₄	—	—	170	170
CaCl₂	—	—	150	150
EDTA-Na₂	—	14.7	37.25	37.25

196

试 剂	营 养 液			
	日本通用	IVF	KS	改良 KS
$FeSO_4$	—	10.99	27.85	27.85
$CuSO_4$	—	—	—	100
KCl	—	170	—	—
H_3BO_3	—	2.43	—	—
$ZnSO_4$	2.8	—	—	—
$(NH_4)_2MoO_4$	—	1.28	—	—

注：IVF：中国农业科学园蔬菜花卉研究所配方 KS：四川省江津地区农业科学研究所配方

改良 KS：内蒙古农业科学院马铃薯小作物所配方

营养液一般也是先按配方的 20~50 倍配制成母液，使用时再稀释至所需浓度。配制母液时为避免钙、镁等离子与磷酸根结合易生成沉淀，影响营养成分的效果，各种成分分别溶解后再混合。EDTA 铁盐制成整合铁盐后再与其他试剂混合。pH 值 5.6~5.8。提供试管苗生长所需营养液的方式有两种：其一是根据生长发育需要把营养液加入基质内，另一种是在基质中加入一定比例的有机质（如草炭、腐熟的有机肥等）和配比适当的化肥，但有机质要消毒彻底以防发生病害。

4. 配制扦插用生根剂

国际马铃薯中心（CIP）改良生根处理方法：称取 100mg 吲哚丁酸（IBA）溶于少量酒精中，再用 0.1mol/L 氢氧化钾溶液稀释，另称取 50mg 萘乙酸（NAA）溶于少量酒精中，17.5mg 硼酸溶于蒸馏水中，将上述 3 种药剂混匀之后，再加入 2mL 二甲亚砜或吐温-80，33mL95% 的酒精，并用水稀释定容至 100mL，pH 值调至 5.5 左右。使用时将母液稀释 5 倍，浸泡 5~10min，生根率可达 100%。

5. 基础苗栽培管理

微型薯生产主要是以脱毒试管苗为扦插基础苗。

1）移栽前的准备工作

首先做好温室、苗床（或苗盘）基质等。温室要密闭完整，玻璃接缝处要密闭无缝，防虫进入温室。所用器械要用熏蒸剂或福尔马林 50~100 倍液或多菌灵消毒。试管苗移栽的前一天要将苗床用水浇透，关闭温室的门窗，以提高栽培基质的温度。制备生根培养基：1/2MS 无机盐+IAA0.2mg/L+食用白糖 2%+琼脂 0.7%，pH 值 5.8。剪苗前将剪刀、镊子等工具用高锰酸钾液浸泡消毒，操作人员须用肥皂或洗涤剂洗手，穿清洁工作服，禁止吸烟。

2）移栽及管理

将试管苗切成带有 1 个芽的茎段，接入生根培养基，每天 16h 光照，25℃条件下培养 1 周后，小苗长成带有 4~5 片叶及 3~4 条小根的健壮苗时，打开培养瓶封口，注入 1~2cm 的冷凉白开水，放在温室锻炼 3~5d。移栽时取出试管苗，用自来水将试管苗根部的培养基冲洗干净，即可移栽。栽植密度为 800 株/m²，深度为 1.5~2cm。在温度适合时，移栽成活率可达 95% 以上。基础苗移栽后，盖塑料薄膜及遮阳网纱，保持空气温度和湿度及防止强光直射，利用散射光缓苗。1 周后幼苗长出新根，可逐渐去掉塑料薄膜及遮阳网纱。约 20d 后基础苗长至 5~8 片叶时，即可进行第一次剪切；以后，每 15~20d 剪切 1 次。根据基础苗的生育状况可以反复剪切多次，基础苗生长需要营养充足及高温高湿的环境，促使植株略有生长，以利于剪切、扦插，提高扦插成活率和繁殖系数。每次剪切后，为促基础苗新枝生长，可喷施浓度为 10mg/L 赤霉素 1 次，适量施含氮量高的 MS 营养液或 KS 营养液。种苗需水量大，夏天、晴天早晚各浇 1 次水，春、秋季和阴雨天根据土壤温度每隔 2~4d 浇水 1 次，基础苗的适宜生长温度为 25℃。

　　3）扦插苗栽培管理

　　当基础苗高 7~10cm、有 5 片叶时，20d 左右可进行剪苗扦插。剪苗时利用消毒的解剖剪子和镊子剪下带有 1~2 片叶的茎尖和带有 2~3 片叶的茎段，放在生根剂溶液中浸泡 5~10min 后，按 400 株/m² 的密度划行或插孔，扦插在苗床上，芽埋在基质中的深度为 1~1.5cm，叶片露出。由于基础苗栽培的基质比较疏松，剪切时需小心，以防将苗根拔出。扦插后用手指纵横双向适当按压，使插枝与基质紧密接触，以利于生根，扦插完一个苗床后，用喷壶轻浇 1 遍清水，然后盖塑料薄膜。如遇强光，薄膜上盖遮光网（或草席）。遮光 1 周后，扦插苗可生根成苗，逐渐去掉塑料薄膜和遮光网，使扦插苗逐渐见光，放风炼苗。温度保持 20~25℃。

　　扦插苗前将苗床浇透清水，扦插完后浇 1 次定根水。缓苗期间为提高基质温度，利于扦插苗生根成活，浇定根水后，一般尽可能不浇水。经 7~15d 扦插苗成活后，开始浇水和浇营养液。生根后如气候冷凉，每隔 4d 浇水 1 次；如天热，需要每天浇水。每隔 2~4d 浇 1 次营养液。浇水和浇营养液要交替进行，以保持基质湿润而不积水为度。

　　微型薯的生长期为 45~60d。在插苗 30d 左右可用化肥逐步代替营养液，以降低成本。施肥可用 1% 的磷酸二氢钾和 0.2% 的尿素叶面施肥，或用少量的磷酸二氢钾和尿素撒在苗床上，然后浇水。施肥要少量多次，以防烧苗。结薯期温度保持在 18~25℃，扦插苗长至 10 片叶以上时，苗基部要覆 1 次基质土，以利于结薯。后期如有徒长现象，可喷 100mg/L 矮壮素，以抑制生长，促进块茎膨大。扦插后 45~60d 可收获，每株结薯 1~3 个，单个重 0.5g 以上，最大块茎重 20g，每次 1m² 可收获 500~600 块。

　　6. 病虫害防治

　　微型薯生产时容易发生晚疫病，阴湿天气是晚疫病的高发时期，可使用瑞毒霉药剂预防晚疫病的发生。为防止少量蚜虫进入，每隔一定时间喷 1 次抗蚜威溶液，或用 40% 乐果乳剂 2 000 倍稀释液喷雾防治蚜虫。

　　7. 微型薯收获、贮藏及催芽

　　马铃薯种苗生育后期，营养和水分逐渐减少，营养生长减缓，扦插苗生长 45~60d 种苗变黄，微型薯长到 2~5g 即可开始收获。收获时先将植株拔起，摘下微型薯，然后将苗床中的基质过筛，收获全部微型薯。1m² 一次收获 400~500 粒，一年生产 4~5 批，共可以收获微型薯 1 600~2 000 粒，折合每 667m² 产 80~100 万粒左右。

　　新收获的微型薯含有较高的水分，需放在盘子里于阴凉处晾干，按 1g 以下、1~5g、5~10g 以及 10g 以上分成 4 个级别装入透气的容器中，如布袋、尼龙袋等分别贮藏。

　　微型薯的休眠期因品种不同而异，一般约 110d。贮藏期发现微型薯萌芽时，应将微型薯从容器中取出，在室内摊开，用散射光抑制芽徒长。在贮藏期间，为使微型薯受光均匀，应翻倒几次。微型薯也可在4℃的低温条件下贮藏，播种前1~2个月从冰箱中取出，在室温下促进萌芽。休眠微型薯可用低浓度的赤霉素处理打破休眠。新收获的微型薯可用10~20mg/L赤霉素液浸泡5~10min，促进发芽。

8.2.6 简易马铃薯脱毒微型薯工厂化生产

1. 网棚建设

选择地势平坦、背风向阳及供、排水方便的地点建棚。网棚要求防虫效果好，棚内空间大利于作业，抗风力强，大小随需要而定。一般脊（梁）高2.5~3.0m，宽度6~10m，棚长60~80m设T钢架，不设立柱，纵向1.0~1.5m，拉一道8号钢丝，固定在钢架上和棚头的地锚上，竹片间距0.8~1.0m，固定在铁丝上，选用40~60目的优质防虫网，要求缝扎牢靠，无裂口破洞，进出口设双层防虫网，钢架必须固定牢靠，钢丝要拉紧、拉直，防虫网顶部要拉紧，保持棚面平整，四周埋土，密封固定。

2. 生产用具

塑料盘或食品箱、塑料薄膜、遮阳网、拱棚、手术剪、烧杯、量筒等。

3. 苗床制作网

棚内用砖砌成宽1.0~1.2m、长度不拘、深5~20cm的小池，池底铺塑料纱网隔离土壤。用消毒的蛭石、草炭、珍珠岩等作基质。

4. 严格苗源培养

1）苗床消毒整理

将基质用1%的福尔马林溶液喷湿，充分搅拌均匀后堆放，上盖塑料薄膜，放置7~10d后，去掉塑料薄膜，放置2d，用铲子反复翻动。消毒后的基质均匀铺在苗床上，或将基质装入苗盘（或食品箱）铺5~10cm厚，将基质刮平，浇清水泡透，以捏有水渗出但不外流为宜。

2）试管苗移栽

实验室提供的试管苗叶片没有蜡质层，不适应外界环境，直接移栽容易失水萎蔫致死。因此，在移栽前应打开瓶口，注入无菌水（冷白开水），并使水面高度保持在0.5~1.0cm。试管苗在消毒温（网）室内炼苗3~7d，用镊子取出，置于15℃的温水中细心洗净培养基，防病菌污染死苗，移栽到苗床上或育苗盘（箱）中，2800棵苗/m，深度1.5~2.0cm，浇清水着实后及时放入拱棚，遮阴保湿1周后，逐渐揭掉遮阳网，恢复正常光照。

3）基础苗管理

此期基础苗生长需要营养充足、高温（温度控制在23℃）、高湿（相对湿度控制在85%），使其徒长，提高扦插成活率和繁殖系数。剪过尖的基础苗，必要时可以再次盖塑料棚膜以提高苗床温度及湿度，促使腋芽萌发，增加繁育次数。

5. 严格剪切扦插技术

1）及时剪尖扦插

基础苗长有5~6片展开叶、20d苗高10cm时可以进行首次扦插。

2）把握关键技术

①扦插所用剪刀、镊子必须及时消毒。操作人员必须用肥皂或洗涤剂洗手，穿洁净的工作服，室内禁止吸烟，吸烟人员禁止直接接触基础苗。

②剪尖时剪口与最近叶片距离保持 0.5~1.0mm。剪下的嫩茎为 2 叶 1 茎，或 3 叶 1 茎。

③茎段用生根剂处理 15~20min 后进行扦插。

④合理密植。扦插密度为 4cm×4cm。扦插时腋芽埋在基质中，叶片露出，深度 1.0~1.5cm。

⑤插满一池后用喷壶浇 1 遍清水，并搭高度为 7~80cm 的拱棚盖遮阳网或草席遮阴，保温、保湿培养，棚内温度保持在 20~25℃。

6. 严格水肥管理、及时培土

扦插后 6~7d 待生出新根后，渐渐揭拱棚膜见光放风，并开始水肥管理。

1）温度管理

在扦插前期主要是促茎叶生长，温度控制在 22~27℃。扦插苗在生长中后期主要是块茎膨大期，温度控制在 16~18℃。

2）水肥管理

根据当地气温、光照及苗床湿度进行浇水，保持基质潮湿，空气相对湿度 80% 为宜。扦插苗施肥主要用 KS 营养液，施肥原则是看时、看天、看苗，阴雨天不浇或少浇营养液，正午不浇，傍晚不浇，夏天上午浇营养液，下午浇清水。苗弱时用 0.2% 的尿素和 0.1% 的磷酸二氢钾及少量葡萄糖液叶面喷施。30d 后可用化肥（尿素、磷酸二氢钾、磷酸二铵等）代替营养液，以低浓度少量多次为原则。每次施肥后，要冲洗叶面上的肥料，以防烧苗。

3）及时培土

在块茎形成期培土 1~2 次，培土厚度 4~5cm，确保结薯层次，提高产量。

7. 及时防治病虫害

发现晚疫病中心病株（叶）时及时拔除，或用瑞毒霉 8 倍液喷 1 次，共喷 2~3 次。清除室外杂草，严格处理作物残枝败叶，特别是茄科作物，如茄子、番茄等，经常检查网棚有无破漏，若有缝隙要及时修补，严禁将棚外杂草、工具等带入棚内。

8. 及时收获

扦插苗到生长后期薯块逐渐变黄，要停止营养液和水分供应，促进薯皮老化，茎叶变黄时进行收获。收获后种薯在阴凉处晾几天，到薯皮略带绿色时，将种薯（原原种）按大小分级装入透气的布袋、网袋中，挂牌标明品种名称、产地、入窖时间、入窖贮藏期。窖温控制在 2~4℃，相对湿度 85% 左右。

8.2.7　马铃薯脱毒原种基地生产

1. 原种基地对生态环境的要求

原原种经过 1 代繁殖成为一级原种，一级原种经过繁殖成为二级原种（也就是原原种的第二代）。原原种的生产成本高，且数量也不能满足生产需要。所以需要将原原种扩大繁殖成原种，但原种生产的规模很大，不可能再用温网室生产，只能在露天开放生产。为了安全生产高质量的原种，要求有利于马铃薯生长的适宜条件而不利于传毒昆虫蚜虫生长繁殖传毒，以及不利于土壤带病毒（菌）的生态环境。其具体要求：一是地势高寒无蚜虫或蚜虫很少；二是雾大、风大、有翅蚜虫不易迁飞降落的地方；三是天然隔离条件好，如四周环山的高地、森林中的空地、海边土质好的岛屿等；四是无传播病毒和细菌性病害的土地，或3年未种过茄科植物和十字花科蔬菜作物的轮作地。

2. 原种生产基地的田间管理

①精细整地播种，合理密植，加强除草培土、追肥及浇水和排水等田间管理，争取生产质量好、种薯数量多、产量高的原种。

②注意预防蚜虫传毒危害。蚜虫传毒是影响脱毒原种质量的关键因素，在蚜虫未发生或开始发生时喷药1次，以后每隔6~7d喷药1次，做到预防为主，治早治了，消灭传毒媒介。

③注意预防晚疫病危害。晚疫病发病速度快，可在短时间内严重危害并造成减产，高寒山区降雨多、气候湿润冷凉最易发生晚疫病。所以，在孕蕾期以前注意天气情况，经常观察，发现有晚疫病中心病株时开始喷药，根据天气情况每隔5~7d喷药1次，如遇连阴雨，每隔3~5d就要喷药1次。

④拔除病杂株。孕蕾、开花期应各检查1次，发现病株应及时拔除。因为病株是病毒（菌）的再侵染的主要来源，所以应从苗期开始，对病株及其新生块茎，宜用塑料袋装上带出田间集中处理。同时清除杂株以防品种混杂。

第9章 马铃薯脱毒种薯的鉴定、
保存与质量控制

国内外研究和生产实践证明，采用茎尖脱毒离体培养技术，获得无病毒种苗，进行扩大繁殖，建立留种体系，为大面积生产提供符合一定健康指标的种薯，是目前防治马铃薯病害最有效的措施。病毒检测鉴定是脱毒马铃薯生产的关键。但并不是说凡是经过各种脱毒方法获得的试管苗就是脱毒苗，就可以防止马铃薯品种退化，而必须经过严格的各种病毒检测才能确定。因此，对于每一个茎尖或愈伤组织产生的植株，在用作无病毒原种之前，必须进行病毒检测。由于许多病毒具有一个延迟的复苏期，因此在前18个月中必须对植株进行若干次检测，才能最终确定其病毒的有无。对于那些经反复鉴定后确定无病毒的母株，在繁殖过程中也还要进行重复鉴定，因为这些植株在繁殖过程中仍有可能被重新感染。

由于植物病毒分类体系的逐步完善，以及病毒鉴定技术的不断进步，植物病毒病的诊断方法有很大发展。有些病毒仅根据少数特性即可确定，有些病毒的准确检测非常复杂困难。马铃薯因栽培品种抗性差异，在不同地区几种不同的马铃薯病毒病往往混合发生。马铃薯病毒病在早期常常没有症状或症状不明显，只有当病毒病发生严重时才表现出一定症状，各种病毒表现的症状又很难区分，要准确鉴定马铃薯感染了哪种病毒，仅仅凭借症状观察是不够的，必须通过一定的检测方法才能确定。所以马铃薯脱毒好坏与病毒检测水平有很大关系，病毒检测水平和精度越高，脱毒种薯的质量才越有保证。

9.1 马铃薯种薯脱毒苗的检测

9.1.1 脱毒苗的检测

虽然我们在切取茎尖时十分小心，并且对它们进行了各种消除病毒的处理，并非都能完全脱除病毒，即只有一小部分培养物能够产生无病毒植株，所以必须对脱毒后的试管苗进一步定性、定量分析，进行病毒检测、鉴定。

经脱毒技术处理获得的新植株，必须经过严格的隔离保存和病毒检测，马铃薯有的品种病毒脱毒处理后不能一次完全检测出来，甚至需要经过一段时间的隔离培养后再重复检测几次，确认不带病毒后，才能作为无病毒植株原种进行保存和进一步扩繁成无病毒苗，进入生产应用。当前脱毒苗脱毒效果的检测方法有视觉观察法、生物鉴定法（敏感植物或指示植物法）、电子显微镜鉴定法、抗血清鉴定法和分光光度法。

1. 视觉观察法

直接观察待测植株生长状态是否异常，确定植株茎叶上是否有该种病毒引起的所特有的可见症状，受侵染后的病株表现为局部或系统花叶、皱缩、卷叶、黄化，老叶上出现紫色边缘的褪绿斑，也有沿叶脉形成紫色羽状斑驳的，在春秋季比较明显。病株较脱毒苗生长势减弱，有矮化或畸形等症状，从这些症状的有无可判断病毒的存在与否，是最简单的测定方法。但是由于可见症状可能要经过相当长的时间才能在寄主植物上表现出来，所以这种方法无法进行快速测定。

2. 生物鉴定法（敏感植物或指示植物法）

1）敏感（指示）植物的概念

生物鉴定法即敏感植物或指示植物法，是根据植物病毒在一些鉴别寄主植物（指示植物）上的特异性反应来诊断病毒种类。即将一些对病毒反应敏感（一旦感染病毒就会在其叶片乃至全株上表现特殊的病斑），症状特征显著的植物作为指示植物，用以检验待测植物体内特定病毒的存在。不同病毒在同一鉴别寄主上可能引起相似的反应，因此常用系列鉴别寄主根据接种反应的组合予以确定。在初步确定所属种类的情况下则应用枯斑寄主植物予以验证。生物测定法通常在隔离的温网室内进行。

马铃薯的病毒指示植物主要有千日红、黄化烟、心叶烟、毛叶曼陀罗等和一种藜属植物（*Chenopodium amaranticoior*）。

2）鉴定方法

（1）摩擦接种鉴定法

①指示植物培养。于5月中旬播种普通烟、心叶烟、德伯尼烟，上述烟草播种后，隔5d播种洋酸浆，再隔5d播种白花刺果曼陀罗、黄花烟，最后播种千日红。

先将播种用的花盆用肥皂水洗涤干净，然后将所用的沃土过筛并混合均匀，将其放于灭菌器中在160~180℃下灭菌2h，装在大、中、小花盆中，土面距盆顶要有一定的距离，花盆内的土要先浇透水。将种子撒播于盆内湿土上，覆土厚度0.5~1.0cm。6月上旬整棚、遮阴、棚内喷药、台土、地面灌水。6月中旬分别栽种各种指示植物，在阴凉处育苗。

②病毒组织的收集。利用指示植物检验生长季节中马铃薯植株的带病毒情况，分两个时期到田间采集植株叶片，即现蕾期和开花期。一般情况以整个植株的中部叶片为检验材料，也可检验块茎及脱毒苗的带病毒情况。

③指示植物接种检验病毒。马铃薯卷叶病毒用蚜虫（桃蚜）接种法。马铃薯X病毒、Y病毒和S病毒用常规汁液摩擦接种法。具体方法为：用肥皂水洗涤研钵、研锤，同时将手洗干净，把采回的病叶放于洗过的研钵中，加入等容积（W/V）的缓冲液（0.1mol/L磷酸钠）中，研磨成匀浆。在指示植物的叶片上撒上少许400或600目的金刚砂，然后将被检植物的叶汁涂于其上，稍稍摩擦，以使指示植物叶表面细胞受到侵染，但又不要损伤叶片。大约5min后，用水清洗掉接种叶片上的残余汁液及金刚砂。接种后的指示植物置室内（或防虫网室），温度保持在20~25℃，湿度85%~90%。接种后3~7d开始记录温、湿度，然后加大湿度，逐日观察发病症状。适时清除花盆中的杂草，每隔5~7d喷施1次防蚜虫药。若汁液带病毒即出现可见症状，则说明被检再生植株没有脱除病毒，例如：植物汁液接种后如使千日红叶片枯斑，使黄花烟、心叶烟呈花叶，证明该植物体内具有马铃薯X病毒，凡是检测出有病毒的茎尖苗，应一律淘汰。经过检测确认不带任何病毒的试管苗为"脱毒苗"，即茎尖脱毒成功。4种常见马铃薯病毒在主要指示植物上的症状见表

9-1 所示。

表 9-1　　　　　　　　种常见马铃薯病毒在主要指示植物上的症状

（摘引自徐洪海等，2010）

病毒	指示植物	感染方式	症　状
马铃薯 X 病毒	千日红	局部	3~5d 或 8~10d，接种叶出现圆形紫环黄枯斑
	白花刺果曼陀罗	系统	18~23d，接种叶上部叶出现明显斑驳花叶，心叶明显，有时形成枯斑，12d 出现黄色小点
	普通烟	系统	18~23d，系统花叶斑驳或环驳，个别株系引起典型环驳或大理石花纹
	黄花烟	系统	黄色斑花叶，褐斑系，24℃，14d 形成褐色枯斑
马铃薯 Y 病毒	普通烟	系统	普通株系，17~24d，幼叶呈清晰明脉细微点状花叶，老叶沿脉绿带状，Y^N 株系，11~14d 明脉花叶，主脉变褐，叶片坏死
	洋酸浆	系统	Y^0 株系，9~10d，系统褐色圆枯斑，落叶死亡，症状鲜明强烈，Y^N 株系，系统褐绿斑花叶，叶片后卷无枯斑
	心叶烟	系统	Y^0 株系，23~27d，花叶明脉皱缩，Y^N 株系，21d 左右，花叶明脉皱缩，叶脉不坏死
	黄花烟	系统	Y^N 株系，14~24d，接种叶呈皱圆形斑，周围褪绿，后转为系统褪绿斑
马铃薯 S 病毒	千日红	局部	14~25d，接种叶出现红色略微凸出的圆环小斑点
	德伯尼烟	系统	初期明脉；以后是暗绿块斑花叶
马铃薯卷叶病毒	洋酸浆	系统	用桃蚜接种，15~30d，出现褪绿脉带向下卷叶生长受阻，在 24℃，6~8d 便可出现症状
	心叶烟	系统	5d 后，系统黄色斑驳花叶，进一步形成暗绿色脉带

（2）嫁接鉴定法

有些病毒不是通过汁液传播的，而是通过专门介体如蚜虫来传播，放蚜虫咬待测植株，再将蚜虫接种到敏感植物上，一段时间后观察敏感植物症状，根据敏感植物的病症表现来判断是否脱除了病毒。敏感植物鉴定方法条件简单，操作方便，一直沿用至今，仍为一种经济而有效的鉴定方法，但此法有它的局限性，它只能测出病毒的相对感染力，并且只能用来鉴定靠汁液及嫁接传染的病毒。

3. 抗血清鉴定法

很早以前，人们就认识到，得过天花、鼠疫等流行病的人在恢复健康之后，免除了再次受到感染的危险，即患病后可以得到"免疫"。不但如此，而且还用这种"免疫"的方法去预防疾病，比如我国古代劳动人民用接种人痘的方法来预防天花，说明人们早已注意到机体的这种免疫反应。到 18 世纪末又发现破伤风和白喉杆菌免疫的动物血清中有一种抗细菌的物质，这种物质对细菌毒素有中和的能力，这就是关于免疫球蛋白作用的一个最早的证明。

血清反应是植物病毒鉴定中最有用的方法之一。因为血清学方法反映了病毒蛋白质的特性，所以特异性强，不必除去寄主的正常成分即可进行测定，这比一些理化方法优越。血清学方法测定迅速，可在几小时甚至几分钟内完成，而鉴别寄主反应往往需要很长的时间。

1) 基本原理

人和动物被细菌、病毒等病原微生物侵染或人工注射异体蛋白质等物质而感病后，在其体内血清中产生一种对上述物质具有特异性的丙种球蛋白，称为免疫球蛋白（Ig），即所谓"抗体。刺激抗体产生的物质多为蛋白质，称为抗原。抗原与抗体间能发生高度专一性的反应，即免疫反应。抗体存在于血清中，所以又叫抗血清。

植物病毒颗粒是由内部的 RNA（或 DNA）链和外部的蛋白质外壳组成，因此是良好的抗原，给动物注射到体内后能产生抗体，并能与抗体起特异性反应。抗体是动物在外来抗原的刺激下产生的免疫球蛋白，抗体主要存在于血清中，含有抗体的血清成为抗血清。因此，利用特定病毒的抗血清，通过血清学反应即可检测该种病毒。

所有植物病毒的外表面，都由有规律排列的蛋白亚单位构成，不同的病毒其蛋白亚单位排列的方式不同。植物病毒的分子量都在 10^6U 以上。如烟草花叶病毒是一个杆状病毒，内部有一条单股 RNA 的多核苷酸链，RNA 的分子量为 2×10^6U。外部有一个蛋白质外壳，由 2 130 个蛋白亚单位组成，每一个蛋白亚单位分子量为 17 500U，由 158 个氨基酸构成。马铃薯病毒 X、M、Y 均为长线状病毒，在蛋白外壳内部是单链 RKA，而马铃薯卷叶病毒则是一种二十面体的球状，在蛋白外壳内部是双链 DNA。大多数植物病毒部有良好抗原性。用植物病毒免疫家兔、鸡、山羊、马、豚鼠和白鼠都能获得相应的抗血清。现在已有百余种植物病毒被制备出抗血清，占植物病毒总数的 1/3。

植物病毒抗血清，不仅可以用于植物病毒病的诊断，确定其感染病毒的种类和带毒率，还可研究植物病毒的结构和功能，以及了解病毒之间的亲缘关系，对病毒分类提供重要依据。

除纺锤形块茎类病毒外，感染马铃薯的其他病毒都可制成抗血清。不同病毒产生的抗血清都有各自不同的特异性，例如 X 病毒的抗血清只能和 X 病毒起血清反应，而不能与其他病毒起反应，因此用已知病毒的抗血清可以鉴定未知病毒的种类。

血清反应还可用来鉴定同一病毒的不同株系。同一病毒的不同株系有共同抗原，也有不同的抗原。两个抗原完全相同的病毒分离物，做交叉血清反应后，在血清中就不再有剩余抗体了。两个抗原上有差异的株系，进行交叉血清反应后，血清中还有剩余的抗体，根据剩余抗体的多少，可以确定病毒间的亲缘关系。

血清反应还可测定病毒的浓度，多用沉淀终点法来比较不同样品的病毒浓度，即把待测样品用生理盐水（0.85%NaCl）作一系列稀释度如 1:1、1:2、1:4、1:8……1:512……1:2^n（$n \geq 0$），与适宜浓度的抗血清进行试管沉淀反应，仍发生反应的最高稀释度成为病毒的滴度，稀释倍数愈高，病毒的浓度愈大，能检测出 10^{-5} 数量级的病毒浓度。如果与提纯的标准做比较，还可推算出病毒的含量。

2) 马铃薯病毒抗血清试剂和应用

已知马铃薯病毒有 20 余种，目前除纺锤块茎类病毒（PSTV）外，其余马铃薯病毒均可制备出抗血清。马铃薯卷叶病毒抗血清也于 1974 年由 Murayama 等制备成功，并由 R. casper（1977）采用酶联免疫吸附测定这种灵敏度高的新方法用于马铃薯和酸浆卷叶病毒的诊断。生产上酸浆卷叶病毒的诊断。生产上广泛应用的有马铃薯 X 病毒、S 病毒、M 病毒和 Y 病毒抗血清。

用抗血清鉴定病毒，不像用指示植物鉴定那样需要防虫温室设备，且反应快，操作简单，特异性强，短时间可以鉴定大量样本。尤其是对于那些症状隐潜、难以识别的病毒，血清鉴定尤为重要。所以血清鉴定方法已在国外广泛用于无病毒种薯生产，抗病毒育种和汰除病株病薯。

3）抗原的制备

为获得抗血清，首先要制备出免疫动物用的抗原，即把病毒从病叶中提取出来。

（1）病毒的繁殖

用于制备抗原的病毒在进行繁殖之前要经过分离、纯化。在病毒的寄主植物体内不能混有其他不需要的病毒。因为只有利用提纯的病毒，才能制备出高度专一性的抗血清。繁殖病毒首先要选择合适的增殖寄主，要使病毒在这种寄主植物体内达到最高浓度。马铃薯 X、Y、A 病毒都可以用烟草作为增殖寄主。马铃薯 M 病毒用番茄，马铃薯 S 病毒用马铃薯或地烟（N. deneyi）。接种病毒的植物年龄一般在生长旺盛的年幼时期。接种病毒后在 20~24℃的防虫温室中培养。在感染病毒之前给予充足的 N、P、K 营养元素，以提高病毒浓度。一般在接种后两周左右病毒达到高峰之后，测定病毒浓度，采收病叶，剪去中脉，按一定的量装于塑料袋内，在-20℃冰箱内冷冻。如不立即提取病毒，可在 0~4℃冰箱内存放一周，在-20℃低温下可存放几个月。

（2）病叶研磨和粗汁液澄清

病叶的研磨：少量新鲜材料可用研钵研碎或匀浆器捣碎，材料多时宜用搅肉机搅碎。无论用哪种方法，材料在研磨之前都应当在-20℃下冷冻，以便抑制提取汁液中某些氧化酶的活性。在研磨材料时可以加入适量的缓冲液，病叶和缓冲液的比例在 1：0.5~1：1。磨碎的材料经两层纱布、棉布或尼龙细布榨出汁液，也可用玻璃棉或滤纸过滤。

提取马铃薯病毒的缓冲液：正确使用适当的缓冲液能提高病毒收率，并使病毒保持稳定，避免产生凝聚和钝化。不同病毒所需缓冲液在离子性质、离子强度以及 pH 值方面都不尽相同。如提纯马铃薯 X、Y 病毒通常采用柠檬酸盐缓冲液（0.05mol/L 柠檬酸钠缓冲液，pH=7.0）。回溶病毒沉淀时用硼酸缓冲液（0.02mol/L，pH=8.2，内含 1mmol/L EDTA）。为了防止病毒被细胞破碎后释放出的氧化酶所氧化，在用于病叶研磨的缓冲液中还要加入一些还原剂或酶的抑制剂。如亚硫酸氢钠、抗坏血酸等。

（3）病毒的沉淀

为了浓缩和提纯病毒，需要把病毒从澄清液中沉淀出来。加入的沉淀剂主要有硫酸铵或聚乙二醇。也可用超速离心沉淀病毒。

4）方法

（1）叶绿体凝集法

叶绿体凝集法的凝聚反应是由小颗粒絮凝作用产生的可见反应。这种小颗粒可以是和抗原、抗体相结合的叶绿体，红血球或其他颗粒物质。马铃薯感染病毒之后，叶绿体表面上载有病毒，当植物原汁液和抗血清混合时，由于抗原抗体结合作用使叶绿体聚合起来形成肉眼可见的聚合物。即采用待检植物叶片提取液与专一抗血清发生凝结反应检测植物病毒，如马铃薯 Y 病毒。

（2）块茎沉淀法

此方法是指将各种稀释的抗血清与病毒抗原在小试管中混合反应而产生沉淀，即试管沉淀法，是常用的病毒检测方法之一。沉淀反应是抗原和抗体之间由于键的结合而导致生成的一种抗原-抗体复合物的沉淀。这种反应要求提纯或部分提纯的抗原或除去正常植物蛋白、叶绿体及杂质的感病植株汁液（一般要经过离心澄清）。然后根据形成沉淀的形状来判断病毒的种类。如长形病毒形成絮状沉淀，球形病毒形成浓密粒状沉淀等。

（3）环形接口法

此方法是指在毛细管或细长玻管中，抗原抗体通过扩散结合。病毒抗原位于上部呈层状，少量抗血清向毛细管渗入，至达到足够的抗原/抗体比率时，在该区域产生可见沉淀物。此法简单快速。

（4）酶联免疫法（ELISA）

酶联免疫法也叫酶联免疫吸附分析法。基本原理是用化学处理方法将酶与抗体（或抗原）结合，制作酶标抗体（抗原），这些酶标记仍保持其免疫活性，能与相应抗体或抗原特异结合形成酶标记免疫复合物，遇相应底物时，免疫复合物上的酶催化无色的底物，降解生成有色产物或沉淀产物，降解生成的有色产物可用比色法定量测定，颜色的深浅与样品中病毒的含量成正比，若样品中不存在病毒颗粒，试验规定的时间内将不会产生颜色反应。降解生成的沉淀产物可用肉眼观察或通过光学显微镜识别。

①双抗体夹心法。双抗体夹心法是一种直接酶联免疫测定法，此法通常适用于大分子抗原检测。该法先用病毒特异性抗体（IgG）包被微板孔，形成固相抗体；然后加入待测样品粗提物（抗原），使包被的抗体捕捉样品中的病毒粒子，形成固相抗体-抗原复合物；接着再加入酶标抗体，生成抗体—待测抗原—酶标抗体复合物；最后加入酶底物溶液进行酶催化反应，室温避光放置一定时间后，根据发生的颜色反应程度进行待测抗原的定性或定量分析判断。

②A 蛋白酶联免疫吸附法。A 蛋白酶联免疫吸附法是一种间接酶联免疫测定法，此法常用于抗体的检测。该法先用 A 蛋白包被微板孔，然后加入病毒抗体，接着加入待测样品粗提物，经第二层抗体与病毒结合，再加入酶标 A 蛋白，最后加入底物进行酶催化反应，室温避光放置一定时间后，根据发生的颜色反应程度判断结果。

酶联免疫吸附法是目前生产上通用的检测技术，此法灵敏度高，特异性强，能同时进行多个样品的快速测定，但在应用的过程中应注意假阳性和假阴性反应的问题，在此基础上发展起来的快速诊断试剂盒，可在田间条件下进行检测，生产用种，可用此方法进行粗略检测。这项技术也是近年来抗血清鉴定方法中发展最迅速、应用最广泛的一项技术。

温馨提示

酶联免疫吸附法根据所采用的酶标抗体不同，可分为直接法和间接法。直接法所用的酶标抗体为病毒特异抗体，通常需要针对不同的抗体进行分别标记；间接法所用的酶标抗体为通用的市售抗体，一般无需对每一抗体进行标记。

4. 分子生物学鉴定法

1）聚合酶链式反应（PCR）技术

聚合酶链式反应（PCR）技术是在寡核苷酸引物和 DNA 聚合酶作用下模拟自然 DNA 复制的一种体外快速扩增特定基因或 DNA 序列的分子生物学技术。病毒根据其基因组核酸类型的不同可分为 DNA 病毒和 RNA 病毒，对于 DNA 病毒，提取待测样品总核酸后可直接进行 PCR 技术扩增；但对基因组为 RNA 的病毒和类病毒，必须先在反转录酶的作用下反转录合成病毒互补 DNA（cDNA），然后再进行 PCR 扩增。后者通常又被称为反转录 PCR 检测技术。植物病毒多为 RNA 病毒，所以在植物病毒检测实践中反转录 PCR 检测技术多用。

通过这一方法可将极其微量的 DNA 扩增放大数百万倍，用于 DNA 检测，极大地提高了灵敏度，理论上可检测到每个细胞分子 DNA 的水平，这一方法被广泛应用于病毒的检测鉴定中。随着 PCR 技术在植物方面的应用，其检出率高、准确性高、操作方便及检测时间短等优点已充分体现出来。该技术与 ELISA 相比，无需制备抗体，检测所需病毒量也较少，具有灵敏、快速、特异性强等优点，是目前较精确和有前途的病毒检测方法。

2）核酸电泳分析技术

核酸电泳分析技术在植物类病毒检测中应用较多，植物类病毒多为环状的 RNA 病毒，内部碱基高度互补。在自然情况下呈棒状或三叶草状二级结构，电泳时迁移速度相对较快，但在变性条件下其二级结构遭到破坏，电泳时迁移减慢，能与其他小分子物质分开，表现出类病毒的特有电泳条带。待测样品 RNA 粗提液经过提纯、电泳、染色步骤后，在凝胶上显示出类病毒组特异性谱带。通过观察有无类病毒条带判断结果。

3）核酸分子杂交技术

核酸分子杂交技术也叫 DNA 分子杂交技术，该技术的基本原理是：两条互补核酸单链的碱基可相互配对形成双链。两条不同来源的核酸单链在一定的条件下（适宜的温度及离子强度等），可通过碱基互补原则配对产生双链，此过程称为核酸杂交，该杂交过程具有高度特异性。根据碱基互补配对原理，先对一已知核酸片段进行标记，然后利用已知核酸片段检测待检样品是否含与该片段互补的核酸来判断是否含病毒，被称为核酸分子杂交技术，其中带标记已知核酸片段通常称为核酸探针。

5. 电子显微镜鉴定法

现代电子显微镜的分辨力可以达 0.5nm，因此利用电子显微镜观察，比生物学鉴定更直观，而且速度更快。电镜检测技术广泛地应用于植物病毒的检测和研究，它能直接观察病毒粒子的形态特征。主要方法是：将病毒样品吸附在铜网的支持膜上，通过钼酸铵或磷钨酸钠负染后，在电镜下观察。也可用超薄切片的方法，将植物组织经脱水包埋、切片、负染后，在电镜下观察，可确定病毒在细胞中的存在状态，例如，存在的部位和排列方式、特征性内含体（马铃薯 Y 病毒通常在细胞内形成风轮状内含体）、细胞器的病理变化、病变特征等。研究者通过比较柱状内含体的种类和形态，鉴别了马铃薯 Y 病毒属的 9 个病毒种。电子显微镜鉴定法通常有助于进一步确证病毒的存在，它是一种比较先进的方法，但需一定的设备和技术。

　　由于电子的穿透力很低，样品切片必须很薄，一般为 10~100nm。通常做法是将包埋好的组织块用玻璃刀或金刚刀切成 20nm 厚的薄片，置于铜载网上在电子显微镜下观察。能否观察到病毒，还取决于病毒浓度的高低，浓度低则不易观察到。

6. 分光光度鉴定法

　　要定量测定病毒，可以采用分光光度法。即把病毒的纯品干燥、称重，配成已知浓度的病毒悬浮液，在 260nm 下测其光密度，并折算成消光系数（$E_1 0.1\% cm$）。一般常见病毒的消光系数都可以从文献中查出来（如马铃薯 X 病毒的消光系数为 2.97，马铃薯 Y 病毒的消光系数为 2.8）。利用分光光度鉴定法测得的病毒浓度是指全部核蛋白的浓度。

9.1.2　试种观察

　　经病毒检测后确认不带有病毒的脱毒种苗在进一步大量扩繁前，还需进行试种观察，即将每个脱毒株系的脱毒种苗取出一部分移栽到防虫网室内试种观察，检验其是否发生变异，是否符合原品种的全部生物学特性及农艺性状。对于要进行大量扩繁的脱毒种苗，在扩繁以前，都必须经过田间试种，检测其所有性状，淘汰变异株系，将符合原品种特征、特性的株系，进一步扩繁利用。

　　还可借助白色背景，直接用肉眼观察反应孔颜色，根据颜色变化差异判断结果：通常阴性反应为无色或颜色极浅；反应孔内颜色越深，阳性程度越强。

9.2　马铃薯脱毒苗的保存与繁殖

　　通过各种不同脱毒方法所获得的脱毒植株，经鉴定确定无特定病毒者，即是无病毒脱毒苗或无病毒原种苗。无病毒原种苗只是脱除了原母株上的特定病毒，但无病毒植株并没有获得额外的抗病性，因而在自然条件下还可能被同一病毒或不同病毒再侵染而丧失其利用价值。同时受自然条件影响，无病毒原种苗易丢失。一般情况下，经病毒检测获得不带任何病毒的试管苗后，首先在试管内进行扩繁。达到一定数量以后，将其中一部分进行大量扩繁用于微型薯生产，另一部分试管苗将继续保存。继续保留的这部分试管苗就是基础苗，在下一个扩繁季节取出其中的一部分进行扩繁，另一部分仍然保存。基础试管苗的保存原则是，通过采取技术措施使试管苗缓慢生长，以减少继代扩繁次数，确保基础苗的质量。

　　保存基础苗用的一般是 MS 培养基，不需要添加激素和有机物。所保留的基础苗应每隔一段时间（1 个月左右）进行切段继续繁殖 1 次，这不仅增加了成本，还加大了脱毒苗再感染病毒的机会。为了长期有效地保存好这些珍贵的脱毒核心材料，必须采取行之有效的保存方法。

9.2.1　脱毒苗的保存

　　将马铃薯无病毒苗原种的器官或小植株接种到培养基上，在低温下离体保存，是长期保存植物无病毒原种及其他优良种质的方法。

　　1. 长期保存

　　1）长期保存的优点

　　只需较少的空间就能保存大量的脱毒苗；可把脱毒苗保存在不受病虫害侵染的条件下；在特定的条件下，不需要经常对脱毒苗进行分株和修剪；当需要的时候，可把所保存的材料用做核心原种迅速繁殖出大量脱毒苗；由于不带已知的病毒和病原菌，可以在国际间进行交换，从而减少检疫机关的一些程序。

　　2）长期保存的方法

　　（1）在培养基中加入生长延缓剂

　　以 MS 培养基为基本培养基，除去全部植物生长调节剂，每 1 000ml 培养基中加入 B$_9$ 或矮壮素 10mg。培养瓶中培养基的量应比平时用的稍多一点，每瓶接 8~10 个幼苗，保存在 1 000lx 弱光和 10~20℃较低温度下，这样可隔 3~4 个月或稍长时间再继代 1 次。

　　（2）低温保存

　　此方法是指将茎尖、切段或小植株接种到不加任何激素的 MS 培养基上，每支试管装 3~4cm 厚的培养基，每支接 1 苗，待植株长至 2cm 左右，即置低温（1~9℃）、黑暗或低光照下保存，保存时间可达 1 年左右。在这样的温度下，材料的老化过程减慢，但不像在超低温保存中那样完全停止，因此需对这些材料进行继代，只是间隔的时间可以延长。保存用的切段最好在液体培养基上生长，在保存一段时间后，植株黄化，并在顶部膨大形成气生块茎。如果再以气生块茎保存起来，能保存更长的时间。气生块茎不呈休眠状态，因此如果想进一步扩大繁殖，把气生块茎放在常温培养室中，能立即生芽长根形成小植株。低温下材料生长极缓慢，只需半年或 1 年更换培养基 1 次，低温保存法也叫最小生长法。

　　（3）超低温保存

　　超低温保存也叫冷冻保存，是把马铃薯材料在液氮温度（-196℃）下进行冷冻后保存，致使细胞的代谢和生长停滞在完全不活动的状态，即可长期保存。

　　对活细胞进行冷冻保存需要有高度的技术，包括 4 个步骤：①冷冻；②保存；③解冻；④重新培养。在冷冻保存中主要问题是如何保护细胞不受冷害。细胞冷害有两个主要的原因，一是在细胞内形成大的冰晶，导致细胞器和细胞本身的破裂；二是细胞内溶质浓度增加到毒性水平。在冷冻过程中，细胞还可能由于渗漏作用而丧失某些重要的溶质。除了冷冻和解冻过程之外，当冷至冻结温度时，影响细胞生活力的因素还有冷冻材料的性质、冷冻前的预处理、冷冻防护剂等。

　　①材料选择。冷冻前材料的形态与生理状况可以显著影响它们在 -196℃下冷冻后的存活能力。一般来说，小而细胞质浓厚的分生细胞比大而高度液泡化的细胞更容易存活。因此，悬浮培养的细胞应当经常继代，冷冻处理应选在延缓期或指数期进行，因为这时多

数细胞处在比较理想的状态当中。在较大的材料如茎尖、胚或试管苗中，由于高度液泡化的细胞受到严重损伤，冷冻后只有分生细胞能够重新生长。幼小的球形胚比老龄成熟胚存活率高。成熟胚或是完全不能恢复生机，或是需要特殊的处理。因此，选择适当的材料并进行预处理是必要的。

②预培养。有些研究证明，冷冻前对茎尖进行短暂的培养，有助于冷冻处理后的存活。如培养基中添加二甲亚砜（DMSO）、山梨糖醇、脱落酸或提高培养基中蔗糖浓度，将材料置于其中短时期预培养，可提高其抗冻力。在马铃薯的某些品种中，马铃薯茎尖在含5%的DMSO的培养基上预培养48h，其冷冻后的存活率高而且稳定（Grout 和 Henshaw，1978）。不经预培养（至少48h）的茎尖，冷冻后不能再存活。将细胞脱水到适当程度，也能显著提高材料在冷冻和解冻后的存活率。

③冷冻防护剂。在冷冻混合液中加入冷冻防护剂可保护细胞免受这种"溶液效应"的毒害。冷冻防护剂也能防止细胞内大冰晶的形成，冷冻防护剂一般溶解在培养基中。许多试验已证明，DMSO是最有效的冷冻防护剂；另一种有效的防护剂是甘油，它可单独使用，也可与DMSO配合使用。

当用于离体培养的细胞时，DMSO的适宜浓度为5%~8%。不过有些茎尖和试管苗可以忍受更高的浓度（5%~20%）。为了保护细胞不受渗透压骤变的影响，冷冻防护剂应当在一定时间（30~60min）内逐渐加入。甘油由于渗透性比较低，所以加入的速度应该更缓慢些。在DMSO处理期间，为了尽量减少这种冷冻防护剂的毒害效应，应把材料保存在0℃左右的温度下。

④冷冻。

快速冷冻法：将预处理后的材料直接放入液氮中，降温速度1 000℃/min以上。由于降温速度快，使细胞内的水迅速越过-140℃这一冰晶形成的临界温度（细胞内产生可致死的冰晶的温度），而形成玻璃化状态，避免了对细胞的伤害。此法适于液泡化程度低的小型材料。

慢速冷冻法：将材料以0.1~10℃/min的降温速度由0℃降至-100℃左右，然后转入液氮中，迅速冷至-196℃。在前一阶段慢速降温过程中，细胞内的水有足够的时间渗透到细胞外结冰，从而减少了胞内结冰。这种方法适合于含水量较高，细胞中含大液泡的材料。

分步冷冻法：将材料以0.5~4℃/min的降温速度缓慢降温至-30~-50℃，在此温度下停留约30min，转入液氮迅速冷冻。也可将材料以5℃/min速度逐级冷却，至中间温度后再速冻。分布冷冻法也叫前冻法，在前期慢冷过程中，细胞外首先结冰，细胞内向冰晶聚集，减少了胞内可结冰水的含量。这一方法适于茎尖和芽的保存。

干燥冷冻法：将植物材料置于27~29℃烘箱中（或真空中）干燥，待含水量降至适合程度后，在浸入液氮冷冻。脱水后的材料抗冻力增加，脱水程度合适的材料在-196℃冷冻后可全部存活。

⑤解冻。把在-196℃下冷冻起来的材料投入37~40℃的水中，即可使其快速解冻，解冻速度是500~750℃/min。大约90s以后，把材料转入冰槽中保存，直到进行重新培养或生活力测定时再由冰槽中取出。在室温下慢速解冻通常都会造成材料的死亡。当温度慢慢升高时，细胞内可能会出现冰晶，从而对细胞的生活力造成损伤，而通过快速解冻即可

避免这种现象，所涉及的原理与冷冻法相同。但是如果在冷冻之前已把细胞的含水量降到一个适当的水平，解冻速度的影响就会变小。

⑥重新培养。由于冷冻防护剂对细胞可能有毒害作用，因此在培养之前，一般要把已解冻的材料清洗若干次，以除掉冷冻防护剂。当重新培养曾在-196℃下冷冻过的材料时，为了提高存活率，可能需要某些特殊的条件。例如，加入 GA₃ 或活性炭，可以提高试管苗的总存活率。

⑦细胞和器官超低温保存后的存活率。存活细胞的最好标志是经过培养后能否进行分裂并重新长出茎尖或胚，存活率也叫生活力。

$$存活率 = \frac{重新生长的细胞（器官）数}{解冻的细胞（或器官）数} \times 100\%$$

（4）低气压和低氧压保存

除了低温保存和超低温保存外，还可以用低气压和低氧压来保存材料。低气压保存是通过降低组织培养物周围的大气压以造成与材料接触的所有气体分压的下降，从而达到抑制生长的目的。低氧压保存是指在大气压正常，但通过外加惰性气体（特别是氮气）而使氧分压下降的过程。

2. 隔离保存

马铃薯无毒苗经过组培快繁，达到一定的数量后，就要应用到农业生产实际中，在种植无毒苗时，必须要有较严格的隔离保护措施，确保脱毒苗不被再度感染病毒。针对病毒的传播途径，提出以下对应措施。

①病毒一般是由昆虫传播的，特别是蚜虫。所以无病毒苗应种植在隔离网室中或盆栽钵中保存，网纱300目，孔径为0.4~0.5mm，以防止蚜虫和其他昆虫进入。

②栽培基质也会传染病毒。一般病毒是以基质中的真菌和线虫为媒介，进入无病毒苗，所以栽培基质应进行消毒处理，除去网室周围的杂草和易滋生蚜虫等传播媒介的植物，保持周围环境清洁，并定期喷施杀虫杀菌药剂。

③有些病毒通过接触传染。在田间，感病植株的病毒可通过工具、衣服等接触传染病毒，因此，凡接触无病毒原种苗的工具均应消毒并单独保管专用，操作人员也应穿消毒的工作服。一旦发现病株就应及时拔除并烧毁。

④选择适宜的种植场所。在有条件的情况下，隔离网室应建在周边环境较好、气候凉爽、病虫害较少的地方。最好将网室即无病毒母体园建立在相对隔离的山上。对隔离保存的无病毒原种应定期检测有无病毒感染，及时将再感染病毒的植株淘汰或重新脱毒。这样可以保存5~10年。

3. 田间种植保存

用试管苗保存的材料，常会表现出明显的退化，例如整体的玻璃化，或生长极缓慢，甚至在继代后不能形成新的试管苗等等，这就需要进行1次田间种植以重新获得试管苗保存。田间种植保存一般是在当地马铃薯播种时间的前1个月，将已退化的试管苗种质资源转入普通培养基中，扩繁1代形成比较粗壮的组培试管苗，然后定植在育苗钵，置于温室或网棚中，温室或网棚中的管理与微型薯温室生产相同。待植株根系较发达长出7~10片叶时，将其移入室外进行炼苗5~10d，然后带土移入大田。这种移栽苗因长势较弱，所以要求大田土壤疏松，灌溉条件较好，肥料充足，并要严防人畜破坏。大田移栽时，株行距为 30cm×65cm，田间管理要做到早除草、早培土、早防病，加强肥料的充足供给，花期前可追施 1 次壮苗肥，壮苗肥为尿素，施用量控制在 75～105kg/hm²。并可以 30 倍 KH_2PO_4 水溶液作为叶面肥进行喷施，并定期进行病虫害防治。植株健壮后，以具有典型品种特性的健康植株作为试管苗的来源。

在马铃薯脱毒苗的保存过程中，田间种植与试管苗保存是相互结合、密不可分的，是一个循环往复的过程。由于作为种质资源的脱毒苗少则几百份，多则几千份，所以将其可多点保存，也可以分期分批保存，每年种植一部分，试管保存一部分，来年可以反过来，这样可以经济合理地搭配人力和物力。

9.2.2 无病毒苗的应用

获得无毒苗后，一方面要积极进行无毒苗的推广，另一方面还要做好无毒种的繁育。

无毒苗的推广应用在发展良种的新区使用才能取得良好的效果；在老病区使用时应实行统一的防治措施，一次性全区换种，才能取得应有的效果。

9.2.3 无病毒植株的繁殖

通过茎尖培养只能得到数量很少的无病毒植株，而生产上则需要数以万计的健康种薯，这就要获得大田生产利用的足够脱毒苗，因此，无病毒植株的繁殖是其应用于生产的很重要的一个环节。因为侵染马铃薯的病毒种类很多，侵染的途径亦很多，茎尖培养只能是除去原来在体内存在的病毒，并没有使其对该病毒获得免疫能力，所以无病毒植株仍会在繁殖中受病毒再侵染而丧失使用价值。如何在以后繁殖中防止受病毒再侵染是很困难的。繁殖指的是在防止再侵染条件下的繁殖。目前在生产上采用的方法很多，主要的有下面几种。

1. 直接移栽利用块茎繁殖

这是最常用的方法之一。把少量无病毒小苗直接移入无虫网室的土壤中，利用产生的块茎继续繁殖，每个季度进行严格的病毒鉴定，一旦发现受病毒侵染，应立即淘汰。将经过 5～6 次繁殖的无病毒块茎作一级原种提供大田繁殖体系进一步扩大繁殖。

2. 插枝繁殖

把无病毒植株移栽于无虫网室中的盆中（每盆 1 株），1～2 月以后切顶芽作插枝。切取顶芽以后，能促使腋芽产生，因此在不长时间里，可在一株无病毒植物上同时切取 10 多个插枝。将插枝（第 3～5 节间）的最下面一片叶除去，插入经过消毒的沙壤土中。维持土壤湿润，在 1 周左右，插枝就能产生新根，有些插枝的茎基部结出块茎，应及时除去，否则这些插枝不能生根，最后会枯死。经 1 周以上的生长，插枝就可以移栽，或供进一步切取插枝的母株，或让其结块茎提供一级原种。母株的年龄对插枝成活生根有很大影响。过老的母株枝条发根很困难，因此母株应经常更新。

3. 组织培养切段繁殖

快速繁殖是植物组织培养在农业生产上一个很重要的应用，现在用这个方法产生了大量的园艺植物的"试管植株"，此法的主要优点是速度快，并且完全避免了所有病原再侵染的可能，具体的方法是：将无病毒植株切成小段，将切段平放在培养基上，放在培养室里继续培养，2～3d 内，切段就能长出新根，接着从叶腋内长出新芽。切段繁殖的培养基中不需加植物生长调节剂，可以用自来水配制，不必用化学试剂蔗糖，普通的食用蔗糖即可。有些有机成分，如维生素、腺嘌呤、泛酸钙、烟酸、肌醇等都可以减去。切段培养还可以在室外，利用太阳散射光，培养基中琼脂浓度比茎尖培养使用的低，以滑动不破为宜。

切段繁殖的速度很快，如果在温度 25~28℃ 培养室内，光照强度 2 000~3 000lx 连续光照的条件下培养，一般每月增加 7~8 倍。理论计算，每年的繁殖系数可达 $10^{7~8}$。

4. 切段在土壤上繁殖

实践证明可以模仿植物组织培养的方法，以土壤作培养基进行切段培养，具体做法是：经过筛的肥沃菜园土，用高压锅消毒，或用铁锅炒一下，以杀死其中的杂草种子，在培养皿中加 2~3cm 深的自来水，最好用玻璃缸，或大烧杯做培养器皿，把消毒以后的细土慢慢撒入缸中，至缸中没有浮水，又不出现干土。注意土壤表面要平整，然后把无病毒植株切成只带一叶的小段，用镊子轻轻夹住平放在土壤表面。注意叶面朝上，然后盖上玻璃。培养缸可以在室内利用人工光照，也可以放在室外利用太阳的散射光。注意不让太阳直射培养缸，防止温度上升太高烧死苗子。以这样繁殖的小苗可用来直接移栽，也可以继续作切段繁殖用。

用灯泡作光源，在没有条件的地方，可把培养缸放在邻玻璃窗口，接受太阳散射光。在生长季节，可把培养缸放在室外，但应注意不让太阳光直射缸内，防止温度太高烧苗。

土壤培养切段可以产生根系发达的壮苗，如果在塑料棚的苗床上直接繁殖切段，可以使繁殖数量大大增加，这种方法如果普遍使用，能产生大量的无病毒苗直接利用于生产，有可能改变目前使用的种薯生产的方式，获得更好的效果。

📱 信息链接

玻璃化超低温保存

玻璃化超低温保存作为一种植物种质保存技术中理想的方法，与传统的超低温保存方法相比，设备要求简单，处理步骤简便，效果和重演性好，避免了一些种质的冷敏感问题，并且在复杂的组织和器官的超低温保存方面有较好的应用潜力，备受人们推崇。随着园艺产业的不断发展，种质资源的重要性越来越被重视。传统的种质资源保存方法即原境保存或在异境建立田间种质基因库及种子库的缺陷日益明显。首先，这种方法需要大量的土地和人力资源，管理费用也较高；其次，在此过程中易遭受自然灾害的影响，从而发生自然变异和种质退化，影响种质的遗传稳定性。而超低温保存技术则克服了这些不足，显示了其广阔的前景，为种质在国际间的交换提供了更为理想的途径。而玻璃化法以其设备简单和操作程序简单等优点更是备受青睐。自从玻璃化法问世以来，该方法在冻存各种植物茎尖中取得了很大进展，尤其是近几年更是从成活后检测等角度作了深层次的研究，使该种方法不断趋于完善。

玻璃化超低温保存要求通过快速的降温来达到玻璃化转变所需的温度。通常是采用一步法快速投入液氮来达到所需的降温速率。有些研究者则采用悬浮法和玻璃化法结合的方法，即将含有材料的玻璃化溶液滴于薄铝片上，再投入液氮中来提高降温速率。

9.3　马铃薯脱毒种薯的检测与质量控制

9.3.1　脱毒种薯田间检测

1. 品种的典型性

用于种薯生产的品种，必须经过品种鉴定试验，确认具有该品种的典型特征、特性。

2. 品种纯度

用于原种生产的原原种（微型薯），其纯度要求为100%，即不应当有任何混杂。由于微型薯块茎较小，一些品种间的微型薯差别很难判断。如果从其他生产单位购买原原种，一定要有质量保证的合同书。二级种薯纯度要求达到99%。

3. 病害指数

病害指数是指包括各种病毒病、晚疫病、黑胫病、环腐病、青枯病、疮痂病和粉痂病等的多少。如果这些病害超过病害指数最大允许量，种薯便要相应地降级或淘汰。

4. 作物成熟度

要求种薯田成熟一致，成熟不一致的田块生产的薯块，不能作为种薯。

5. 植株生长情况

检查田间植株是否正常，不正常的不能作为种薯或降级使用。

6. 环境中的侵染源

如果种薯田临近地块有病毒的侵染源，则种薯也要降级。

7. 收获日期

要在有翅蚜虫大量迁飞后的10d以内收获。如果推迟收获，种薯要降级。

8. 块茎检验

收获后的种薯要抽检，发现病毒含量超标，要相应降级。

9.3.2　脱毒种薯质量控制

脱毒种薯的质量监督检测，随种薯级别不同，检测方法和内容不同，基础种薯（原原种和原种）因在茎尖脱毒时已对品种的纯度等严格把关，生产过程中主要是对种植材料的病毒含量进行检测监督。合格种薯的质量监督除要进行病毒的检测外，更重要的是进行田间检验和块茎检验。

基础种薯每年都要进行跟踪检测病毒，严格检测其中的马铃薯 X 病毒、Y 病毒、S 病毒、M 病毒、A 病毒等病毒浓度（含量）。用往返电泳或分子生物学方法鉴定其中的纺锤块茎类病毒，只要发现感染，便淘汰整个无性系。

1. 脱毒原种生产中的质量控制

1）生产条件检验

生产者或专门的质量检验机构在原种生产前应当派人进行实地考察，确认生产区隔离条件良好，如生产区在封闭的间耕地上。如无山坡等天然隔离条件，原种生产田应距离其他马铃薯、茄科、十字花科作物生产地或桃园 5 000 米以上。所选地块必须前 3 年没有种植过马铃薯和其他茄科作物，土壤应不带危害马铃薯生长的线虫。如果有其他危害马铃薯的地下害虫，种植时应施用杀地下害虫的药剂。

2）生产期间田间检验

按国家种薯质量控制标准，原种生产期间需要进行 3 次田间检验，第 1 次在植株现蕾期，第 2 次在盛花期，第 3 次在收获前 2 周。检验人员进入田间检验时，必须穿戴一次性的保护服，不得用手直接接触田间植株。

2. 脱毒合格种薯生产中的质量控制

1）生产条件检验

生产者或专门的质量检验机构在合格种薯生产前应当派人进行实地考察，确认生产区隔离条件良好，如生产区在封闭的田耕地上。合格种薯生产田应距离其他马铃薯、茄科、十字花科作物生产地或桃园 500~1 000 米以上。所选地块必须前三年没有种植过马铃薯和其他茄科作物，土壤应不带危害马铃薯生长的线虫。如果有其他危害马铃薯的地下害虫，种植时应施用杀地下害虫的药剂。

如有可能，生产区应设立一些必要的隔离和消毒设施，如铁丝网和消毒池等。防止无关的人、畜进入生产区内。

2）生产期间田间检验

按国家种薯质量控制标准，合格种薯生产期间需要进行 2 次田间检验，第 1 次在植株现蕾期，第 2 次在盛花期。检验人员进入田间检验时，必须穿戴一次性的保护服，不得用手直接接触田间植株。

9.3.3　不同级别脱毒种薯的标准

为了规范脱毒马铃薯种薯的生产，国家制定了专门的脱毒种薯质量标准（GB 18133-2000）。该标准适用于马铃薯脱毒苗及脱毒种薯生产、销售过程中的质量鉴定。详细标注见附录：马铃薯脱毒种薯（GB 18133-2000）。

1. 脱毒原种的质量标准

根据国标通行的标准，脱毒原原种属于基础种薯，时用脱毒苗在容器内生产的微型薯（microtuber）和在防虫网、温室条件下生产的符合质量标准的种薯或小薯（minituber），因此它们是不带任何病害的种薯，而且纯度应该是 100%。只要发现带任一病害的块茎或有一块杂薯均可认为不合格。

2. 脱毒原种的质量标准

原种是利用原原种做种薯，在良好隔离条件下生产出的符合质量标准的种薯。根据种薯的来源不同，国家标准将原种分为一级原种和二级原种，但两者的质量标准一样（表9-2）。按国家标准，原种在生育期间要进行三次检验。第一次检验是在植株现蕾期，第二次在盛花期，第三次在枯黄期前二周。检测主要是目测为主，按田块大小设不同取样点，每点取 100 株植株进行调查。当田块 ≤0.1hm² 时，随机抽样检验 2 点；0.11~1.0hm² 随机抽样检验 5 点；0.11~5.0hm² 时，随机抽样检验 10 点；≥5.0hm² 先随机抽样检验 10 点，超出 5hm² 的面积，再划出另一检验区，按本标准规定不同面积的检验点。

田间检验项目	第一次	第二次	第三次
类病毒植株（%）	0	0	0
环腐病植株（%）	0	0	0
病毒病植株（%）	≤0.25	≤0.1	≤0.1
黑茎病植株（%）	≤0.5	≤0.25	≤0.25
混杂植株（%）	≤0.25	0	0

表9-2　　　　　　　　　原种田间检验项目、次数及标准

3. 脱毒合格种薯的质量标准

一级种薯和二级种薯在生育期间需要进行两次田间检验。检验时间与原种的第一、二次检验时间相同。检验方法和抽样数与原种相同（表9-3）。

表9-3　　　　　　　　一、二级种薯田间检验项目、次数及标准

种薯级别 检验项目	一级种薯		二级种薯	
	第一次	第二次	第一次	第二次
类病毒植株（%）	0	0	0	0
环腐病植株（%）	0	0	0	0
病毒病植株（%）	≤0.5	≤0.25	≤2.0	≤1.0
黑茎病植株（%）	≤1.0	≤0.5	≤3.0	≤2.0
混杂植株（%）	≤0.5	≤0.1	≤1.0	≤0.1

脱毒种薯的质量监督检测，随种薯级别不同，检测方法和内容不同，基础种（原原种和原种）因在茎尖脱毒时已对品种的纯度等严格把关，生产过程中主要是对种植材料的病毒含量进行检测监督。合格种的质量监督除要进行病毒的检测外，更重要的是进行田间检验和块茎检验。

基础种每年都要进行跟踪检测病毒，严格检测其中的马铃薯 X 病毒、Y 病毒、S 病毒、M 病毒、A 病毒等病毒浓度（含量）。用往返电泳或分子生物学方法鉴定其中的纺锤块茎类病毒，只要发现感染，便淘汰整个无性系。

合格种的田间检验，通常在开花前期和开花期进行。每公顷良种采样 250 个样品，田间检验一般要进行 2 次。

附　录

一、甘肃省马铃薯脱毒种薯质量管理办法（试行）

第一章　总　　则

第一条　为了加强和规范我省马铃薯脱毒种薯（以下简称"种薯"）生产经营行为，提高种薯质量，促进农业和农村经济快速发展，根据《中华人民共和国种子法》和《甘肃省农作物种子条例》的有关规定，制定本办法。

第二条　在本省行政区域内从事马铃薯种薯生产、经营和质量管理等活动，适用本办法。

第三条　马铃薯种薯的质量管理实行标签真实性认定制度，标签认定所需经费应列入同级农业行政主管部门预算。

第二章　生产经营许可证管理

第四条　马铃薯种薯的生产和经营实行许可证管理。

马铃薯基础种薯（原原种、原种）生产和经营许可证，由生产经营所在地的县（区）农业行政主管部门审核，省农业行政主管部门核发；合格种薯（一、二级种薯）生产和经营许可证，由生产经营所在地的县（区）农业行政主管部门审核，市（州）级农业行政主管部门核发。

第五条　申请领取马铃薯种薯生产许可证的单位和个人，应当具备《种子法》第二十一条规定的条件，并达到以下要求：

（一）注册资本在 100 万元以上；

（二）具有与种薯生产相适应的生产设施；

（三）具有无检疫性病虫害的生产基地；

（四）具有与种薯生产相适应的检验设施及质量控制体系；应具备必要的检验场所、仪器设备；质量控制体系包括种薯生产过程的质量控制程序、检验质量手册等文件；

（五）有必要的贮藏设施，包括能满足种薯储藏的地窖、恒温库或气调贮藏库等（具体要求见附件一）；

（六）经省级以上农业行政主管部门考核合格的种子检验人员 2 名以上，专业种子生产技术人员 3 名以上；

（七）法律、法规规定的其他条件。申请领取具有植物新品种权的种薯生产许可证的，应当征得品种权人的书面同意。

第六条　申请领取马铃薯种薯经营许可证的单位和个人，应当具备《种子法》第二十九条规定的条件，并达到以下要求：

（一）注册资本在 100 万元以上；

（二）有必要的经营场所、加工、贮藏保管设施和检验仪器设备（具体要求见附件一）；

（三）经省级以上农业行政主管部门考核合格的种子检验人员 1 名以上，种子加工和储藏技术人员各 1 名以上；

（四）法律、法规规定的其他条件。

第七条　申请领取马铃薯种薯生产许可证应向审核机关提交以下材料：

（一）主要农作物种子生产许可证申请表，需要保密的由申请单位或个人注明；

（二）材料目录；

（三）注册资本证明材料；

（四）经省级以上农业行政主管部门考核合格的种子生产技术人员和种子检验人员名单及其资格证明；

（五）种薯检验设施和仪器设备清单、彩色照片及产权证明；

（六）种薯生产地点的检疫证明和情况介绍。检疫证明由生产所在地县级以上植物检疫机构开具（原件）；生产地点情况介绍应包括地理位置、隔离条件、土壤和气候条件、排灌条件等；

（七）生产品种介绍。包括选育单位、品种来源、品种审定编号、主要特征特性、产量表现、栽培技术要点等。品种为授权品种的，还应提供品种权人同意的书面证明或品种转让合同；

（八）种薯生产质量保证制度。内容包括繁殖材料来源及质量、主要栽培要点、质量监控手段、加工贮藏方法等。

第八条　申请领取马铃薯种薯经营许可证应向审核机关提交以下材料：

（一）主要农作物种子经营许可证申请表；

（二）材料目录；

（三）注册资本证明材料；

（四）经省级以上农业行政主管部门考核合格的种子检验人员、种子加工和贮藏技术人员名单及其资格证明；

（五）种薯检验设施和仪器设备清单、彩色照片及产权证明；

（六）种薯仓储设施彩色照片及产权证明；

（七）提供种薯经营场所正面彩色照片、情况介绍及详细地址；

第三章　质量管理

第九条　马铃薯种薯的生产、加工、包装、检验、贮藏和标签标注等过程应严格执行现有的国家标准或行业标准或地方标准。

第十条　种薯质量管理由县级以上种子管理站负责实施，种薯质量监督抽查由甘肃省农作物种子质量监督检测中心统一组织实施，具备检测能力的相关检测分中心和科研单位的专业检测室必要时可承担具体检测任务。

第十一条　种薯的质量标签认定包括种薯生产申请、田间现场检查、收获后检测和批准放行等程序。

第十二条　种薯生产单位或个人在种薯生产前一个月应当向所在地县（区）级种子管理站提交书面申请，并提交以下材料：

（一）申请人名称（姓名）、地址、联系方式；

（二）品种、种薯基地和生产规模等；

（三）种薯生产、加工或者销售计划；

（四）种薯生产质量控制措施；

（五）马铃薯种薯产地检疫合格证；

（六）保证执行种薯质量标准和规范的声明；

（七）种薯生产许可证或生产许可证申请受理通知书（复印件）；

要求提交的其他材料。

第十三条　种薯生产申请材料经审查符合要求的，县（区）种子管理站可以根据需要指派田间检验员对种薯生产田、种薯来源、质量控制措施、标准和技术规范的执行情况等进行田间现场检查。

田间检验员根据检查检验的实际情况出具田间检验报告，现场检查不符合要求的，应当书面通知申请人。

第十四条　生产原原种和原种种薯的应分别在现蕾期、盛花期和枯黄期前二周各进行一次田间检验；生产一、二级种薯的应分别在现蕾期和盛花期各进行一次田间检验。

第十五条　对田间现场检查符合要求的，县（区）种子管理站应当通知申请人委托具有资质资格的检测机构抽取种薯样品并对样品进行检测。

检测机构完成检测任务后，及时出具种薯检验报告。

第十六条　县（区）种子管理站对经检验合格的种薯按照申报的数量和批次，颁发质量标签认定证书，准许其在销售的种薯包装物上使用具有专用标志的"甘肃省马铃薯脱毒种薯标签"，并报省种子管理总站备案。

对田间检验或收获后的种薯检验不合格的种薯不允许使用专用种薯标签，不得上市销售。

第十七条　市、县（区）种子管理站应对辖区内种薯生产企业的各个生产环节进行检查和监督，督促企业抓好关键措施的落实和收获后的种薯委托检验工作。

第十八条　省种子管理总站每年统一组织对流通领域的马铃薯种薯进行质量监督抽查，并参考田间检验结果，依据国家标准及标签标注内容进行综合判定，检验结果将向社会公布。

第四章　档案管理

第十九条　种薯生产和经营企业必须按照《种子法》第二十五条、第三十六条的规定，建立种薯生产档案和经营档案，保管期限不少于两年。

第二十条　种薯生产档案必须载明生产地点、生产地块环境、前茬作物、种薯来源和质量、技术负责人、田间检验记录、产地气象记录、种薯流向等内容。种薯经营档案必须载明种薯来源、加工、贮藏、运输和质量检测各环节的简要说明及责任人、销售去向等内容。

第二十一条　县（区）种子管理站负责辖区企业种薯生产和经营档案的监督管理工作，培训和指导企业建立规范的马铃薯种薯生产经营档案。

第五章　包装和标签管理

第二十二条　用于销售的马铃薯种薯，必须进行加工和包装。原原种种薯用绿色网袋，原种种薯用黄色网袋，一、二级种薯用白色网袋。

第二十三条　种薯标签的大小统一采用长和宽不小于 12cm×8cm、具有足够强度、在流通环节中不易变得模糊或脱落的印刷品材料制作。标签在种薯袋内装 1 个，袋口外拴 1 个。

第二十四条　标签颜色原原种种薯为白色，原种种薯为蓝色，一、二级种薯为棕色（见附件三）。

第二十五条　标签标注内容必须包括作物种类、种子类别、品种名称、产地、种子生产许可证编号、种子经营许可证编号、品种审定编号、检疫证明编号、质量指标、净含量、生产年月、生产商名称、生产商地址及联系方式等。

种薯质量指标项目应至少标注品种纯度、病毒状况和扩繁代数；一、二级种薯除了以上质量指标项目之外还需标注环腐病、湿腐病和腐烂、干腐病、疮痂病、黑痣病和晚疫病、有缺陷薯、冻伤。

第二十六条　获得专用标签的马铃薯种薯，经监督抽查，其检验结果不符合有关种薯质量标准或标签标注内容的，由所在地县（区）级种子管理站立即责令其停止生产或经营，并限期召回已售出的不合格种薯。

第六章　附　　则

第二十七条　本办法由省农牧厅负责组织实施并解释。

第二十八条　本办法自发布之日起施行。

附件一　申请领取马铃薯脱毒种薯生产、经营许可证对设施、场地、设备的具体要求

类别 项目	马铃薯脱毒基础种薯		马铃薯脱毒合格种薯	
	生产许可证	经营许可证	生产许可证	经营许可证
生产设施	应具备 200 平方米以上组织培养室、1 000 平方米以上温室、1 500 平方米以上网室及必需的组织培养仪器设备（高压锅、超净工作台及相应仪器药品）；生产田应有人工隔离条件或自然隔离条件		有用于种薯生产的机械设备，如播种机、收获机、除草机、松土机等。种薯生产田应无毒、无病、无菌，有 500 米以上的隔离	

项目\类别	马铃薯脱毒基础种薯		马铃薯脱毒合格种薯	
	生产许可证	经营许可证	生产许可证	经营许可证
加工设备	马铃薯筛选机、套筛、微型薯计数仪、马铃薯收割机	马铃薯筛选机、套筛、微型薯计数仪等	马铃薯筛选机、套筛、微型薯计数仪、马铃薯收割机	马铃薯筛选机、套筛、微型薯计数仪等
仓储设施	具备满足种薯储藏的地窖、恒温库（2～4℃）或气调贮藏库，原原种贮藏库100平方米以上，原种贮藏库200平方米以上		应具备地窖、恒温库（2～4℃）或气调贮藏库500平方米以上	
检验室	检验室按检验项目分设，检验制度健全，水、电、控温设施齐全，面积60平方米以上		检验制度健全，水、电、控温设施齐全，面积40平方米以上	
检验仪器设备	仪器能满足纯度、整齐度、病毒、真菌和细菌性病害检测，主要仪器包括：超净工作台、放大镜、1 000以上倍双目显微镜、超速离心机、套筛、0.0001g天平、0.01g天平、冰箱、灭菌锅、酶联检测仪、酶标仪、酶联板、PCR扩增仪、电泳仪等		仪器能满足纯度、整齐度、病毒检测，主要仪器包括：超净工作台、放大镜、400倍以上显微镜、超速离心机、套筛、0.001g天平、0.1g天平、冰箱、灭菌锅、酶联检测仪、酶标仪、电泳仪等	

　　材料要求：提交的材料按顺序用活页夹装订成册，纸张一律使用A4打印纸，原件材料盖出具单位公章，复印件应与原件相一致，并由所在地县级种子管理机构盖章确认。提供的相片应粘贴在A4复印纸上，仪器设备相片的下方应注明设备名称、型号及生产厂家，仓库、加工厂房、经营场所相片的下方应注明所在地址和面积。

附件二　甘肃省马铃薯脱毒种薯质量检验规程

1. 范围

本检验规程规定了马铃薯脱毒种薯的生产、加工、包装和标志等方面的最低要求。

本方案适用于在甘肃省内贸易流通中的马铃薯脱毒种薯。

2. 规范性引用文件

下列文件中的条款通过本规程的引用而成为本规程的条款。凡是不注明日期的引用文件，其最新版本适用于本规程。

GB18133-2000《马铃薯脱毒种薯》

GB7331-2003《马铃薯种薯产地检疫规程》

GB20464-2006《农作物种子标签通则》

NY/T1212-2006《马铃薯脱毒种薯繁育技术规程》

NY/T401-2000《脱毒马铃薯种薯（苗）病毒检测技术规程》

GB/T8855-1988《新鲜水果和蔬菜的取样方法》

3. 马铃薯脱毒种薯标签认定种薯类别

原原种、一级原种、二级原种、一级种薯、二级种薯

4. 种薯生产者的要求

具有甘肃省马铃薯种薯生产许可证和经营许可证。

申报时应承诺严格遵守甘肃省马铃薯脱毒种薯质量管理办法规定并履行有关义务。

5. 种薯田的质量要求

种薯田应符合下列条件：

种薯生产前一个月，种植者向所在地县（区）种子管理站提交产地检疫合格证及种源（提交种源相关材料）、品种、种薯级别和计划播种地块序号（代码）、面积和位置等信息。

生产脱毒种薯所用的容器以及防虫网棚、温室、种薯田等必须符合《马铃薯种薯产地检疫规程》（GB7331）中生产马铃薯健康种薯的要求：无检疫性有害生物，限定非检疫性有害生物发生率符合要求。脱毒种薯生产者应申报产地检疫申请表，产地检疫合格证复印件。

种薯田不允许重茬种植，不允许与茄科蔬菜、根茎作物轮作；500m 之内不种高代马铃薯和"十字"花科作物。

种薯田标识，要求有唯一编号、绘制种薯田示意图，标明位置及周围环境。

6. 田间检验

检验时间：每年 6 月份开始，由县（区）种子管理站根据需要指派田间检验员在盛花期对种薯生产田进行田间检验。种薯生产企业应分 3 次进行田间自检，第一次检测在植株现蕾期，第二次检测在盛花期，第三次检测在枯黄期前二周。

检验方法：执行《马铃薯脱毒种薯》（GB18133-2000）中附录 C。

田检过程中，发现感病株，必须挖出已感染植株并销毁，发现癌肿病病株，必须挖出母薯及成型的种薯，深埋或销毁。杀秧后，检验员还要到田间查看是否有二次生长发生，防止病毒二次侵染。

结果判定：依据 GB18133-2000《马铃薯脱毒种薯》和 GB7331-2003《马铃薯种薯产地检疫规程》进行判定，不同级别脱毒种薯病害及混杂允许率不同。田间检验发现有马铃薯纺锤块茎类病毒、马铃薯环腐病、马铃薯癌肿病病害植株的，种薯田应淘汰；带病毒病株、黑胫病和青枯病株、混杂植株比率三项质量指标任何一项达不到种薯最低级别质量要求的，种薯田应淘汰；发现感染马铃薯病毒病、马铃薯黑胫病和青枯病，混杂植株不符合要求的，建议进行整改，企业应采取措施，对种薯田进行清理，整改后再复检，带病毒病株、黑胫病和青枯病株、混杂植株比率三项质量指标任何一项不符合原来级别质量标准但又高于下一级别质量标准者，判定降低一级使用；生长很不一致的田块要降低定级级别，邻近地块存在病毒侵染源时，则降低这块地的种薯级别。种薯田无感病株，混杂株符合要求的，签署种薯田合格结论，出具马铃薯脱毒种薯田间质量检验报告。

7. 收获后检验

种薯批的规定如下：种薯收获后，同一种源、同一品种、同一类别、相同地块（温室、网棚）生产的种薯组成同批种薯。

种薯批最大重量规定如下：原原种、原种每批最大重量不超过 5 000 公斤，合格种薯每批最大重量不超过 1 万公斤。

收获后检测主要是通过实验室检测，掌握病毒后期感染情况，以便更好地确定种薯的健康情况。原原种、原种每批次平均取 200 个块茎，合格种薯每批次取 100 个块茎，用于室内检测。原原种、原种种薯收获后必须执行室内检测，其他级别的种薯，可以根据田间检验结果，必要时进行收获后检测。

8. 出库前检验

马铃薯脱毒种薯生理状况对质量和活力有重要影响，因此脱毒种薯生产应重视出库前检测。所有用于销售的脱毒种薯在出库前都要进行检测，严格剔除病烂薯和伤薯，出库装袋期间企业检验员每天都要到库房进行检测记录，由县（区）种子管理站抽查检测结果。

9. 包装、标识

包装、标签应符合《农作物种子标签通则》（GB20464-2006）和《马铃薯脱毒种薯》（GB18133-2000）中 7.1 和 7.2 要求。

10. 批准放行

由县（区）种子管理部门根据生产者申报的脱毒种薯类别、数量和批次，对照田间检验报告、收获后检验报告、出库前检验报告以及其他报告和信息，对经检验合格达到质量要求的种薯批，颁发质量标签认定证书，准许其在销售的种薯包装物上使用具有专用标志的"甘肃省马铃薯脱毒种薯标签"，并报省种子管理站备案。

如果申请脱毒种薯类别质量达不到规定要求，但能达到下一级别质量要求的脱毒种薯，签发降低级别后的质量标签认定证书，准于销售。

附件三　马铃薯种薯标签标注规范（式样）

甘肃省马铃薯脱毒种薯标签

种薯类别：原原种

作物种类				
作物类别				
品种名称				
质量指标	纯度		病毒状况	
生产许可证编号				
经营许可证编号				
检疫证明编号				
品种审定编号				
生产商名称				
生产商地址				
生产商电话			生产年月	
净含量			产地	

（标签颜色：白色并有左上角至右下角的紫色单对角条纹）

甘肃省马铃薯脱毒种薯标签

种薯类别：原种

作物种类			
作物类别			
品种名称			
质量指标	纯度	病毒状况	
扩繁代数或种薯级别			
生产许可证编号			
经营许可证编号			
检疫证明编号			
品种审定编号			
生产商名称			
生产商电话		生产年月	
净含量		产地	

（标签颜色：蓝色）

甘肃省马铃薯脱毒种薯标签

种薯类别：合格种薯

作物种类							
作物类别							
品种名称							
质量指标	纯度	环腐病	湿腐病和腐烂	干腐病	疮痂黑痣病和晚疫病	有缺陷薯	冻伤
扩繁代数或种薯级别							
生产许可证编号							
经营许可证编号							
检疫证明编号							
品种审定编号							
生产商名称							
生产商电话		生产年月					
净含量		产地					

（标签颜色：棕色）

二、马铃薯病毒中英名称和缩写

中文名称	英文名称	缩写
苜蓿花叶病毒 （马铃薯杂斑病）	Alfalfa mosaic virus	AMV
马铃薯安第斯潜隐病毒	Andean potato latent virus	APLV
黄瓜花叶病毒	Cucumber mosaic virus	CMV
马铃薯奥古巴花叶病毒	Potato Aucuba mosaic virus	PAMV
马铃薯卷叶病毒	Potato leafroll virus	PLRV
马铃薯蓬顶病毒	Potato mop-top virus	PMTV
马铃薯矮缩病毒	Potato stunt virus	PSTV
马铃薯纺锤形块茎类病毒	Potato spindle tuber viroid	PSTV
马铃薯病毒 A	Potato virus A	PVA
马铃薯病毒 M	Potato virus M	PVM
马铃薯病毒 S	Potato virus S	PVS
马铃薯病毒 X	Potato virus X	PVX
马铃薯病毒 Y	Potato virus Y	PVY
马铃薯黄矮病毒	Potato yellow dwarf virus	PYDV
马铃薯黄脉病毒	Potato yellow vein virus	PYVV
番茄黑环病毒 （马铃薯花束病）	Tomato black ring virus	TBRV
烟坏死病毒 （马铃薯 ABC 病毒）	Tobacco necrosis virus	TNV
烟脆裂病毒 （马铃薯茎杂色病）	Tobacco rattle virus	TRV

三、鉴别寄主名称

拉 丁 名	中 文 名
Capsicum annuum Linn.	辣椒
Capsicum frutecens	指尖
Cassia occidentalis	山扁豆
Chenopodium album	灰条藜
Chenopodium amaranicolor	苋色藜
Chenopodium quinoa	昆诺阿藜
Datura metel	光曼陀罗
Datura stramonium	直果曼陀罗

拉　丁　名	中　文　名
Datura tatula	紫花曼陀罗
Gomphrena globosa	千日红
Lycium barbarum	枸杞
Lycium chinense	中国枸杞
Lycopersicon esculenta	番茄
Lycopersicon pimpinellifolium	醋栗番茄
Nicandra Physaloides	大千生
Nicotiana gluinosa	心叶烟
Nicotiana rustica	黄花烟
Nicotiana tabacum	烟
Petunia hybrid	矮牵牛
Phaseolus vulgaris	菜豆
Physalis alkekengi	酸浆
Physalis floridana	洋酸浆
Pisum sativum	豌豆
Scopolia sinensis	中国莨菪
Solanum demissum	地霉松
Solanum demissum×Aquial（A_6）	A_6杂交种
Solanum rostratum	野生马铃薯
Vicia faba	蚕豆
Vigna sinensis	豇豆

四、我国用茎尖培养产生无病毒植株的马铃薯品种名称及单位 *

品种名称	产生的单位
深眼窝	中国科学院植物研究所，内蒙古乌盟农科所和青海植保所
紫花白	中国科学院研究所
里外黄	中国科学院植物研究所和内蒙古乌盟农科所
紫山药	中国科学院植物研究所和内蒙古乌盟农科所
白头翁	中国科学院植物研究所和内蒙古乌盟农科所
乌盟 714	中国科学院植物研究所和内蒙古乌盟农科所
同薯 8 号	中国科学院植物研究所和内蒙古乌盟农科所
疫不加	中国科学院植物研究所和内蒙古乌盟农科所
卡它丁	中国科学院植物研究所和内蒙古乌盟农科所
跃进	中国科学院植物研究所和内蒙古乌盟农科所
京丰 1 号	中国科学院植物研究所和内蒙古乌盟农科所
克新 5 号	中国科学院植物研究所和内蒙古乌盟农科所
克新 6 号	中国科学院植物研究所和内蒙古乌盟农科所，黑龙江克山农科所
S 41956	黑龙江克山农科所

续表

品种名称	产生的单位
米拉	黑龙江克山农科所
克新 2 号	黑龙江克山农科所
克新 4 号	黑龙江克山农科所
男爵	黑龙江克山农科所
波兰 2 号	黑龙江克山农科所
K-495	黑龙江克山农科所
374-128	黑龙江克山农科所
早玫瑰	黑龙江克山农科所
适应广	中国科学院植物研究所，微生物研究所和甘肃渭源县农技站
渭薯 1 号	中国科学院植物研究所，微生物研究所和甘肃渭源县农技站
紫花里外黄	中国科学院植物研究所和微生物研究所
蓝花洋芋	中国科学院植物研究所，微生物研究所和甘肃平凉农技站
黑滨	中国科学院植物研究所，微生物研究所和江西庐山马铃薯育种站
乌山药	中国科学院植物研究所，微生物研究所和宁夏隆德农技站
河坝	中国科学院植物研究所，微生物研究所和昭通农科所
抗疫一号	中国科学院植物研究所，甘肃农科院植保所
胜利一号	甘肃农科院植保所
渭会 2 号	甘肃农科院植保所
反修 4 号	甘肃农科院植保所
洋白山药	甘肃农科院植保所
68-17-5	甘肃农科院植保所
70-151	辽宁农科院作物所
694-11	湖北恩施天池山农科所
门特（Mentor）	中国科学院植物研究所和微生物研究所
塞尔提马	中国科学院植物研究所和微生物研究所
爱尔斯特令（Erersterling）	中国科学院植物研究所和微生物研究所
派特拉尼斯（Patrones）	中国科学院植物研究所和微生物研究所
阿尔法（Alpha）	中国科学院植物研究所和微生物研究所
佛罗列（Furora）	中国科学院植物研究所和微生物研究所
贝（Bea）	中国科学院植物研究所和微生物研究所
金坑白	中国科学院植物研究所和辽宁本溪农科所
高原一号	中国科学院植物研究所，内蒙古乌盟农科所和青海植保所
红纹白	中国科学院遗传研究所
292-20	中国科学院植物研究所，黑龙江克山农科所
卡提拉尔	中国科学院植物研究所和内蒙古乌盟农科所

　*以上品种无病毒植株在内蒙古乌盟农科所、黑龙江克山农科所、湖北恩施天池农科所、四川省江津农科所和中国农科院蔬菜研究所等单位保存。

五、马铃薯种薯茎尖脱毒和组培苗繁育技术规程

ICS：65.020
B 61
备案号：

DB62

甘 肃 省 地 方 标 准

DB62/T1703 — 2009

马铃薯种薯茎尖脱毒和组培苗繁育技术规程

2009—04—20 发布   2009—05—15 实施

甘 肃 省 质 量 技 术 监 督 局   发 布

前　言

本标准由甘肃省农牧厅提出。

本标准起草单位：甘肃省种子管理总站、定西市旱作农业科研推广中心、甘肃省农科院马铃薯研究所。

本标准主要起草人：常宏、第红君、［蒲育林］、王一航、戴铮、王瑞英、杨培达、齐恩芳。

马铃薯种薯茎尖脱毒和组培苗繁育技术规程

1. 范围

本标准规定了马铃薯种薯的定义、有害生物、生产体系、质量要求、茎尖脱毒流程和组培苗繁育技术要求。

本标准适用于马铃薯种薯茎尖脱毒和组培苗的生产。

2. 规范性引用文件

下列文件中的条款通过本标准的引用而成为本标准的条款。凡是注日期的引用文件，其随后所有的修改单（不包括勘误的内容）或修订版均不适用于本标准，然而，鼓励根据本标准达成协议的各方研究使用这些文件的最新版本。凡是不注日期的引用文件，其最新版本适用于本标准。

GB 7331　　　　　马铃薯种薯产地检疫规程

GB 18133　　　　 马铃薯脱毒种薯

NY/T 1212—2006　马铃薯脱毒种薯繁育技术规程

3. 术语和定义

下列术语和定义适用于本标准。

3.1　马铃薯种薯

符合 GB 18133 规定相应质量要求的原原种、原种和大田用种。

3.2　组培苗

马铃薯优良品种的块茎，经茎尖剥离病毒、组织培养获得的，经质量检测后不带有 PVX、PVY、PVS、PLRV、PVA、PVM 和马铃薯纺锤块茎类病毒，用于生产原原种或原种的再生苗。

3.3　原原种 pre-elite

用育种家种子、脱毒组培苗或试管薯，在防虫网、温室等隔离条件下生产，经质量检测达到 GB 18133 要求的马铃薯种薯。

3.4　原种 elite

用原原种做种薯，在良好隔离环境中生产的，经质量检测达到 GB 18133 要求的种薯。

3.5　一级种薯（大田用种）qualified Ⅰ

在相对隔离环境中，由原种做种薯生产的，经质量检测后达到 GB 18133 要求的，用于生产二级种薯或商品薯的种薯。

3.6　二级种薯（大田用种）qualified Ⅱ

在相对隔离环境中，由一级种薯做种薯生产的，经质量检测后达到 GB 18133 要求的，用于生产商品薯的种薯。

3.7　外部缺陷

畸形、次生、龟裂、虫害和机械损伤的薯块。

4. 有害生物

4.1　非检疫性限定有害生物

4.1.1　病毒

马铃薯 X 病毒

马铃薯 Y 病毒

马铃薯 A 病毒

马铃薯 S 病毒

马铃薯 M 病毒

马铃薯卷叶病毒

4.1.2　细菌

马铃薯青枯病菌

马铃薯湿腐病

马铃薯软腐病

马铃薯黑胫病菌

4.1.3　放线菌

马铃薯普通疮痂病

4.1.4　真菌

马铃薯晚疫病

马铃薯干腐病

马铃薯黑痣病

4.1.5　虫

马铃薯块茎蛾

4.2　检疫性有害生物

4.2.1　类病毒

马铃薯纺锤块类病毒

4.2.2　细菌

马铃薯环腐病菌

4.2.3　植原体

马铃薯丛枝植原体

4.2.4　线虫

马铃薯白线虫

马铃薯金线虫

4.2.5　虫

马铃薯甲虫

5. 种薯生产体系

种薯生产体系包括两个阶段：即在设施条件下生产组培苗、原原种和在田间自然条件下生产原种、一级种薯和二级种薯。种薯（苗）的质量检验将针对上述两个阶段不同环节产出的产品进行。

种薯生产体系流程见图1。

图 1　种薯生产体系流程图

6. 质量要求

6.1　种薯分级

种薯级别分为原原种、原种、一级种薯和二级种薯。

6.2　质量要求

种薯生产产地检疫应符合 GB 7331 规定。一旦发现检疫性病虫害，应立即向检疫部门报告，并由其根据病虫害种类采取相应措施。同时该地块所有马铃薯不能作为种薯。

组培苗经质量检测后不带有 PVX、PVY、PVS、PLRV、PVA、PVM 和马铃薯纺锤块茎类病毒。

7. 脱毒流程

7.1　培养基制备

7.1.1　培养基分装：培养基分装于器皿中。

7.1.2　消毒：器皿置于 0.8~1.1kg/cm^2 消毒锅 120℃ 高压灭菌 20min。

7.2　材料的选择和处理

7.2.1　取材于经审（认）定品种的健康腋芽或休眠芽。

7.2.2　在生长季节选择具有原品种典型特征的单株材料，收获并通过休眠后，将薯块在温室或培养箱内进行催芽处理。

7.3　茎尖脱毒

7.3.1　无菌工作条件：组培室用甲醛溶液熏蒸后，用紫外线灯照射 40min。工作人员用肥皂水洗手，75%酒精擦拭消毒，操作用具置烘箱 180℃ 消毒。

7.3.2　病毒钝化：将马铃薯薯块在 36℃ 条件下处理 4~6 周后制取脱毒材料，用紫外线照射脱毒材料 10 min，或在培养基中加入病毒唑，使病毒失活钝化。

7.3.3　茎尖消毒：待芽萌发至2~3cm时，选取粗壮的芽，用解剖刀切下，芽段用无菌水冲洗20 min，再用75%的酒精浸蘸一下，放入无菌杯内用0.1%的Hgcl$_2$水浸泡5 min或10%的次氯酸钠浸泡15 min，用无菌水冲洗2~3次。

7.3.4　茎尖剥离及接种：将茎尖放在无菌滤纸上吸干水分，在30~40倍解剖镜下用解剖刀、解剖针剥取带一个叶原基的茎尖（0.2~0.4mm），将生长点迅速按无菌操作程序接入培养基中。

7.4　组培苗培养

7.4.1　温度15~25℃，光照强度2 000~3 000Lx，光照时间16h/d，培养120~140d。

7.4.2　当看到明显生长的小茎，叶原基形成可见的小叶时，转入无生长调节剂的培养基中。

7.4.3　小苗继续生长并形成根系，发育成3~4个叶片的小植株，就可继续扩繁。

7.4.4　病毒检测：以单株为系进行扩繁，苗数达150~200株时，随机抽取3~4个样本，每个样本10~15株，进行病毒检测，采用GB 18133附录A：酶联免疫吸附试验法和附录B：往复双向聚丙烯酰胺凝胶电泳法确认不带有PVX、PVY、PVS、PLRV、PVA、PVM和马铃薯纺锤块茎类病毒。

8. 组培苗的繁育

8.1　组培苗的繁育

8.1.1　培养基制备：将MS培养基配制成液，装入器皿（MS培养基配方见NY/T 1212—2006附录L表L.1），置于0.8~1.1kg/cm^{2}消毒锅120℃高压灭菌20min。

8.1.2　组培苗处理：将组培苗置于超净工作台上，器皿表面用75%的酒精擦拭消毒，取出组培苗，按单茎切段，每个段带一片小叶摆放在培养基面上。

8.1.3　组培苗培养条件：温度15~25℃，光照强度2 000~3 000Lx，光照时间16h/d。

8.2　组培苗的快速繁育

8.2.1　基础苗繁育

8.2.1.1　按8.1.1、8.1.2配制培养基和处理组培苗。

8.2.1.2　切段底部（根部）不作为基础苗，直接转入移栽用苗培养。其他各段作为基础苗进行繁殖。

8.2.1.3　培养温度15~20℃，光照强度2 000~3 000Lx，光照时间10~14h/d。

8.2.1.4　培养周期30~40d。

8.2.2　移栽用苗的繁育

8.2.2.1　按8.1.1、8.1.2配制培养基和处理组培苗。

8.2.2.2　培养温度15~25℃，光照强度3 000~4 000Lx，光照时间14~16h/d，采用自然光照培养室进行培养。

8.2.2.3　培养周期15~20d，苗长出5叶、5cm以上即可移栽。

六、马铃薯种薯大田产量测定方法

产量是分析总结工作时的综合性状指标，是肯定丰产经验的主要依据，所以掌握正确的产量数据是很重要的。

1. 测定时间

早、中熟品种在成熟时选点调查，中晚熟和晚熟品种在收获前进行选点调查。

2. 选点和取样

马铃薯生产田的产量测定，一般是通过选点和取样的方式进行，如果取样方法不当，常导致很大的误差。取样必须力求合理和有代表性。一般采用五点取样法，即在每块田中，按对角线选五点进行调查。

选点时，如遇到粪堆底，或缺苗断垄的地方，或植株生长特殊不能代表全面真实情况的，都应避开，另行选点取样。

取样有一定的数量，数量太少，代表性不大，数量太多，浪费人力，增加不必要的工作量。一般每点取样 10 株，大田块共计 50 株，小田块共计 30 株。去掉薯块黏着的泥土及屑薯后，称出样本重量，换算出亩产量。

$$亩产量（斤）= 样本产量 \times \frac{亩株数}{样本株数}$$

3. 亩株数的计算

（1）行距：每个点实测 11 条埂（10 个行间）的距离，测定时应以埂中央的植株基部为基准，求出平均行距。

（2）株距：每个点实测 11 株（10 个株间）的距离，求出平均距离。

$$每亩株数 = \frac{6\,000\,平方尺}{行距（尺）\times 株距（尺）}$$

七、马铃薯种薯田间调查项目及标准

1. 物候学性状

播种期：实际播种日期，以年、月、日表示（下同）。

出苗初期：全区出苗数达 10% 的日期。

出苗期：全区出苗数达 60% 的日期。

现蕾期：全区现蕾植株达 60% 的日期。

开花期：全区开花植株达 60% 的日期。

结薯期：分块茎形成和膨大两期。60% 植株匍匐茎尖端膨大成为棍棒状为块茎形成期；由棍棒状变为球形，直径达 1cm 时，为块茎膨大期。

成熟期：全区植株 80% 的叶片开始变黄褪绿的日期。

收获期：实际采收的日期。

2. 植物学性状

植株高度：

由茎基部至生长点的高度。在开花期调查。

株丛形态：分直立、半直立、扩散、匍匐。开花期调查。

叶色：分浓绿、绿、浅绿、黄绿。于开花初期调查。

分枝情况：分枝在 4 个以上为多，3 个以下为少。分枝部位分上、中、下三种。选一窝中生长最强壮的一株调查。

茎色：分绿、淡绿、紫、褐等色。

茎粗：主茎基部横切面直径。

花色：分白、紫红、紫、蓝、红等色。

天然结实性：分强、弱、无。

块茎形状：分扁圆、圆、椭圆、筒形和不规则等。

块茎皮色：分白、乳白、黄、红、紫等色。

块茎肉色：分白、黄白、黄河花心等色。

结薯集中性：分集中、半集中、分散三种。

块茎表皮光滑度：分光滑和粗糙两种。平滑无裂纹为光，表皮粗糙、有网纹为粗。

块茎大小：每块茎重 3 两以上为大型薯，1~2 两为中型薯，1 两以下为小型薯。

芽眼颜色：分黄、白、红、紫等色。

芽眼深浅：分深、浅、平、突。

芽眼多少：分多、中、少。每个薯块上有 12 个以上芽眼为多，7~12 个为中等，7 个以下为少。

根系：分发达和不发达，粗和细等。

3. 生物学性状

幼苗生育状况：健壮苗在 80% 以上为好，50%~80% 为中，50% 以下为劣。齐苗后调查。

幼苗整齐度：幼苗自出苗初期到达试验区 60% 植株出苗的日期，2~4 日为整齐，5~10 日为中等，10d 以上为不整齐。

$$出苗率（\%）=\frac{全区出苗窝数}{全区播种窝数}\times100$$

生长势：分强、中、弱，在现蕾和开花期各记一次。

块茎休眠期：植株枯黄或新采收的块茎到萌芽所需天数。收获后 40d 内发芽的为短，40~60 为中，60d 以上萌发的为长。

耐贮性：调查贮藏过程中块茎腐烂或感病的损失率。

$$损失率（\%）=\frac{贮藏块茎重量-贮藏后留下块茎重}{贮藏块茎重量}\times100$$

生育期（天）：幼苗出土期至成熟期中间的一段时间。

参 考 文 献

[1] 农业部农民科技教育培训中心，中央农业广播电视学校．脱毒马铃薯良种繁育与丰产栽培技术．北京：中国农业科学技术出版社，2009.

[2] 蒲中荣．脱毒种薯生产与高产栽培．北京：金盾出版社，2009.

[3] 谭宗九，丁明亚，李济宸．马铃薯高效栽培技术．北京：金盾出版社，2010.

[4] 崔杏春，靳福，李武高．马铃薯良种繁育与高效栽培技术．北京：化学工业出版社，2011.

[5] 徐洪海．马铃薯繁育栽培技术与贮藏技术．北京：化学工业出版社，2010.

[6] 金黎平，屈冬玉，谢开云．马铃薯良种及栽培关键技术．北京：中国三峡出版社农业科教出版中心，2011.

[7] 韩黎明，杨俊丰，景履贞等．马铃薯产业原理与技术．北京：中国农业科学技术出版社，2010.

[8] 杨俊丰．马铃薯栽培及利用技术．甘肃省马铃薯工程技术研究中心．2001.

[9] 陈建保，刘海英，赵玉娟等．马铃薯种薯繁育技术．乌兰察布职业学院马铃薯工程系．

[10] 刘振祥，廖旭辉．植物组织培养技术．北京：化学工业出版社，2008.

[11] 曹孜义，刘国民．实用植物组织培养技术教程．甘肃：甘肃科学技术出版社，2003.

[12] 郭志乾，董凤林．马铃薯病毒性退化与防治技术［J］．中国马铃薯，2004，18（1）：48-49.

[13] 齐连芬，崔暋，徐涵等，冀中南地区小型化脱毒种薯生产技术研究［J］．长江蔬菜，2008，10：9-10.

[14] 苏跃，冯泽蔚，胡虎．不同培养方式对脱毒马铃薯原原种产量的影响［J］．贵州农业科学．2009，37（4）：24-25.

[15] 李海珀．定西市马铃薯良种繁育技术措施［J］．甘肃农业，2006，12.

[16] 谭伟军．定西市马铃薯脱毒种薯生产技术［J］．中国马铃薯，2009，23（5）：306-307.

[17] 朱汉武．对加快定西马铃薯良繁体系建设的建议［J］．种子科技，2006（5）：19-20.

[18] 庞芳兰．发达国家马铃薯种薯产业的发展及其启示［J］．世界农业．2008，3：53-55.

[19] 冯浪，林波．关于我国建立种子质量认证制度的思考［J］．种子，2005，24（7）：89-91.

［20］支巨振．国际种子认证组织与种子质量认证［J］．中国标准化1997，6：18-19.

［21］白艳菊，吕典秋．荷兰马铃薯种薯检测！认证体系考察［J］．农业质量标准，2005，（5）：41-43.

［22］冯德有．荷兰马铃薯种薯生产技术［J］．种子世界，1998，（4）：35-36.

［23］张颙．荷兰马铃薯种薯生产体系［J］．马铃薯杂志，1993，7（4）：251-252.

［24］王秀芬．荷兰马铃薯种薯生产与检测体系［J］．植物检疫，2003，（1）：60-62.

［25］王岩，张文英，于天峰．加拿大的马铃薯种薯生产技术［J］．种子世界，1995（8）：32.

［26］朱士忠．论马铃薯脱毒种薯北种南引的质量控制［J］．种子世界，2000（5）：21.

［27］纳添仓．马铃薯良种繁育技术［J］．农业科技通讯，2008，（8）：167-169.

［28］李云海，李先平，何云昆．马铃薯脱毒良种繁育技术（1），脱毒微型薯高密度无土栽培快速繁育［J］．1997，6：37-38.

［29］韩宗安．马铃薯脱毒微型薯雾培法生产技术［J］．中国马铃薯，2004，18（6）：367-371.

［30］郝改莲，马铁山，张建军．马铃薯脱毒微型薯组培快繁技术研究［J］．中国农学通报，2007，23（2）：218-220.

［31］马铁山，郝改莲，张建军．马铃薯脱毒微型种薯工厂化繁育技术［J］．湖北农业科学，2006，45（1）：54-56.

［32］朱富林．马铃薯脱毒种薯工厂化快繁技术［J］．中国马铃薯，2005，19（1）：37-39.

［33］何小平，张磊，刘宝琴．马铃薯脱毒种薯微型化繁育技术要点［J］．种子科技，2004，（2）：105.

［34］刘永海．马铃薯种薯繁育的实用技术［J］．黑龙江农业科学，2010（6）：169-171.

［35］刘洪义．马铃薯种薯认证程序的建立与马铃薯产业化的发展［J］．中国马铃薯，2004，18（3）：177-179.

［36］柳俊，谢从华．马铃薯种薯退化与试管薯应用技术［J］．长江蔬菜，1998（8）：1-4.

［37］李文刚．马铃薯种薯微型化及其在良种繁育体系中的价值［J］．内蒙古农业科技，2002（1）：1-3.

［38］白艳菊，李学湛．马铃薯种薯质量标准体系建设现状与发展策略［J］．中国马铃薯，2009，23（2）：106-109.

［39］张威，白艳菊，李学湛等．马铃薯种薯质量控制现状与发展趋势［J］．中国马铃薯，2010，24（3）：186-189.

［40］贾佳．浅议定西市马铃薯脱毒种薯繁育［J］．甘肃农业，2010（7）：65-66.

［41］冯铸，牛艳萍，贾海燕等．强化种子质量认证，全面提高种子质量［J］．中国种业，2007（6）：13-14.

［42］孔令传，支巨振，梁志杰．试论种子认证制度的建立和质量管理体制的完善

[J]. 安徽农业科学, 2004, 32 (5): 859-860, 868.

[43] 李学湛, 白艳菊, 郭梅等. 试探我国马铃薯种薯质检及其体系建设 [J]. 农业质量标准, 2007 (2): 30-32.

[44] 姬青云, 郭建文, 李四水. 提高马铃薯脱毒种薯质量的对策 [J]. 中国马铃薯, 2004, 18 (2): 103-105.

[45] 刘秀娟. 脱毒马铃薯良种繁殖技术 [J]. 河南农业, 2005 (8): 23.

[46] 徐邦会, 姜晓峰, 周殿革. 脱毒马铃薯试管苗快繁及微型薯诱导技术 [J]. 种子世界, 2011 (4): 40-42.

[47] 吴列洪, 沈升法, 李兵. 脱毒马铃薯小种薯的高效繁育方法初报 [J]. 中国马铃薯, 2009, 23 (3): 164-166.

[48] 白艳菊, 李学湛, 文景芝等. 中国与荷兰马铃薯种薯标准化程度比较分析 [J]. 中国马铃薯, 2006, 20 (6): 357-359.

[49] 韩黎明. 组织培养技术及其在脱毒马铃薯种薯生产中的应用 [J]. 信阳农业高等专科学校学报. 2010, 20 (1): 118-119.

[50] 张延丽, 扎西普尺, 杨喜珍. 脱毒马铃薯无土栽培微型薯生产研究 [J]. 中国园艺文摘, 2011 (9): 42-43.

[51] 方贯娜, 庞淑敏, 杨永霞. 无土栽培生产马铃薯微型薯研究进展 [J]. 中国马铃薯, 2006, 20 (1): 33-35.

[52] 庞万福, 王清玉, 张恭等. 脱毒小薯无土栽培生产培养基质研究 [J]. 马铃薯杂志, 1997, 11 (3): 144-147.

[53] 王素梅. 雾培脱毒马铃薯适宜营养液配方和浓度的研究 [M]. 山东: 山东农业大学, 2004, 6.

[54] 潘晓春. 雾培法生产马铃薯微型薯烂薯问题初探 [J]. 中国马铃薯, 2001, 15 (4): 234-235.

[55] 韩宗安. 雾培法生产马铃薯微型脱毒薯育苗技术 [J]. 北方蔬菜, 2004 (5): 62-63.

[56] 张丽芬. 马铃薯的特征特性及无土栽培技术 [J]. 现代农业科技, 2010 (16): 150.

[57] 唐加富. 无土栽培的三种方式及幼苗选择 [J]. 生物学教学, 2010, 35 (2): 59-61.

[58] 王芳. 无土基质栽培生产脱毒马铃薯微型薯的关键技术 [J]. 作物杂志, 2008 (5): 97-100.

[59] 修英涛, 曹嘉颖, 孙周平等. 不同无土栽培方式对马铃薯脱毒小薯繁育的影响 [J]. 辽宁农业科学, 2003 (2): 1-3.

[60] 李成军. 马铃薯脱毒原原种的无土栽培技术及应用 [J]. 农业科技通讯, 2002 (1): 15.

[61] 李先平, 何云昆, 李云海. 高密度无土栽培生产马铃薯实生种薯 [J]. 马铃薯杂志, 1997, 11 (4): 241-242.

[62] 蒲毅麒. 利用马铃薯试管薯无土栽培生产微型薯的研究 [M]. 武汉: 华中农业

大学，2007.

[63] 王丽红．网室脱毒马铃薯原原种生产管理技术［J］．农村实用技术，2008（1）：34-35.

[64] 许博，刘秀全．茎尖培养和网室繁殖脱毒马铃薯原原种技术［J］．种子，1997（5）：65.

[65] 景晓兰．脱毒马铃薯原原种网室生产技术［J］．中国马铃薯，2001，15，（6）：363-364.

[66] 南相日．马铃薯脱毒原原种的工厂化生产—无基质定时气雾栽培法［J］．黑龙江农业科学 2000（1）：26-27.

[67] 景晓兰．脱毒马铃薯原原种网室生产技术［J］．种子世界，2001（6）：43-44.

[68] 孙海宏，周云．马铃薯种质资源的保存方法［J］．现代农业科技，2008，12：94.

[69] 陈玉梅．特色马铃薯优良品种［J］．农业知识，2011（26）：18-19.

[70] 田波．马铃薯无病毒种薯生产的原理和技术．北京：科学出版社，1980.

[71] 左晓斌，邹积田．脱毒马铃薯良种繁育与栽培技术．北京：科学普及出版社．

[72] 庞淑敏等．怎样提高马铃薯种植效益．北京：金盾出版社，2010.

[73] 赖凤香，林昌庭．马铃薯稻田免耕稻草全程覆盖栽培技术．北京：金盾出版社，2010.

[74] 孙周平．马铃薯高产优质栽培．沈阳：辽宁科学技术出版社，2010.

[75] 王怀栋，黄修梅，李明．浅谈马铃薯脱毒种薯质量控制［J］．2012（3）．